撐起大帳篷

滾動大時代

企業志工的全球創能實踐

THE BIG TENT : Corporate Volunteering in the Global Age

Contents

✦ **序**

發行序 推廣企業志工，確保服務初衷 Kylee Bates　　/ 004

發行序 您的企業「創能」了沒？ 陳建松 吳英明　　/ 006

推薦序一 全球時代的企業志工 紀惠容　　/ 008

推薦序二 各界名人推薦語　/ 010

總編審序 台灣企業也是撐起大帳篷的一份子 黃淑芬　　/ 016

中文版作者序 寫給台灣讀者的話　/ 018

✦ **前言**

凱薩・艾里爾達・伊蘇艾爾　/ 020

李康炫博士、山姆・桑迪亞哥　　/ 022

✦ **誌謝**　/ 024

✦ **Part 1　建立基本架構**

第一章 本書源起　/ 026

第二章 瞬息萬變的全球力量　/ 038

第三章 走過歷史，回到未來　/ 056

✦ **Part 2　論述理由**

第四章 以企業社會責任為發展基礎　/ 070

第五章 企業志工服務的志工面理由　/ 082

第六章 企業面理由　/ 090

第七章 社會面理由　/ 108

✦ **Part 3　準備行動**

第八章 卓越的架構　/ 118

第九章 文化與領導力的影響　/ 134

目錄

◈ **Part 4 執行效益**

第十章　與非政府組織建立穩固夥伴關係　/ 148

第十一章　從做中學　/ 162

第十二章　技能導向與跨國界志願服務　/ 178

◈ **Part 5 測量與評估**

第十三章　基礎篇　/ 196

第十四章　績效評估　/ 214

第十五章　評估影響力　/ 230

◈ **Part 6 反思與預測**

第十六章　六大挑戰　/ 250

第十七章　未來可能發生的十二件事　/ 268

第十八章　撐起大帳篷，滾動大時代　/ 282

◈ **參考文獻**　/ 283

◈ **附錄**

附錄 A 非政府組織與企業合作的完備度測驗　/ 295

附錄 B 企業志工績效指標　/ 301

附錄 C 參與全球企業志工研究計畫之企業名單　/ 309

◈ **附章　台灣企業志工創能探訪實錄**

案例一　0.1 公克的差距，實踐服務宗旨——安麗　/ 314

案例二　志工不只是服務，是豐富生活——拓凱實業股份有限公司　/ 322

案例三　集結眾人之力，投入社會使命——台灣 DHL Express　/ 330

案例四　志工這檔事，做就對了——Timberland　/ 338

案例五　以專業職能貢獻社會，讓幸福永續——資誠聯合會計師事務所　/ 346

推廣企業志工，確保服務初衷

聯合國針對迫切的人類、社會、環境及經濟挑戰，發表後 2015 年議程及永續發展目標（Sustainable Development Goals, SDGs）作為未來十五年國際活動架構。而就在此關鍵時刻，中文版《撐起大帳篷 滾動大時代》一書正式出版。

為達成目標，普遍的志工活動以及企業志工，已被視為策略性資產。在全球各國橫跨不同產業的大企業、小公司，充分運用企業中各員工的專業技能及能力作為志工，進行社區或是跨國志工服務。

《撐起大帳篷 滾動大時代》針對企業志工的內涵提出關鍵問題，探討何為企業志工，書中分享了在全球的企業實踐，並要讀者以新的思考方式，看待目前已被 NGO 組織、國際公司及政府廣泛看重的資源。

本書作者致力於推廣企業志工發展，並引導讀者思考：如何確保企業志工的初衷，是確實地幫助所服務的社區，以及如何提供服務的機會給所有員工，在此誠摯地推薦給您。

Kylee Bates
國際志工協會總會長（現任）

The publication of The Big Tent in Chinese language comes at an important moment, as the United Nations issues its post-2015 development agenda and the Sustainable Development Goals （SDGs）, the framework for 15 years of activity worldwide to address the world's most pressing human, social, environmental and economic challenges. Already volunteering generally, and corporate volunteering specifically, are being seen as strategic assets to help achieve those goals. Businesses of all sizes, in all countries, in all industries will be challenged to mobilize the skills and energy of their workers as volunteers in focused efforts in their communities and across borders.

The Big Tent raises critical questions about the nature of corporate volunteering, what it is and what it is not. It shares the inspiring practices of businesses around the world and challenges us to think in new ways about a resource that is widely valued by NGOs, international agencies and governments. Written by a committed advocate for its continued growth, it asks us to consider how we can ensure that the primary emphasis of corporate volunteering is on its benefit to the communities it serves and how we can make the opportunity to serve available for all employees, not just for a few. I recommend it to you.

Kylee Bates
World President
International Association for Volunteer Effort （IAVE）

您的企業「創能」了沒？

全球化（Globalization）趨勢滾動了開放性的全球治理（Global Governance）。而全球治理的時代，就是一個講求資源整合、協力夥伴關係、跨域合作、網絡治理和代際負責的創能治理（Enabling Governance）時代。創能時代意味著公共治理的發動權，不再專屬於任何人、任何組織、任何企業、任何城市或任何國家。而是任何具有想要改變及能產生驅動能量的，都有機會創造動能、領導改變和服務世界社會。市場經濟中的企業組織雖能透過品牌管理和社會行銷來創造可能；但最能持續撼動人心的仍是具有價值驅動的企業組織文化、優質領導和撐起世界大帳篷的志工人力資源發展。

企業志工是搭撐大帳篷（Big Tent）的高行動力群體，而這個大帳篷有其多元的功能和價值。大帳篷意味著「大舞台」，不同的企業志工在這個舞台上熱情表現使命和才華，提供社會服務，帶動歡愉相聚；大帳篷也意味著「大平台」，使各種不同的資源透過界面整合，為社會發展和社會改造創造多元價值的可能；大帳篷更意味著「大雲端」，它是一個提供人道關懷、人類發展的知識訊息交流和志工服務人力派遣發射器。

帳篷有其活動功能上的多元意義，例如：行軍、安營需要帳篷；救援、醫療需要帳篷；郊遊、露營需要帳篷；活動、賽會需要帳篷；游牧、移居需要帳篷；大型會議場所需要帳篷；馬戲團表演需要帳篷。在聖經中帳篷或帳幕有其屬靈和神聖的價值，它象徵著上帝的居所、權柄的所在及敬拜的會所。因此，「撐起大帳篷」的行動，不僅在各種活動和服務的提供而已；其更偉大的價值在於，滾動時代演進的趨勢領導和彰顯人類永續發展的在地實踐。看到大帳篷就有一種歡愉、休息、安全和前進的活潑盼望。

企業志工之所以能夠「撐起大帳篷，滾動大時代」，乃因為企業組織提供了一種價值追求的企業文化使命、優質領導力和自發性實踐行動。企業志工所追求的並非積功德、消業障或慈善性的服務行為，而是對更美好的社會有一種神聖的不滿足感，想要看見創造改變的可能。其實，企業

志工的 DNA 具有表現「志」、「工」、「公」的熱情本質。「志」表現出非強迫性、堅定意志和成熟情緒管理的友善服務;「工」表現出專業熱情、接受挑戰、辛苦流汗和享受犧牲的服務工作;「公」表現出一種對公共領域、公民社會和公共價值的委身學習,並期待帶來社會改造及更公平的社會生活。因此,志願服務發展已在一般人所謂的慈善性、公德性或社會責任性的社會服務中累積演進,更成為一種參與全球治理(Global Governance)、提升優質善治(Good Governance),並滾動全球社會運動(Global Social Movement)的創能力量。

面對全球化趨勢的大時代,任何一間企業及其組織領導者,必須更有願景的建構企業志工的組織文化、組織發展和治理行動;如此,這個企業組織及其產品品牌,才有可能受到愛戴,產生深植人心的價值認同力量。現階段的消費者越來越具有公共價值及公平交易的消費者公共靈性取向;而企業志工的發展就是一種企業組織文化和價值追求的宣示,這也將牽動消費者的選擇偏愛、產品認同和組織忠誠。

本書一再強調,全球企業志工的服務和發展,有其因地制宜的多元特殊實踐,並沒有唯一最好的模式(There is no best way)。但是,我們卻非常明白,縱使沒有唯一最佳的模式,我們卻都要盡力而為(There is no best way, do your best anyway.)。全球企業志工的創能實踐,不在於理論或模式的套用,而是經常認真確實的為在地社會持續做一件美麗的事情,這就是「創能」的實踐。

陳建松
台灣國際志願服務交流協會現任理事長
(President, IAVE TAIWAN)

吳英明
台灣國際志願服務交流協會創會理事長
(Founding President, IAVE TAIWAN)
樹德科技大學講座教授
(Chair Professor, Shu-Te University)

全球時代的企業志工

當世界各地的企業都在鼓勵、促成他們最重要的資產——員工，擔任志工，將時間、技能和精力投入社區時，台灣的企業志工也在這一、二十年中蓬勃發展。尤其在企業社會責任（CSR）的指標追求下，大型企業到中型企業，紛紛推出志工服務方案，不落人後，這是令人欣慰的現象。但這幾年我「近距離」觀察後認為，台灣的企業志工仍有很大的發展空間。

台灣比較欠缺的是系統性的企業志工文化的經營。近幾年，台灣在企業社會責任的大架構之下，企業大多認同，企業有責任回應社會問題，只有賺錢是不夠的，也認知企業志工是達成企業目標的一項策略性資產，它帶來員工歸屬感等等附加價值，但總是少了那麼一點系統性，精確地說，就是目標、策略與多樣性，這包括了執行效益的測量與評估。

有些企業很努力的注入資金，主導、鼓勵員工，甚至與員工一起決定投入志工服務，卻忘了也可放手由員工主導企業志工；有些企業鼓勵其消費者投入社會關懷，卻忽略了自己的員工才是企業志工的主體；有些企業汲汲於企業志工文化的經營，卻吝於提撥經費與公假；有些企業埋頭苦幹推動企業志工，卻缺少策略與效益評估。其實這些現象都可以再進步的。

很高興由台灣志願服務國際交流協會（IAVE Taiwan）翻譯出版的《撐起大帳篷 滾動大時代：全球企業志工的創能實踐》，讓我們有機會閱讀到一些啟發性的企業志工方案，不管是借調、公假、志工隊、跨公司到跨國合作，它充滿了活力與未來性，同時，這本書也讓我們得以全球視野檢視自己的企業志工計畫。

本書是由美國公民社會顧問集團總裁肯恩・艾倫（Kenn Allen）所著，他研究、檢視了全球 48 家跨國企業所推動的志工方案成效，再以有趣、易讀的方式，改寫呈現在我們面前，並附上企業志工績效指標和非政府組織與企業合作完備度檢視表。

　　肯恩・艾倫說，這不是操作手冊，也非學術巨著，而是一套方法指南。它創造對話機會，讓我們更系統性的發展志工文化，深化企業社會責仟，並有效率地進入在社區關係的經營與協力中。

　　讓我感動的是，台灣志願服務國際交流協會很用心的策畫此書在大華語地區發行，更納入台灣幾家成功企業志工案例，成為一本寶貴的企業志工指南，期待這本書，讓台灣企業志工更上一層樓，我相信台灣的企業志工將是台灣一股強大的力量，也是改變台灣的最重要資產。

紀惠容
財團法人勵馨社會福利事業基金會執行長

各界名人推薦語 （依姓名筆劃排序）

　　企業推動企業志工服務或社會責任服務計畫是全球趨勢，企業愛怎麼做都可以。但如果要永續發展，看見社會影響力，就需要 NGO 的專業協助。透過跨界能力和國際視野、瞭解社區工作及具有與不同文化對話和跨團隊合作能力的 NGO 組織，才能讓企業資源，適時回應到需要資源的社區或社群。

　　但與此同時，企業推動社會服務過程，效率並不能當首要考量，這恐怕是凡事講究效率與效能的企業，最大的挑戰與不適應。社會服務與倡議，需要人性溫度的行動與關懷，而這需要長時間的社區經營與社會信任，也唯有長期投入社區服務與關注社會議題的 NGO，才能協助企業以正確的方式推動社會服務，邁向多贏的公民社會。

　　本書中，跨國大企業在多國推動企業志工的經驗，也一再驗證，此一觀點。「只有攜手 NGO，企業 CSR 計畫才能走的長遠及發揮最大效益的社會影響力。」

──願景青年行動網協會執行長　丁元亨

企業志工是營利和非營利組織的橋梁，促使雙方攜手建立更好的世界！

──羅慧夫顱顏基金會執行長　王金英

IAVE 長期致力於國際志工服務，落實並發揚了柏拉圖所說：「有公益就能創造沒有仇恨與黑暗的社會」。

──中國文化大學 國際企業管理學系碩士 在職專班專任教授　王振軒

你我共好，企業當有一席之地；利益眾生，社會責任不遑多讓，共勉之。

──中華民國晴天社會福利協會理事長　王順民

企業追求利潤，志工非以營利為目的。

企業鼓勵員工參與志願服務，形塑人道關懷與社會責任的企業文化，是員工／社會／企業和政府多贏的最佳品牌行銷策略。

——桃園市社會局局長　古梓龍

眼前台灣的問題、亂象與危機是：動口的大家都聽到，也容易被凸顯；動手的默默的做，少有人鼓勵與關心；另外，台灣的農業、環境、人口老化少子化、城鄉落差的失衡也漸趨嚴重，正因為不是有立即的風險，公部門也沒有放下太多的資源心力從源頭解決！然而值得慶幸的是，一群參與社會企業的組織與個人正在上述這些領域中默默努力耕耘，產生蝴蝶與群聚效應，重建價值與信任！台灣能永續經營！

——中華電信基金會執行長　林三元

企業志工的美好想像：工作不再只是賺錢，而是可賺靈魂的生命職場！

——弘道老人福利基金會執行長　林依瑩

台灣人在現今更需要有世界觀和對世界的行動力與影響力。透過志工服務，可以具體實現。

IAVE Taiwan 的 " 志工台灣，全球接軌 " 理念能夠帶出長遠的展望與遠景。加油！

——台灣世界展望會會長　南岳君

　　人類社會具有群居互助特性，企業是人的集合也是社會的一分子，不僅有責任克盡己力回饋社會，更有義務支持同仁實現回饋社會的個人理想。欣聞台灣志願服務國際交流協會出版此書，引進國際企業發展志工文化之系統化觀念及我國企業成功案例，相信將能幫助更多有心企業以更有效的方法，發揮更大的影響力，一同為我們熱愛的這片土地創造更美好的明天。

——資誠聯合會計師事務所所長　張明輝

　　在實踐企業社會責任的過程中，越來越多的企業願意投入企業志工方案，可是常有不知如何開始的困境。雖然作者強調，推動企業志工沒有一種「最好」的方法，但本書關於推動企業志工之策略則相當務實，對有志於投入企業志工方案的企業與非營利組織均有所助益。

——國立暨南國際大學社會政策與社會工作學系教授　張英陣

　　當代企業重視企業社會責任，通常以企業的資源去創造社會價值，但卻忽略員工也是推動者，企業志工的出現，使員工不僅有助企業形象的塑造，也會更凝具員工對企業的向心力。艾倫博士曾來台灣多次，對台灣的志願服務有深入瞭解，他所著的《撐起大帳篷　滾動大時代：企業志工全球創能實踐》一書不僅以全球企業為架構，也加入台灣的元素，對推展企業志工的業界，它是很好的入門書；對從事志願服務者，它也提供一個新發展的志工途徑，因此很榮幸的為老朋友推薦此書！

——國立台北大學公共行政暨政策學系教授　陳金貴

　　企業本著社會責任，培育企業志工投入社區，推展志願服務，共創祥和社會。企業志工專書的誕生，期能造福社會，帶動「志工台灣、全球接軌」風氣，甚感敬佩。

——中華民國志工總會理事長　陳金龍

企業志工帶來的企業精神與服務技巧，豐富化與專業化了志願服務，讓志願服務達到慈悲與智慧兼具、溫暖與冷靜並存。

——高雄醫學大學醫學社會學與社會工作學系副教授兼系主任　陳政智

企業志工是什麼？企業與志工彼此存在的關係為何？本書乃以全球視野推動企業志工理念的觀點出發，促進企業參與企業志工服務的領域，並為企業志工與社區的關係帶來創造且啟發性的實務做法。

——富邦文教基金會執行董事　陳藹玲

企業志工是傳統 CSR（Corporate Social Responsibility）回饋力量的更大視野、更深的提昇！

——財團法人伊甸社會福利基金會執行長　黃琢嵩

企業推動員工參與志願服務，不僅有助於建構正面社會形象，而且員工身心健康發展。

——東海大學社工系教授　曾華源

若您曾夢想過成為週遭環境推動變革的志工，這本書將讓您看到如何激勵人心、指引未來的方向。

——經濟部中小企業處處長　葉雲龍

近幾年來，在全球化浪潮的衝擊之下，不管是個人、家庭、社區、國家，都遭遇了不同程度與不同性質的挑戰與困難。企業在全球競爭之下，經營也愈來愈險峻。許多跨國企業為了突破困境，發現推動企業志工有多方面的助益：首先，企業志工的推動有助於提升企業社會形象；進入公益部門有機會發現新的市場與商機；企業員工可以擴展視野與人脈，同時也可以訓練敏銳的市場反應。對社區、社會與政府而言，企業願意在營利之外，以其志工的服務作為回饋，也是好事一件。近年來台灣各界已經注意到企業志工的趨勢，並相繼投入志工政策的執行中。

《撐起大帳篷 滾動大時代：企業志工的全球創能實踐》為國際志工協會（IAVE）於 2012 年出版之企業志工專書，藉由系統性調查整理出一套協助企業發展志工文化的完備知識及行動策略，使企業社會責任更加深化，對於企業志工、社區與社會皆有積極正面的意義與效果，故樂為之推薦！

——國立中正大學社會福利系副教授　鄭讚源

「企業」打拚「生意」，也時時刻刻實踐「社會責任」。
「員工」參與「公益」，亦朝朝暮暮發揚「志願精神」。

——元智大學社會暨政策科學系教授　謝登旺

台灣已經有很多企業鼓勵他們的員工在工作時間內外從事各類型多元領域的志願工作，做為企業社會責任的實踐目標之一。這是好事，值得肯定和鼓勵。但要怎麼做才能做得更好、更對，就是一門「志工學問」。這本書內容豐富、實用，非常值得台灣有心建構自己「志工文化」的企業CEO 一讀、分享和活用。

——中央研究院社會學研究所特聘研究員　蕭新煌

志工有如點燈，一燈點亮百千燈，使冥者皆明，明終不盡。

——財團法人喜憨兒社會福利基金會執行董事　蘇國禎

In his masterpiece, "The Big Tent - Corporate Volunteering in Global Age," Dr. Kenn Allen captures the essence of the employee experience and the benefit to the company. The content is presented in a framework that will guide both experienced and newer practitioners towards excellence.

—— Jeff Hoffman & Associates, Global Philanthropy and Civic Engagement
Jeff Hoffman 全球慈善與公民參與顧問團隊 執行長 **Jeff Hoffman**

It is a joy to see The Big Tent – Corporate Volunteering in the Global Age continue to resonate with businesses around the world and the NGOs and other organizations that work with them. Therefore I am so pleased to see that a Chinese translation is now being done. Having worked with Dr. Allen for many years, I can truly say that he has captured not only the most important points with regard to corporate volunteering around the world, but has done so in a way that is not only understandable and relatable, but also thought-provoking and lighthearted at the same time. Corporate volunteering programs – and the millions of employees they represent – are constantly evolving. But one thing that remains the same is that much good is being done throughout the world because of the passion of employees and the willingness of companies to broaden their scope of how they can impact the communities they do business in. It is indeed "a big tent"– because there is always something new and innovative going on and every company has its own unique approach. I am excited to endorse this book as it becomes available in new languages, allowing for more people to understand this unique field more thoroughly and apply the ideas and models shared within, as appropriate for their own situations.

—— Corporate and Community Consulting
Founder and Former Director of IAVE's Global Corporate Volunteer Council（GCVC）
國際志工協會全球企業志工委員會 創辦人 **Sarah E. Hayes**

台灣企業也是撐起大帳篷的一份子

～關於中文版的誕生～

我將營利部門結合社會需求而內化型塑的企業志工文化，稱為企業社會責任（CSR）的 2.0 版本，一個美好的社會不應是非營利或志工部門的責任，企業能為社會貢獻的不僅只是優良的產品及服務而已，企業體擁有專業技能及多元人才，若能透過跨部門合作建立良性循環並匯聚成社會集體效益（synergy），我們相信將裨益全體人類發展的進程。國內的企業志工發展仍在萌芽當中，長期在臺灣社會可以見證企業參與在慈善捐贈濟急的行動中，刻劃出許多感人的畫面。然而一日或短期的志願服務與財務捐贈，和企業志工的理念仍有一段實踐上的距離，如何讓企業的專業及資源有系統及效率的投入在一般志工無法解決的社會問題上，並透過營利與非營利部門的共同效力（collaboration）提供 360° 全方位治本之道才是企業志工的精髓。我的好友 Jeff Hoffman 在迪士尼副董事長期間負責規劃集團全球公益方案，他的一句話讓我永銘在心：「沒有健康的社區就沒有健康的顧客，沒有健康的顧客就沒有健康的企業」，這或許能啟發企業界思考與社區共創永續生活圈的策略。

2006 年國際志工協會（IAVE）率先發起全球企業志工聯盟（Global Corporate Volunteer Council, GCVC），期將企業的力量轉化為改善社會的重要資源之一，歷時十年至今，GCVC 已由當年的 9 個創會者擴展到 51 個成員，並每年固定聚會訂定共同目標。2012 年由 Dr. Kenn Allen 帶領研究團隊進行這些企業的志工政策，完成 "The Big Tent: Global Volunteering in Global Age" 專書，提供給國際社會參考，我於 2013 年與 IAVE 總會提及希望獲得授權，由 IAVE Taiwan 首發中文版本讓華人社會共享，獲得總會的支持後立刻展開籌劃工作，歷時近一年的資源整合及行政規劃，這本書即將誕生，內心澎湃充滿期待。我要特別感謝陳建松理事長及其領導的理監事會給予全然的信任，讓我們能發揮理想執行這個方案，也感謝吳英明創

會長在專業領域的指導，為本書中文命名為《撐起大帳篷 滾動大時代：全球企業志工的創能實踐》，充滿開創積極的宏觀視野。

　　一本外國著作若要能夠成功地讓原文深入人心，端賴精準又不失在地適應的文風，在此，我要感謝幾位全心支持的好友們，文藻外語大學翻譯會展服務中心楊晴雲主任，及翻譯系暨多國語複譯研究所黃翠玲所長的促成，為我們遴選優秀的翻譯團隊，並在道德重整協會理事許壽峰老師的專業深入指導下，一字一句的修訂並潤飾完成這項作品。我也要感謝黃榮墩常務監事介紹博思智庫蕭艷秋社長投入出版及發行協助。感謝企業夥伴DHL、PwC、Timberland、安麗台灣及拓凱集團高度重視這項工作，皆由決策高層撥冗接受訪談，不吝分享他們在企業志工的故事，以自身的例子拋磚引玉，期望讓更多企業也能起而仿效，投入企業志工的領域。

　　最後，感謝秘書處同仁願意與我承擔下所有的行政工作，讓這件美好的事情得以發生。IAVE Taiwan 秘書處十分榮幸可以擔負責任，催生這本中文譯本，也期望藉由本書的發行，帶動臺灣企業界對志願服務的重視，讓企業社會責任與社區關係緊密連結，達到與社會互惠共榮的理想境地。

黃淑芬
國際志工協會國家代表
(National Representative, IAVE)
台灣志願服務國際交流協會秘書長
(Secretary General, IAVE Taiwan)

寫給台灣讀者的話

　　《撐起大帳篷 滾動大時代》中文版的誕生是令我相當引以為傲的事情，感謝台灣志願服務國際交流協會（IAVE Taiwan）決定翻譯並出版，提供給廣大的華文讀者閱讀。

　　本書的出版是自我擔任國際志工協會（IAVE）全球總會長時，研究全球企業志工相關議題，此議題最後衍伸出一批判性的反思：企業志工是從何而來？發展到現今的樣貌為何？以及其未來五年、十年的發展為何？

　　本書的書名已彰顯最重要的結論——在「全球化」的時代，企業志工是如何成長、發展並調整，以因應社會、員工及企業的需求變化。比起答案，這本書主要希冀能透過引導，找出問題點，讓讀者在閱讀時，能夠停下來反思企業為什麼要這麼做、誰能受惠等。

　　最後，再次感謝台灣志願服務國際交流協會（IAVE Taiwan）為本書拓展華文地區的讀者，並在志願服務領域中扮演領導地位。

　　　　　　　　　　　　　　　肯恩・艾倫博士

It is a matter of great pride that IAVE Taiwan has chosen to translate and publish The Big Tent in Chinese, thus making it available to a broad new audience. The original intent of the book was to build on the Global Corporate Volunteering Research Project that I led for IAVE – The International Association for Volunteer Effort. It evolved into a critical reflection on where corporate volunteering came from, what it is today and where it may be five or ten years from now. The title itself underscores the most important conclusion —— "in the global age" corporate volunteering is growing, evolving, adapting to meet new demands from society, from workers and from companies themselves. The book hopefully will raise more questions than it answers, creating a moment in time when the reader will stop, reflect and ask difficult questions about what it is, why it is being done and who is benefiting. Again, thanks to IAVE Taiwan for its leadership not only in ensuring that it is accessible to a new audience but also for its ongoing leadership within the global volunteer community.

Kenn Allen, Ed. D

前言

當我們分析企業要怎麼做才能建立優良的企業志工計畫時，肯恩・艾倫（Kenn Allen）建議討論「啟發性的實務做法」比討論「最佳實務做法」來得合適。不是所有的做法都適用於所有的企業，企業本身必須將社會環境、員工性質、企業架構，甚至企業經營的業務都納入考量，思考什麼做法最為恰當。我們與許多組織以及其他企業共同合作企業志工的經驗，讓我們傾向同意這樣的說法。不過，我們希望能與讀者分享我們的一些實務做法，後來成就了我們感到自豪的志願服務計畫。

首先最重要的，是要了解，西班牙電信的企業志願計畫是由西班牙電信基金會負責管理。如此一來，我們不只能運用基金會在管理社會計畫所獲得的專業，我們還能這樣說：企業志願服務計畫最主要的目標，就是要滿足企業所屬社區的需求。我們沒有忽視企業志工計畫的額外好處，像是管理企業文化或者加強員工歸屬感，只是我們十分確定，企業志工的重點在於社會議題。

第二點，西班牙電信的企業志工是企業文化的一部分，本質上來說，我們的目標是提供我們所有員工參與志願服務的機會。因此，我們以全球觀點管理志願服務計畫，也投資該計畫，以確保西班牙電信在全球的員工，都能成為企業志工。不過這不代表我們認為，全世界都應該實施同樣的志願服務計畫。相反地，西班牙電信在每個國家實施計畫時，都考慮到當地情況，西班牙電信在各地已經實行的計畫（例如：促進兒童發展計畫（Proniño programme）目的是協助減少拉丁美洲的童工，或者像勇敢做夢計畫（Think Big programme），則是支持歐洲想要改善社區或社會的年輕人），還有員工的喜好。

第三點，在全世界挑選合作的社會組織，以及與其建立長期夥伴關係時，我們都經過慎重考量。我們合作的組織都能夠將我們提供給他們的企業志工價值最大化，進而確保新社會計畫在剛開始的階段，就將此潛在的寶貴資源列入考量。

　　最後，成功的企業志工計畫，必須要有管理高層的支持。當然，計畫能夠受到所有員工支持也是很好，不過如果執行委員會（Executive Committee）無法真正認同企業推行的志願服務計畫，認為其對企業、員工以及企業所屬的社區有益，這項計畫就很難成功。對西班牙電信來說，西班牙電信基金會執行的所有社會計畫，特別是企業志工計畫，都獲得公司執行委員會的公開有力背書。這樣的公開承諾對公司內各階層有骨牌效應，這也顯示企業志工計畫在西班牙電信的企業文化中已根深蒂固。

　　我們身為企業志工計畫的熱誠倡導者與西班牙基金會成員，深感自己有責任與其他企業以及社會組織分享志工經驗。就我們自身的經驗來看，我們的目標不只是改善我們管理的計畫，同時也覺得必須對我們所致力的社會議題，貢獻相關的知識。在企業志工的領域裡，我們積極參與許多目標為分享知識，以及分享「啟發性的實務作法」的相關國際網絡，像是全球企業志工委員會（Global Corporate Volunteer Council, GCVC）、Voluntare 志工組織，以及很多目標一致的地方組織。

　　在這樣的背景下，我們十分自豪能夠參與促成這本極有價值的著作，由國際專家肯恩‧艾倫執筆探討全球化環境下的企業志工現況。我們希望此書能啟發以及幫助許多企業踏出企業志工的第一步，使其成為企業貢獻社會的諸多方法之一。

凱薩‧艾里爾達‧伊蘇艾爾

César Alierta Izuel

西班牙電信董事長兼執行長
西班牙電信基金會主席

前言

2009 年，國際志工協會（International Association for Volunteer Effort, IAVE）與全球企業志工委員會（GCVC）的企業成員共同提出全球企業志工研究計畫（Global Corporate Volunteering Research Project），當作我們慶祝聯合國國際志工年（International Year of Volunteers）十週年的貢獻。

本計畫用全球視野檢視企業志工，堪稱全球首例。本計畫旨在創造新知以幫助企業擴大以及強化他們的志工活動——範圍包含全球、國家以及在地志工活動。以下是本計畫的兩大主軸：

・健康狀態研究（State of Health Study），為全球與地區企業志工「量體溫」，也檢視形塑企業志工的趨勢、挑戰與契機。

・全球企業研究（Global Companies Study），透過會面訪談與電話訪談，聚焦在 48 家企業如何組織與經營他們的志工活動。

本計畫的最後報告於 2011 年 6 月出版，在網路上可以取得：www. gcvcresearch.org.。

國際志工協會（IAVE）是唯一以推廣、支持與頌揚全世界形形色色的志願服務活動為唯一宗旨的組織。本協會的成員網絡包含來自全球 70 個國家的個人、非政府組織以及企業，足跡遍及世界各地。

全球企業志工委員會是全球企業形成的網絡，由全球企業齊聚一堂，彼此學習，互相支持，共同為企業志工的全球發展盡一份心力。

你現在手上拿的這本書，是在西班牙電信基金會慷慨支持下才有機會問世，而西班牙電信基金會（FundaciónTelefónica）也是本研究計畫其中一位贊助者。本書由研究計畫負責人肯恩・艾倫（Kenn Allen）執筆，他深度投入全球各地企業志工發展超過 30 年。

本書是從研究計畫衍生而來，但是並不僅止此，更取材自廣泛多樣的研究與實例，將這一切融合為一篇前後呼應的故事呈現，訴說企業志工的過去發展、當今實務、面臨的挑戰以及未來命運。

　　不管如何定義與實踐企業志工，它無疑是一項可取得的重要志工資產，能幫助我們回應最重要的人類、社會、經濟以及環境挑戰。企業證實他們很樂意在這領域投入最重要的資產——員工，因為他們意識到他們的志工能在全球各地社區提供專業與「人民力量」。

　　然而，我們需要從以下脈絡來理解企業志工：企業志工如何對參與服務的員工有益、對籌組及支持服務工作的企業有益；對企業與非政府組織而言，企業志工帶來哪些獨特的契機與挑戰。

　　本書自始至終都主張：企業所宣稱的企業志工信念，與企業為確保企業志工價值最大化而做的投資行為，這兩者之間存在著差距。

　　本書不是操作手冊，儘管內容含有許多實用技巧，可供負責管理企業志工人士參考。本書也非學術巨著；更確切地說，本書是以非正式手法寫成，為的是要接觸到廣大讀者群，本書無意挑起論戰，也不想引發爭議。

　　相反地，就如肯恩・艾倫在本書第一章指出，本書提供人們「創造時刻與刺激對話」的機會。我們除了開始反思與討論，我們也能開始對所謂的企業志工有全面的認識。

　　如同本書對我們的挑戰，我們也鼓勵讀者對本書談到的議題進行周延思考。

　　我們誠摯感謝西班牙信基金會提出本書構想，並將創作工程託付給國際志工協會（IAVE）、全球企業志工委員會（GCVC）以及肯恩・艾倫。

李康炫博士 Kang-Hyun Lee, Ph.D
國際志工協會總會長（前任）

山姆・桑迪亞哥 Sam Santiago
全球企業志工委員會主席
美國航空公司美國賦能部門主任

誌謝

非常感謝以下人士的支持……

感謝西班牙電信基金會——特別感謝亞歷翰卓·迪亞茲·葛瑞塔（Alejandro Diaz Garreta）、海爾特·皮曼（Geert Paemen）與露西拉·巴利亞里諾（LucilaBallarino），提出本書構想，讓我能夠撰寫本書，並在過程當中展現無盡的耐心。

感謝 IAVE——特別感謝李康鉉博士（Kang-Hyun Lee）、山姆·聖地牙哥（Sam Santiago）、大衛·史代爾斯（David Styers）與凱西·丹尼斯（Kathi Dennis），讓我能夠倚賴全球企業志工研究計畫為基礎，並自由引用原始資料和最終報告，並謝謝他們在計畫過程中始終全力支持。

感謝我的同事，莫妮卡·加利亞諾（Monica Galiano）與莎拉·海耶斯（Sarah Hayes），他們是此研究計畫成功的關鍵人物，從規劃到收集與分析資料、結論的概念及呈現、準備最終報告、2011 年一月在新加坡的國際志工世界大會（IAVE World Volunteer Conference）上介紹此計畫，還有謝謝莫妮卡於拉丁美洲執行額外的研究，擴展我們的知識，並建立未來區域研究的模式。

感謝 12 家企業，不只提供財務支援讓研究計畫得以進行，還非常慷慨地騰出時間，分享他們對計畫的見解和反饋。

感謝參與此研究計畫的 48 家國際企業，貢獻他們的時間、經驗和知識；並感謝 26 家「合作組織」提供諮詢、聯繫和知識。

感謝內人莫琳·謝伊（Maureen Shea），不只有超額的耐心，還熟練地審閱並編輯原稿。我也要感謝我的狗狗布羅德，始終陪伴在我身邊。

以上這些人對本書的發展至關重要。他們都無須為本書內容負責，我個人承擔這個責任。不過希望大家都對成果滿意。

肯恩·艾倫
華盛頓特區
2011 年 9 月

PART 1

建立基本架構

志願服務發揮到極致時，可以是影響
社會中權力分配的一種方法。志願服
務並不是讓人持續依賴他人，而是幫
助弱勢者充實自身能力，有機會改善
自己的生活，掌握自己的命運。

Chapter 1

01 本書源起

僅僅把重點放在「什麼是企業志工」或「如何從事企業
志工」還不夠，我們還必須了解「為何從事企業志工」。
當志願服務發揮到極致時，可以是影響社會中權力分配
的一種方法。
它的基本理念幾乎始終如一——造福社區、嘉惠志工、
有益企業。

　　西班牙電信基金會（Fundación Telefónica）的朋友請我寫本有
關企業志工的書，他們希望這本書要「有用」又「實務」，不要乏
人問津，只會堆在書架上積灰塵。

　　對我來說這意味著，就是要把書寫得既「有趣」又「易讀」，
不只針對企業界的讀者，更要遍及其他類型的雇主、非政府組織，
以及政府官員、顧問、講師、學者等與「企業志工」的相關人士。

　　美國印第安納大學的萊斯利・蘭考斯基（Leslie Lenkowsky,
2011）在追思慈善事業教育先驅羅伯特・佩頓（Robert Payton）時
寫道：「佩頓認為實務……正在壓倒理論，把『教育簡化成訓練』。」

　　企業志工也適用這種說法——實務已經壓倒批判性思維。

　　僅僅把重點放在「什麼是企業志工」或「如何從事企業志工」
是還不夠，有鑑於此，我將「挑戰性」列入這本書應有的特色。我
們也必須了解「為何從事企業志工」，不一定都得熱情洋溢才行，
而是能抱持批判性的眼光，並且創造出一個架構，審視及理解企業
志工的概念和實務。

　　不論在何處做志工，志願服務都不是價值中立的活動。志願服
務體現的是某種世界觀、某個精神層面（不一定與宗教有關），還
經常涉入政治層面（很多時候不為人知）、對人類以及人帶來改變

能力的一種思維方式、關於助人意義以及價值的一套理念。

志願服務發揮到極致時，可以是影響社會中權力分配的一種方法。志願服務並不是讓人持續依賴他人，而是幫助弱勢者充實自身能力，有機會改善自己的生活，掌握自己的命運。

要想在社區中成功建立以志工為主的夥伴關係，企業志工活動的領導和管理者必須思想開明，願意透徹思考企業志工活動的可能影響──對服務對象的影響、對志工的影響，以及對自身企業的影響。

所以，究竟這本書要如何滿足這些可能互相衝突的需求──實用、務實、有趣、易讀，還要富有挑戰性呢？

英國政治哲學家邁克爾・奧克肖特（Michael Oakeshott）曾說過，專業教育的目的，是創造時刻、激發對話。

對於我們這些從事專業發展及組織發展的人，這句話把我們的工作描述得相當貼切。奧克肖特體認到，經由質問、挑戰和反思，我們會更有意識地體認到眾多可能的答案，而不是只針對一個答案，並且更能夠敏感察覺從事工作的意義。

在我攻讀博士學位初期的一門課程中，某位教授曾說得很清楚，我們念博士不是被動接受答案，而是學習如何問正確的問題。

雖然這本書預設的讀者群並不是博士生，但也不是企業志工的「初學者」。其實，這個領域的真正初學者，是剛接觸企業志工的那些人。一旦進入服務工作，所有的事情──包括所有的思考、計畫、行動──都必須達到「精熟」的程度。

本書會竭力遵循奧克肖特的建議，「創造時刻」──一個能遠離日常繁忙工作壓力的時刻，並且「激發對話」，反省並思考企業志工服務的初衷、本質及做法。

本書反映的是寫作當下的時刻，寫作同時，世界也在前進。改變、成長和發展的腳步從未停留。絕佳案例轉眼已成明日黃花，明日的創新會排除今日的障礙，永遠都會有「下一件最偉大的事物」即將問世。

這本書不是「操作」手冊，也不是學術研究，而是提出一套方法，用以思索企業志工以及其定位，也是一套指南，提供強化個別企業志工活動，以及整體企業志工領域的可能作法。

此外，本書有三個目的：

· 建構企業志工此一全球活動的概念架構。

· 分享知識，幫助企業做得更多、做得更好；協助公司及非政府組織建立更強健的夥伴關係；幫助「觀察者」更能瞭解及欣賞企業志工的發展，並且貢獻一己之力。

· 指出並討論形塑企業志工的關鍵議題，包含這些議題的影響，以及可能的因應之道。

還有，我們要確保本書能始終保持其實用、務實、有趣，以及富有挑戰性等特質。

當然，說到底，任何一本書要能有用，作者與讀者都有責任。各位讀者的責任是發揮創意運用此書——

要思考，不要盲從；要提煉、思考本書內容對你自身工作的意義；適度作調整、合宜才採用。

⬡ 關於「企業志工」

四百多年前莎士比亞（大約在西元 1597 年）在《羅密歐與茱麗葉》中寫道：「名稱有什麼關係呢？玫瑰不叫玫瑰，依舊芳香如故……」

換句話說，重點是事物的本質，而非事物的名稱。

那麼，至少在本書使用「企業志工」這個詞彙時，企業志工到底是什麼？

企業志工不是一個很精準的詞彙。不過企業志工也絕非「員工志願服務」、「職場志願服務」、「雇主支持的志工服務」，或是這些年來曾使用過的其他類似詞彙。

事實上，在第十六章我們會探討，這些都不是正確的用詞。隨著企業志工活動的本質而異，有時連「志工」一詞可能都不恰當。

　　不論精準與否，這個詞彙指的是一項行為藝術，根據向來讓我覺得最舒坦的定義，符合大眾普遍理解的企業志工是：「企業主為鼓勵並支持員工在企業所屬社區，從事志願服務所做的各項努力。」

　　因此，企業志工不僅侷限於一般人印象中的「企業」，或甚至僅限於盈利機構。政府機關、非政府組織、中小企業等，都有志願服務的推廣制度及支持辦法。

　　普遍使用的「企業志工」一詞，已變成一個包含以上項目的總稱。事實上，在我們的研究中進行將近七十次訪談──對象有公司、非政府組織、其他企業志工領域的觀察者，從沒有人說過這個詞不恰當。

　　就本書所使用的「企業志工」一詞來說，英國的企業公民諮詢（The Corporate Citizenship consultancy,2010）提供了我認為可用來定義企業志工的適當架構。企業公民使用「員工社區參與」一詞，內容包含：

- 借調。
- 技能導向的志工服務。
- 個人志工服務。
- 工作地點服務活動。
- 輔導制度與其他一對一個別化協助。
- 管理委員會／信託基金會職位。
- 團隊志工服務。
- 員工募捐。

　　以下為三點簡短說明，首先，對於不常使用「借調」一詞的人，簡單來說，借調就是暫時離開自己原本的崗位，全職協助其他單位。因此，公司可能把某員工「借調」到其他單位來完成一項計畫，或者填補缺勤員工的職缺等。同樣地，企業也可能「借調」該員工到非政府組織或者公部門單位。

　　其次，「個人志工服務」定義為源自「員工自主發起的志願服務，不過企業用某些方式給予支持」。

第三點，「工作場合活動」是指在企業環境中舉行的志工服務。活動可能包含：企業職場觀摩活動、學生工作見習，利用午休或上班之前或之後的休息時間，從事微型服務方案，以及線上志工服務。

所有這些活動的共通元素，在於得到公司的正式支持。如果個人只利用私人時間從事志願服務，也沒有得到公司支持，就不「算」企業志工活動。我也認為這樣的活動不在一般考量的「企業志工服務」範圍中。

這種方法的涵蓋廣度與把企業志工稱為一頂「大帳篷（big tent）」的概念相符，我們在下一章會繼續探討。

◈ 關於本書的研究依據

促成我創作此書的動機是全球企業志工研究計畫（Global Corporate Volunteering Research Project）的成果，該計畫為時兩年，目的是擷取全球各地的企業志工實務的新知識。

此計畫由全球企業志工委員會（the Global Corporate Volunteer Council, GCVC）承辦，GCVC 是由企業體總部遍及世界的近三十家企業形成的全球網絡，致力促進員工參與志工服務。

GCVC 是由國際志工協會（International Association for Volunteer Effort, IAVE）創辦，也是 IAVE 常態計畫之一。IAVE 成員包含個人與機構，以推廣與支持全球各種形式的志工服務為宗旨，是唯一以志願服務為主的全球網絡。

本研究有兩大部份，其一：全球企業研究（Global Companies Study）針對四十八家全球企業的志願服務活動，運用面對面訪問、電話訪談和文件檢閱等方式，了解企業如何組織與管理志工服務。

其二：健康狀態研究（The State of Health Study）的目的在衡量全球以及區域企業志工的「熱度」，審視形塑企業志工領域的趨勢、挑戰、創新以及契機。

我是該計畫的主導者，合作夥伴有巴西倡議（Iniciativa Brasil）理事長兼拉丁美洲企業志工界精神領袖莫妮卡·加利亞諾（Monica

Galiano）以及莎拉・海耶斯（Sarah Hayes）。海耶斯擔任 IAVE 旗下 GCVC 專案顧問經理一職，具有在畢馬威（KPMG）以及喜達屋酒店（Starwood Hotels）管理企業志工的豐富經驗。

此書大部分得歸功於這些夥伴在專案中的辛勤耕耘，他們的寶貴意見也協助我們分析資料、推導結論，以及擬定報告架構。

本計畫的正式報告於 2011 年發表，在 www.gcvcresearch.org 網站可查閱英文、西班牙文及葡萄牙文版本。

這項研究計畫工作對本書有極大助益。不論研讀本書或者研究報告，讀者可以發現兩者在整體方法與組織架構上都有相似之處，內容也有所重疊。本書更引用了研究成果，相關企業案例可能同時見於報告與本書。在很多方面來說，本書可以說是從此計畫衍生而出。

不過本書並不侷限於報告範疇。我們借助他人的研究、經驗與洞見，以進一步釐清我們究竟學到什麼，從而擴展了我們對企業志工宗旨、本質及方法的討論。這就是他山之石，可以借鏡。

✡ 關於我

讀者有權知道作者的經驗、觀點、偏見。

在此簡述我的個人經歷：我是伊利諾大學伊利尼志工計畫（Volunteer Illini Projects）初期的主導者，該計畫是當時美國全由學生主導的計畫最具規模者。也在國家志工行動中心（National Center for Voluntary Action）及後來的國家志工中心（VOLUNTEER）擔任職員十四年，繼而任執行長十一年。

我也擔任亮點基金會高階主管，任期幾乎是從機構創立第一天起長達十一年，有段時間負責基金會的全部計畫。自 1980 年起我就是 IAVE 的會員，1996 至 2001 年期間義務擔任全球總會長（World President）。從 2001 年起，我主持自己的顧問公司，與全球非政府組織、企業和政府領袖合作。

1979 年，我主導一項以美國為主的重大研究，首次把企業志工描述為一個可定義的活動領域。1986 年的後續研究，更首次闡述企

業志工對企業有益的支持論點。

1996 年，就在五十歲生日前，我獲得人力資源發展（Human Resource Development）博士學位，因此算是「大器晚成」。論文研究題目是「社區服務在大企業執行長生活中的角色與意義（The Role and Meaning of Community Service in the Lives of CEOs of Major Corporations）。」

我部份的顧問業務著重於企業志工，特別是與莫妮卡·加利亞諾在巴西的合作內容。我也參與英國 ENGAGE 組織成立的概念發想與規劃工作。ENGAGE 是社區商業協會（Business in the Community）與國際企業領袖論壇（International Business Leaders Forum）共同努力的結晶，致力推動全球企業志工。

我的職業生涯中，在三十幾個國家從事顧問與訓練工作，因此有很多機會在世界傳播企業志工理念，並且從企業志工日常運作的負責人，以及他們在社區的合作對象身上學習。

對於我帶給本書的貢獻，這代表什麼？

首先，我擁有長時程的觀點。就像我在第三章會談到，如果我不算是人在企業志工出生現場，我至少也親身見證了企業志工的命名與洗禮。這給我足夠信心來分享一個歷史觀點——也知道別過度囉嗦沒人想知道的陳年往事。

第二點，我和企業志工有著利害相關，它是貫穿事業生涯的一條軸線，有時還是重要主業。我領導機構推行、支持企業志工，以顧問、研究者、作家和演講者的身分工作並賺取收入。

時間軸與利害相關這兩項因素，形成了彼此衝突的兩種觀點，必須加以平衡。一方面，不屈不撓地為企業志工發聲辯護，對我來說很容易。畢竟，我親睹企業志工的光榮時刻，也協助推行到全世界。

難以避免地，這極其容易讓人感到憤世嫉俗，正因為我見識到這個領域的「黑暗面」、現實面，以及種種弱點。

當然我希望能達成平衡，盡量保持客觀，該讚美的時候讚美，該批評的時候批評。

第三點，我是美國人，我在美國出生、受教育。儘管我在全球各地廣泛參與事務，我仍是主要透過美國的文化觀點看待世界。在實際層面上，我跟大多數美國人一樣，不精通英語之外的任何外語，學習及吸收其他語言出版品的能力有限。

同時，我也深切體認到，企業志工領域最嚴峻的挑戰，是缺乏促進全球有效分享的學習機制。這正是催生全球企業志工研究計畫的一項因素，也是我對於西班牙電信基金會告知撰寫本書《撐起大帳篷 滾動大時代》，而感到欣喜的一個理由。

✕ 關於本書

本書分為六個部份。

「建立基本架構」：從本章導論至綜觀全球企業志工服務的整體現況，並且回溯此領域的源起與發展。

「論述理由」：檢討適用於企業志工的社會企業責任（CSR）此一理念架構，以及各項基本要素。這個經典論據主張企業社會責任是要「造福社區、嘉惠員工、有益企業。」

「準備行動」：一開始提出企業志工的概念模式，以及企業志工成功的六大根本關鍵，接著深入討論企業文化與企業領袖扮演的關鍵角色，包括檢視企業領袖經由親自從事志願服務所獲得的益處。

「執行效益」：探討三個截然不同的活動領域，與非政府組織建立強健夥伴關係，個人和組織如何透過志願服務從事學習，以及技能導向、跨國界志願服務此一新重點。

「測量與評估」：探討企業如何收集或不收集志工服務工作資料，企業如何在從事服務過程中評量自身績效，企業如何評估效益。

「反思與預測」：討論企業志工的關鍵議題與挑戰，提出未來的可能發展。

· 風格

我希望這本書能夠「打破藩籬」，讓讀者投入時不感到疏離。所以這本書的風格並不嚴肅，有點像是對話。本書常用到「我」、

「我們」跟「你」。書中會問問題、做建議、給予讚美及批評，甚至還提出解決方法。

・非政府組織（**NGOs**）

本書中不用「非營利」、「不為盈利」或者「社區組織」，而使用「非政府組織」（常見縮寫 NGOs）。這些名詞都有些微差異，在不同國家或區域的定義更是如此，但是最能蓋括上述名詞、全球通解的詞彙，就是非政府組織。

・是活動還是計畫

本書通常會談論企業「志工服務活動」，而不是企業「志願服務計畫」，藉此強調我們的信念，那就是企業提倡及支持的志願服務活動，其廣度與多樣化本身就具有價值。有些志願服務活動可能是正式「方案」，其他則是較不正式，甚至是自發形成的，是員工主導而不是企業推動。

・啟發性的實務做法

要先說明一件重要的事，在書中你不會讀到「最佳實務做法」。全球企業志工委員會研究的結論之一，就是「啟發性實務做法」優於「最佳實務做法」——何謂「最佳」往往是見仁見智，而且所有實務做法都是高度取決於應用情境。

我們提問，假如人們對於什麼是「最佳實務做法」有不同看法呢？假如最佳實務做法其實並非「最佳」，只不過是「最受歡實務做法」呢？

於是有了「啟發性實務做法」這個概念，我們將之定義為「引人注意、啟發想像，讓我們停下腳步思考，帶領我們採行或者調整應用的實務做法」。

「啟發性實務做法」的一項關鍵面向，就是以這些做法最適用的期望成果為基礎。所以，這些實務做法受到採用，不是因為「當紅」新潮流，而是因為適用於某一目的。

所以，閱讀特定公司實例時，你要加以批判評估。它們在你的

情況下會行得通嗎？你可以從中學習到什麼？你可以如何加以調整來幫助你的工作？

簡而言之，接受啟發——但是要考慮周到。

・想一想

閱讀本書，你會不時看到「想一想」方塊，彙整主要概念，提出問題，指點省思方向。這就是一個「刺激對話」的方式。

「跟自己談」這些事當然可以。不過，如果可以跟同事討論會更好。

當然，激盪與省思的最大效益，就在於形成明智的行動。「採取行動」方塊中建議後續步驟，提出進行方法，提供開始工具。

⬡ 結語：美好的未來

我初次認識企業志工，並撰寫相關文章，已是三十多年前，這三十幾年來的世界有著極大變化，不過企業對推展員工服務社區的承諾只進不退。如今，一個涵蓋非政府組織、顧問業、學術界的完整小型產業已臻成熟，雄心勃勃，想要引領、支持、研究、服務企業志工，並從中獲取利潤。我們在本書中會有徹底探討。

企業志工領域當中，舊形式歷經更新、復甦，新形式已然興起。原本大致以美國為主的發展現象，如今已經全球化。不過此領域的基本理念幾乎是始終如一——造福社區、嘉惠志工、有益企業。

我們邀請你一同探索企業志工服務的起源、變遷、今日現況，以及未來可能性。

建立基本架構

企業志工服務決定要在哪個本質及範圍上投注心力，要視情況而定。需要衡量公司文化、優先順序，公司資源、公司業務、員工本質，以及公司經營業務的社區實際情況 ──「有做事總比不做好，不過想要什麼都做未必比較好。」

Chapter 2

02 瞬息萬變的全球力量

很肯定的是在十年前，企業志工不外乎教育、年輕人與社區服務等大範圍，很少企業有特定焦點。經過時代的變遷，這些特定焦點已經成為「潮流」。研究計劃訪問的企業，很多都試圖在某方面讓整體社區工作更有重點，並在少數重要優先議題上進一步擴展服務工作。

「企業志工是一種瞬息萬變的全球力量，由企業推動，目的是在全球和地方的重要議題上帶來改變。」

這是全球企業志工研究計劃得出的「基本」結論。

我們得知全世界對企業志工的健康狀況都有類似評估，我們學到了：

·企業更加投入志工服務，將其視為企業社會責任與永續性策略中不可或缺的一環。

·企業傾向將心力投注在特定優先考量上，利用包括志工在內的多樣化企業資源，以期對人類、社會與環境等廣泛問題發揮最大影響。

·企業日益認同志願服務乃是協助達成企業目標一項策略性資產。

·「樂觀活躍」地重新思索、設計和更新志工服務活動，以符合社會、公司以及員工生活的實際情況。

·人們開始注意到，世界各區域、各文化對於志工服務有不同的解讀與做法。

·技能導向和跨國界志工服務的新投資，成為企業運用資源、增加影響力的重要方法。

這一切究竟代表什麼？

2011 年，企業志工在全球舞台上看起來到底像什麼呢？

　　想像一下，如果我們一起跳上一張魔毯，快速繞行全世界一天。不管到哪，我們都可以看到企業志工的例子。思考一下，無論飛往哪個方向，最後回到原點，我們會看到什麼？

‧ 在澳洲，澳洲國民銀行（National Australia Bank）的職員種植超過 6 萬棵樹木，相當於該銀行一整年消耗的紙張量。

‧ 在北京，中國移動（China Mobile）的員工志工帶領孩童課後活動，與公司高層一同參訪「老人安養中心」，協助全國救災工作。

‧ 在印度，塔塔顧問服務公司（Tata Consulting Services）員工透過其工會梅特里（Maitre），主導愛滋病毒與愛滋病宣導計畫，參與農村發展方案，在視障者電腦訓練中心服務以及學校教導孩童。

‧ 2009 年，葉門 MTN（MTN Yemen）公司有九成三的員工參加志工服務計畫，內容包含支持觀光業的清理古蹟行動、道路安全宣導、關懷孤兒、支持體育活動——這些都是「21 天關懷計畫」（21 Days of Y'ello Care）志願服務的一部分，此計畫由跨國行動通訊業者 MTN 集團（MTN Group）贊助其非洲十四國員工完成。

‧ 沙烏地阿拉伯的國家商業銀行（National Commercial Bank）職員在學校授課，教導企業家、組織團隊從事水患救災、到臨時收容所幫助流離失所的難民。

‧ 波伊納集團（Boyner Group）在土耳其的零售店員工教導在當地孤兒院長大的 18 歲到 24 歲年輕女性，協助這些社交、經濟孤立女性的個人發展、提升她們的求職技巧。

‧ 西班牙電信公司位於南北半球的員工是公司友好學校計畫（Escuelas Amigas）的核心，該計畫為西班牙與拉丁美洲的五、六年級學生配對媒合，透過網路進行溝通、合作與文化交流。

‧ 淡水河谷公司（Vale）在巴西各經營據點的員工志願委員會籌備七千多名志工參與年度志工日（V-Day）。同時，公司的工程

師以及供應商則忙著清查公立學校的基礎設施，幫助他們符合政府補助資格，以獲得需要的改善。

‧美國的輝瑞大藥廠（Pfizer）員工組成團隊，利用專業技能，改善對阿茲海默症病人與家屬的服務品質。

現在想像一下，這些活動一而再地不停複製，從最大規模的國際企業、區域及國家級企業，到中小企業，幾乎遍佈世界各國。

想像一，志工專注在基本人類需求以及社會正義的議題；想像二，他們尋找新方法來幫助群眾更能自給自足；想像三，他們為拯救環境而戰；想像四，他們針對全球自然跟人為災難做出回應。

想像五，這些技術人才——從優比速（UPS）的卡車司機、C&A 商店零售店員、年利達律師事務所（Linklaters）的律師、卡夫食品（Kraft Foods）的食品科學家到 IBM 的主管——運用一己之長替非政府組織、政府以及多邊機構服務。

想像六，透過「數天、數週、數月的服務活動」動員人力的盛況，他們有能力組織和執行高品質的工作。這種計畫導向的志工服務，已迅速成為各公司與社區普遍存在的現象——從卡馬喬科雷亞（Camargo Correa）的善心日（Do Good Day）、花旗（Citi）的全球社區日（Global Community Day）、GSK 的柳橙日（Orange Day）、摩托羅拉行動通訊部門（Motorola Mobility）的全球服務週（Global Week of Service）、AXA 的企業社會責任週（CSR Week）、福特的全球關懷週（Global Week of Caring）、優比速的全球志工月（Global Volunteer Month）、三星（Samsung）的全球分享節（Global Festival of Sharing）、西班牙電信的國際志工日（International Volunteering Day），還有 Timberland 的志工嘉年華（Serv-a-palooza）。

如果可以想像得到這一切，那麼你對志工服務的現況就會有些概念。

目前還沒有確切、可靠、為人廣泛接受的企業志工服務量化評估

方法，可以讓我們看出企業志工長期間的成長或萎縮，或是針對不同國家或區域做比較。

不過，你可能會問，數字在哪裡？多少企業有志工計畫？多少人參與其中？數字是成長或者減少？

事實是，企業志工服務沒有確切、可靠、為人廣泛接受的量化評估方法，可以讓我們看出企業志工長期間的成長或萎縮，或是針對不同國家或區域做比較。

所以，顯而易見地，企業志工故事的公開版內容主要來自企業所做的事情、企業如何面臨與解決挑戰、企業與非政府組織合作發展的創新方法，以及志工活動對社區、員工志工及企業本身造成的影響。

我們會在下一章「未來展望」中看到，這是從企業志工開展初期以來未曾改變的現實情況。

✡ 撐起大帳篷：關於企業志工服務

專案團隊檢視我們在全球企業志工研究計畫中所收集的資料，同時我們也在思索用什麼適當的比喻，描述此領域的本質及範圍。

最後我們將此領域比喻為馬戲團，企業志工服務則是一頂「大帳篷」，涵蓋廣泛活動內容、哲學思考、行事方法以及管理架構。這就「如同馬戲團，同時上演著各式各樣的表演節目，觀眾無論往何處看，都會看到令人印象深刻的演出，有些表演令人陶醉，有些技法特殊高超，有些則才華洋溢。」

深入探討：

「不過大象訓練師很少在高空中盪鞦韆，小丑幾乎不會走進獅子籠裡。他們待在自己的舒適圈內，完成自身角色明確的任務，用自己的核心能力表演，發揮各自最大的潛能。」

「有些人比別人會更多把戲，無論是騎駱駝或是跑馬都能駕馭自如。走在危險的高空鋼索上就如小丑滑稽地跌進舞台中一般輕鬆。有些還創立自己的馬戲團，把所有表演融為一體。」

「馬戲團的多樣化，恰恰符合企業志工的服務性質。公司為在職和退休員工、家庭及朋友提供各種形式的志願服務機會。有些公司的服務項目較少，僅專門提供部分自家員工服務計畫或機會。有些可能只有單一『節目』，特色服務正好符合公司性質。」

由此可以導出這樣的結論：「從事企業志工沒有『最好』的方式。」

企業志工服務決定要在哪個本質及範圍上投注心力，要視情況而定。需要衡量公司文化、優先順序、公司資源、公司業務、員工本質，以及公司經營業務的社區實際情況。

有做事總比不做好，不過想要什麼都做未必比較好。

這個主題思想融貫本書，也凸顯我們的主張。我們主張停止談論「最佳實務做法」──因為這很難客觀決定，而且實際上可能只不過是「最受歡迎的實務做法」──相反地，我們要著重在「有啟發性的實務做法」，會讓我們有所學習，並且想拿來適度調整、因地制宜的做法。

舉例來說，我們看過最有趣的案例，是總部在澳大利亞墨爾本的必和必拓集團（BHP Billiton），這是一間國際採礦、石油、天然氣公司。該公司的志工服務計畫，就是根據員工志願服務時數，公司會捐贈對等資金。公司不執行志願服務方案，也沒有志工日或帶薪服務時數制度，而是員工每服務一小時，公司就捐出 8 美元（一年最多 480 小時），並且員工個人捐募到多少錢，公司就會捐助相同額度。

有些公司與觀察者可能會說，這根本是極簡派作風。

不過這種方法十分符合必和必拓集團的核心價值與實際情況。該公司由許多不同營運單位組成，形形色色的員工在眾多異質環境下工作，絕大部分員工在偏遠營運處工作。公司認為這些在地服務的員工最能了解，對當地社區來說最重要的是什麼。此一理念的落實作法，往往是針對原本可能遭人忽略的小型地方組織提供協助。

必和必拓集團十分重視全公司員工策略的一致性，也覺得適用

全公司的單一方法最為恰當。假使礦工不能夠帶薪從事志願服務，辦公室員工也不行。

　　這裡的重點不在何為「對」或「錯」。那只不過是企業志工「大帳篷」底下的一種做法，而且正好適合該公司。

⬡ 從地方到國際，再回到地方

　　企業志工在全球的演變大致可分為三個階段。

　　第一階段，身為企業志工先驅者的美國企業，把既有服務方案擴大至全企業體制，甚至遍及其他國家。後者就是今日所說的「隱形模式」，大致是表面上看不到的運作，也沒有公開推廣。利惠公司（Levi Strauss）就是最好的例子，早在80年代中期，該公司就在全球各地辦事處與工廠地點，不張揚但有制度地建立社區參與團隊。

　　第二階段是總部不在美國的企業所開展的志工服務活動。以下有幾個例子：

　　‧在英國，行動資源中心（Action Resource Centre）於70年代開始為社區組織提供長期員工借調服務，全國志工中心約在1983年間推行短期、更廣泛的企業志工服務，英國石油（BP）、英國電信（British Telecom）、惠特比（Whitbread）等大企業也很快跟進。

　　‧在日本，傳統上企業領袖會推行自己的慈善計畫，直到1990年，才有富士全錄（Fuji Xerox）推出第一個正式的企業志工服務計畫。不過早在60年代，國有獨佔企業——包括日本電信電話公司（Nippon Telegraph and Telephone）與日本航空（Japan Airlines）——就已經准許員工請假參加日本海外青年協力隊（Japanese Overseas Cooperation Volunteers, JOCV）。到了80年代中期，已有多達340間私人企業提供類似機會，讓員工請假從事志願服務。

　　‧巴西最早有企業志工服務是在90年代早期，C&A志工首先透過學校及非政府組織來服務孩童。到了1999年的首度全國調查時，至少有10家巴西公司、12到15家跨國公司有正式志工服務計畫。

．在韓國，三星是公認推行正式志工服務計畫的第一間公司，在 1994 年發起時成立秘書處，一年後成立三星志工隊（Samsung Volunteer Corps），1996 年將計畫擴展至全球。

第三階段則與近年來的企業全球化相呼應。隨著企業營運實際走向全球化，企業的社會責任、永續性政策與計畫也跟著全球化，志願服務當然也包含在內。

不過企業的行為表現，也是在回應全球對於企業持續提升的期望。湯馬斯‧費德曼（Thomas Friedman）在他 2001 年出版的《了解全球化》（The Lexus and the Olive Tree）一書中預測，這樣的發展會讓企業無處可藏。

有鑑於網際網路為基礎的溝通具有即時性與透明性，企業不可能再利用遷移營運處到開發中國家偏遠地帶來逃避世人審查。如今，企業還沒進駐，地方對企業行為就已經有所期待。

就在國際企業拓展自家志工服務計畫之際，越來越多區域級、國家級和地方企業也紛紛跟進。以土耳其的企業志工協會（Özel Sektör Gönül- lüleri Derneği）為例，該組織共有 50 多名成員企業，其中整整一半都是土耳其當地的公司。

這其實很合理。假使企業志工帶給企業的效益真的那麼好，那麼對於國際企業有好處的，對於格局較小企業也同樣有好處。

因此，現今的企業志工界，是一種活力充沛的混合體，是一項快速全球化的活動，大致根據在地方上實際執行的方式來定義。即便是最大型的國際企業，該做什麼服務項目，最終還是由那些最了解工作，或者與社區關係最密切的人來決定。

隨著企業志工的擴張發展，地區性的差異也越發明顯。

．非洲以及阿拉伯國家正處於建立自有模式的初期，他們根據各自內涵豐富的文化取向，把志願服務視為生活中自然有機的一環，而且往往以家庭關係為基礎。

．亞太地區的確是企業志工活動風起雲湧之地，有地方模式興

起，同時也調整吸收西方模式，大家可以從這個區域學到很多。

・歐洲的特色是方法的多樣化、企業志工的範疇擴大、接受度提高。在開發企業之間合作模式這方面，歐洲明顯居領導地位。

・拉丁美洲正向世界展現一種證實可行的運作模式：強調社會改變，並培育對社會實況有清楚理解的積極社會公民。

・北美是企業志工最成熟的地區，正在學習如何將計畫全球化，一方面採納其他區域的構想或做適當調整，同時持續推動創新。

這些逐漸浮現的種種差異，為企業志工領域帶來兩項重大挑戰。

首先，無論總部設在哪裡，國際企業必須先理解這些區域性差異，就像企業學習想在截然不同的商業環境中成功一樣，企業必須適應當地的價值觀、風俗以及期許。企業必須了解到，在公司總部或家鄉行得通的方法，不見得適用於世界其他地方。

其次，整個企業志工領域面臨著一項挑戰，就是建立促進國際分享與學習的系統。建立系統需要克服語言障礙；設立「消息靈通人士」網絡，能夠不斷搜尋、回報和連結資訊；充分利用網際網路與社群媒體——這一切的建立、完備以及運作，都需要新增且持續性的投資。我們將在第十六章進一步探討此項挑戰。

西班牙電信的 Proniño 計畫：解決童工問題

企業越來越願意迎接世界上許多最困難的挑戰，西班牙電信就是其中之一。該企業的經驗證實，不管問題有多複雜或具有爭議性，堅定不移的企業和員工可以扮演關鍵角色，找到解決之道。

為了處理拉丁美洲及加勒比海超過 500 萬童工的問題，西班牙電信與國際勞工組織（International Labour Organization）目標一致，就是要在 2020 年前根除所有童工問題。

該公司的方法是設立 Proniño。這是一項全面性的社會行動計畫，於西班牙電信營運的 13 個拉丁美洲國家實施。該計畫的運作網絡包含 118 家非政府組織、674 個結盟機構、近 5000 所

學校與托兒所，每年幫助超過 16 萬名兒童與青少年。

　　Proniño 由西班牙電信基金會管理，建立在三大策略上，分別鎖定孩童、家庭及學校，以及整體社會。

　　‧提供完善保護：確保孩童得到能持續上學所需要的幫助，包含營養衛生協助，還有直接與孩童家庭合作。

　　‧改善教育品質：更新學校設備、運用資訊科技，這主要是透過在學校設置有電腦與網路設備的西班牙電信基金教室。

　　‧強化社會及機構能力：提升大眾對此議題的意識，設立介入與預防網絡，發展非政府組織與合作夥伴的運作能力。

　　此計畫的策略性目標之一是「加強機構與社區的管理能力，讓他們能夠獨立處理兒童權利與童工問題。」Proniño 計畫內的能力建置包含監督工具，對非政府組織工作進行獨立品質審核，以及把計畫中得到的知識標準化並加以傳播。

　　西班牙電信志工全程參與 Proniño，他們：

　　‧從事課後活動。

　　‧幫助非政府組織夥伴監控參與計畫孩童的家庭。

　　‧舉辦家庭及社區研討會，討論教育、衛生、善用空閒時間等主題。

　　‧支持非政府組織夥伴提升法律、知識科技、財務管理等領域的管理能力。

　　‧支持老師以及社會工作者。

　　每年，來自全球一百名西班牙電信員工會撥出兩週的假期，擔任 Proniño 計畫志工。

　　志工是西班牙電信友好學校的核心，友好學校計畫讓西班牙與拉丁美洲兩地區的 5、6 年級教室網路連線，進行溝通、合作與文化交流。

　　西班牙電信的志工在計畫中扮演「啟動者」的角色，以小組方式親自到課堂上支支援教學，提供使用 Web 2.0 工具的技術支

援，並且監控已完成的工作。在西班牙，志工也負責挑選參與學校。在拉丁美州，參與計畫的則是有西班牙基金會教室的學校。

　　透過部落格和視訊會議，不同的班級可以彼此溝通，共同學習預先設計的教材，西班牙電信志工的角色，則是在為期五個月的計畫中帶動並陪伴師生成長。

⬡ 聚焦發揮影響力

　　很肯定的是，在十年前，企業志工不外乎教育、年輕人與社區服務等大範圍，很少企業有特定焦點。

　　今天，焦點已經成為「潮流」。研究計劃訪問的企業，很多都試圖在某方面讓整體社區工作更有重點，並在少數重要優先議題上進一步擴展服務工作。

　　其中原因，在於人們有種值得讚許的渴望，就是想要有明顯可見的「作為」。抱持這種信念的人認為，集中資源能讓廣泛的企業資源——人力、財力、實物、關係——更有機會充分發揮，並且提高效益。某些情況下，志願服務是與工作融為一體，也是重要的一部分；在其他情況下，則可能因為議題的性質以及要完成的工作不同，而不得不退居次位。

　　同時，如果因為企業公開支持某一特定重要議題，就否認企業品牌的相關潛在價值，這是不對的。相反的，企業如果幫助治癒疾病，或是拯救性命，或是處理危機，會比「找很多人做很多好事」更受人肯定。

　　企業處理的種種議題令人印象深刻。我們研究計畫中的企業處理的議題將近 30 項——下一頁方塊中有實例——其中很多項是大眾普遍認定是真正的全球性挑戰。有些議題對企業來說則是有點意外——女性賦權、氣候變遷、經濟賦權——因為這些議題通常有爭議性。

　　不過到底工作要多聚焦才算對，關於這點企業還是有所掙扎。

很多案例中，看起來像是對某一特定優先工作的陳述，實際上可能更像是包含多種活動的一個整體架構。正如一位企業經理所言：「我們希望我們的重點工作有焦點，但是不能沒有彈性。」

這其實是出於務實考量，攸關企業內部的權力與權威分配，以及工作如何執行。總部可以針對企業期望、企業重點工作以及政策訂出一個全球架構。不過，在執行上必然還是得由上貫徹到下，容許地方管理單位針對當地現況跟員工權益做彈性回應。

稍後探討技能導向的志工服務時，我們就會再次體認到，員工的權益（至少是在提到員工志願服務時）不一定會與企業的重點工作相符。

假使把志願服務看做員工參與跟員工賦權這類廣大策略的一部分，那麼要考慮到的關鍵點是，員工的利益會影響、塑造企業志工活動。

▶ 想一想 ◀

企業的優先利益與員工的志工利益總有著潛在的緊張關係。

• 對某些企業來說，這樣的緊張關係會導致挫敗感：「員工都不照我們說的去做。」

• 對其他企業而言，緊張關係則會讓企業與員工間達成平衡：「我們鼓勵員工參與企業內經過組織、有所聚焦的計畫，我們也支持員工主動創造自己想做的計畫。」

• 還有些企業認為，緊張關係其實會讓人有所啟發：「我們從員工身上得知，他們生活的社區中最需要改善的地方為何，我們與員工一同決定處理社區事務最好的方式，以期能對社區有最正面的影響力。

面對世界的挑戰

以下為企業對企業社會責任、整體社區參與以及企業特定志工服務所選出的十大重要議題。

- 童工問題。
- 基礎建設發展：民生用水、汙水處理、住屋、食物。
- 氣候變遷與地球永續。
- 愛滋教育、預防以及照護。
- 農業社區以及鄉村地區的迫切需求。
- 可預防的失明。
- 改善醫療照護系統。
- 幫助罹患絕症孩童及其家庭。
- 小額信貸與微型創業。
- 支持多樣化人口，幫助殘障人士。

「企業志工是一種成長、進化的力量，並且持續改變以滿足新的社區需求，符合企業與員工的期望。」

⬡ 樂觀的活力，進化的力量

「企業志工服務不是靜態的，而是一個持續成長、進化的力量，持續改變來滿足新的社會需求，符合企業與員工的期望。」

這是我們與國際企業訪談的一項發現，這個結論在很多方面反映了 21 世紀生活中不斷變化的特色。1989 年，管理大師彼得·維爾（Peter Vaill）首度提出「永恆的激流」一詞，用來比喻生活中的變化、湍流、急迫感，不只吞噬了組織生命，有時候似乎吞噬了生命的所有層面，當時他可沒料到世界後來果真如此。

這個概念其實是來參加維爾工作坊的一位企業經理。維爾引述那個人的話：「你才剛吸收一項改變，另一項新變化就跟著來，把事情搞得一團糟。事實上，往往是許多變化同時進行，讓人感受到

不斷的挫折與混亂。」（維爾，1989）

在整個研究當中，我們聽到的許多討論都是關於改變──關於志願服務工作如何重新概念化、重新組織、更新，志願服務在企業中如何日益突顯、受重視，人們對於其表現有著新的期許，志願服務背負著新的壓力。

我們也聽到很多關於企業生活是「永恆的激流」的真相。

儘管本研究是緊接在 2000 年代晚期「大蕭條」以及 2008 年國際金融危機之後，我們聽到的好消息還是遠多於壞消息。受訪的全球企業沒有任何一家暗示「國際金融危機會削減他們對企業社會責任、社區參與或是志願服務所做出的承諾。」相反的，我們聽到的是，企業認為「志願服務工作帶來正面影響。」有些公司表示，經濟蕭條的一項影響，是員工有了從事志願服務的新活力，特別是在回應失業或弱勢者等基本需求。面對財務緊縮，企業的因應方法，是更有策略地運用志工服務來彌補捐款不足，並且在艱困時期維持員工士氣及榮譽感。有些企業指出，他們開放各種方法讓員工規劃與管理志願服務工作，藉此彌補專職人力的短缺。

在個別企業以及整體領域中，我們一次又一次見證了人們對於企業志工的熱情、預期以及深切期望。

即便在面臨激烈變化的案例中，志願服務不僅存活下來，還更茁壯成長。

研究中期，我們得知本計畫的贊助企業之一摩托羅拉（Motorola）將一分為二。等到計畫結束時，摩托羅拉已經分割成摩托羅拉行動（Motorola Mobility）與摩托羅拉解決方案（Motorola Solutions）。兩者都宣示持續從事企業志工的決心。

雖然現在是兩個分開的公司，卻仍有著共同的傳承價值，那就是源自企業創始人羅伯特‧蓋文（Robert Galvin）及其家族對社區參與跟慈善事業的堅定承諾。隨著時間推移，兩間公司的志願服務工作無疑將會各自演變，反映出各自不同的優先考量與公司文化。

摩托羅拉行動基金會資深總監艾琳‧斯威尼（Eileen Sweeney）表示，從新公司剛成立的時候，基金會就認真帶領公司執行長與公司內其他領導者，一同著手發展新計畫。

摩托羅拉行動從新公司的核心能力開始，審視公司能為社區帶來什麼獨特貢獻，探索伴隨公司分裂而來的新機會，更著重在此一面向的發揮。

摩托羅拉行動一方面持續拓展全球服務週等志願服務工作，同時也根據公司內部軟體，及使用者介面設計師的興趣及技能，來創造機會，讓他們可以回應非政府組織的需求，幫助這些組織在工作時更有效運用科技。

新公司營運才 7 個月時，摩托羅拉行動宣布將被谷歌（Google）收購。航行於企業永恆激流中，艾琳與她的團隊會繼續執行他們的既定策略。

撰寫本書時，卡夫食品宣佈有意拆為兩家公司，分別是國際點心集團與北美食品雜貨業。諷刺的是，18 個月前公司才剛與英國的吉百利（Cadbury PLC）合併，這也導致卡夫食品的「大使團」（Ambassador Corps）與吉百利的「社區冠軍」（Community Champions）結合。在動員員工投入志願服務方面，吉百利的做法與卡夫食品讓企業志工主導和推廣「美味大不同週」（Delicious Difference Week）活動及其他工作的方式相當類似。

雖然卡夫食品早就有不定期的志工活動，卻是到 2008 年才推出正式的志工計畫，部分原因是為了回應員工期望。有了執行長艾琳‧羅森菲爾德（Irene Rosenfeld）的熱情支持，美味大不同週的計畫獲公司批准 7 個月後，就在 2009 年 10 月首次舉行。合併之後，美味大不同週活動就被視為是卡夫跟吉百利員工齊聚一堂的好方法，也是建立共同文化的一個步驟。

所以，到 2012 年底公司預計分家時，卡夫食品的企業志工這四年來會從不固定的活動變成一項正式計畫、變成一項高曝光率且

相當成功的特色盛事，再歷經與另一家已有完善志願服務活動的公司合併，最後則是一次企業拆分。

聽起來還真像是在永恆的激流上行船。

在巴西的 C&A，企業變革與志願服務工作的關係有些不同。以下是志願計畫（Programa Voluntariado）協調者路易斯·柯弗（Luiz Covo）的描述：

「從 2010 年開始，C&A 內部將有一項名為「國家動員」的新運動，這是關於恢復企業價值觀，重申公司向來重視的價值。這些需要重新實踐的價值觀，其實正是 C&A 的志願服務工作文化向來就主張的。志願服務活動是最不受影響的區域，因為它們捍衛的正是這些價值，早就形成一種保存這些價值的氛圍。我們得以不受動盪波及，同時這個計畫也日益茁壯。」

組織設法度過永恆激流的方法之一，是透過有規劃變革的過程。如同以下方塊所述，花旗是一個絕佳案例，展示了如何在企業「重新改造」自身志工服務計畫過程中做到這點。

花旗的策略性再造工程

花旗銀行是企業志工的先驅之一，正式計畫可以追溯到 1970 年。之後的 40 年間，企業與志工服務計畫都經歷重大轉變。從紐約市發跡的花旗，成長為全球性金融機構。志工服務計畫在這些年來則是起起落落，直到現今的花旗集團網站上有此宣布：「2003 年設立一個正式的志工服務計畫。」

在 2009 年，隨著推動「策略性再造工程」，花旗的志願服務邁入了一個新階段，整套程序的設計完善、執行透徹，都是值得學習的絕佳案例。

無庸置疑，在 2008 年全球金融危機最嚴重時期，花旗員工連公司是否能存活都有所懷疑，更別提花旗是否會延續社區參與及志願服務的傳統。

　　僅僅一年後，花旗就發動再造工程，這傳達了一項清楚訊息，志願服務對花旗來說仍然是企業生命不可或缺的一部分。

　　員工願意參與這個過程，顯示他們認同志願服務的價值，認為這是維持士氣的方法。

　　紐約市花旗基金會旗下的花旗志工主任羅斯瑪麗‧伯恩斯（Rosemary Byrnes）向我們描述，這個過程同時針對企業內部與外部。企業外部方面，花旗檢視其他企業如何運作志願服務，以其他公司為參考標竿來衡量花旗自身績效。重點不只放在其他公司做得好的部分，還重視其他公司所面對的挑戰以及克服方法。

　　花旗發現其他公司很願意協助，企業彼此之間有高度的合作性對話。

　　經過這項運作，花旗決定把發展「志工委員會」（volunteer councils）視為花旗的一項核心策略。花旗發現，讓員工來主導，可為公司的企業志工帶來一種企業家精神跟創新感受。

　　志工委員會與企業的社區關係部門協同合作，找到方法充分運用既有的社區關係，開發志工服務機會。在微觀層面上，志工委員會協助聚焦在邀請志工參與。

　　企業內部方面，整個過程的設計，不只是為了取得員工對現況的意見以及對未來的想法，更為了爭取內部認同與計畫所需的投資。

　　花旗邀請美國六大市場的區域志工領袖以及各國際區域領袖，共同選出「發現過程」（prcoess of discovery）活動的參與員工。最後有近 100 名員工分成小組，透過電話會議提供自己的意見。

　　得到的資料經過統整與分析後，形成了初步結論，接著透過第二輪電話會議與參與者分享結論，並聽取他們的意見與回饋。

PART 1

建立基本架構

自願行動的傳統力量、人民自願幫助
彼此、建立社區的力量，在這數十年
間雖有起有落，但卻從未消失過。這
是美國所有偉大社會運動的中心力
量，也是每個社區的生活核心。

Chapter 3

03 走過歷史，回到未來

這是一個改變與行動主義的時代。民權運動是這個時代的開端，也是行動主義的焦點所在，行動主義定義了二戰後美國嬰兒潮出生者。接著是反戰運動、環境運動、對抗貧窮、婦女解放與性革命。那是一個人們關心社會議題與社會正義的時代，那個時候人們帶著對社會的關注與精力走上街頭，對社會有所建設也有所破壞。

目前為止，還未有人寫出企業志工的明確歷史。

部分原因是企業志工主要存在於企業界的邊緣地帶。在其發展的大半歷史中，人們將它放在企業核心運作之外，很少與人力資源管理或發展緊密結合，僅僅有小層面與企業社會責任有關，大部份的紀錄還只是傳聞軼事。

企業志工領域很少有系統化的記憶。相反地，隨著企業現況、架構還有管理的改變，志工活動也一同歷經起步、成長、衰退以及停止，這會令人有種「從頭再來的似曾相識」感。

在我訪問企業時，發現我所知道企業在 10、20，甚至 30 年前曾做過的事情，目前的人卻一無所知，這種情況並不罕見。在現代人眼中，他們是自身公司企業志工的發明者，而不是過去傳統的復興者。

同樣的，推動與支持企業志工的非政府組織內部也很少有系統化的記憶。通常，非政府組織與其服務的企業相同，都會經歷許多的改變、員工流動以及「送舊迎新」。

因此，企業志工也沒有一致的知識資料庫。有關該領域的歷史知識多半只存在於「流亡文件」裡，堆在人們早已遺忘的書架上生灰塵，或是深埋在各公司的資料庫裡，事實上根本無從取得。

也許缺乏紀錄完備的歷史，正好能反映出企業志工的真正本質。企業志工著重的不是過去，而是當下的即時性與未來的可能性。企業志工不能只是空想，而是要去行動。

志工業務的管理者工作繁忙，被要求用更少的資源做更多的事情，同時還得不斷證明志工服務雖與「盈虧」無直接關係，卻相當重要。企業志工得到的外來支援，還包含想在該領域保持競爭力的組織與顧問，他們也不斷制定新方案、推出新產品或提供新服務，為的是吸引企業的注意力與支持。

不過，少了明確的歷史，不等於缺乏歷史價值。重要的是了解我們從何而來，藉由探尋我們的根源，來了解我們紮根與成長的土地。

哲學家喬治‧桑塔亞那（George Santayana, 1905）最為世人所知的，或許就是這項觀察心得：「無法記取歷史教訓者，注定要重複相同的錯誤。」不過很少人記得他這句話的前一句。

進步不在於改變，而在於記取經驗。改變若是走到絕對，就再沒有什麼可以改進的，也定不出可能改進的方向：若是無法記取經驗……永遠只能在原地踏步。

因此，我們要請你們包涵，容許我們跳過現在，回到從前，用幾頁寶貴的篇幅來重溫企業志工的起源，概要說明它的發展——只希望能藉此獲取經驗。企業志工的故事，事實上開始於至少 200 年前，對世界其他國家說聲抱歉的，是故事起源於美國。

⬡ 企業志工的基礎

我們現今已知的企業志工有三個基礎部分——企業領袖興起，成為社區領袖；美國傳統的社區方案與志願服務；以及企業社會責任的概念。

企業領袖身兼社區領袖

丹尼爾‧布爾斯廷（Daniel Boorstin, 1965）在美國歷史三部曲的第二卷中寫道：

我們現在普遍使用的「生意人」（businessman）一詞源自美國，大約出現於 1830 年，那時也正好是新西部城市建立且最快速發展的時期。只要略看一眼……就可看出，把生意人形容成只是從事商業買賣的人有多不正確。更適當的說法，是把他們定位為美國特有類型的社區創造者與社區領袖。生意人一開始就相信公眾與個人是共存共榮。生意人生於舊世界不了解的曖昧地帶，他們是新世界的獨特產物。

對他們這樣的人來說，如果「沒讓自己的城市繁榮，就代表自己缺乏社區精神與商業思維。」

這些以經營事業為主要目的人士認為，他們的成功與社區的健康與發展有直接關聯。促進自己的城市發展，改善運輸、讓城市交通更便利，使城市成為和宜居住的所在，這些都符合自身最大的利益。對於企業領袖來說，成為社區事務領導人只不過是一步之遙。

這些企業領袖就是布爾斯廷（Boorstin）所說的：「新崛起的領袖：私人與公眾成長繁榮相互交融、急速擴張城市裡的社區建設家。」

不管是大街上的小店或者是第 50 層高樓中的商務套房，企業領袖身兼社區領袖的紀錄歷久不衰。

從某一層面來說，這種作法這是基於現實考量，我們將在 20 世紀晚期見證其再度出現：

- 企業有維持正向對外關係的合理要求。
- 發展與維持這些關係，是大眾對於企業領袖這個角色的正式期望。
- 從事社區服務，是履行該角色的一種合理且有效方式。

從另一個層面來說，這種現象最初成形的驅動力，正是來自同樣公開的自利觀點，也就是體認到，健康與繁榮的社區（地方、國家或全球）內的勞動人力積極且完備，最有利於企業發展。一旦人類、社會和環境問題威脅到了社區，企業應該為了自身利益著想站出來。

索爾‧利諾維茲（Sol Linowitz, 1976）是全錄（Xerox）的開國元老、後來接任董事長，他就主張：「參與滿足社會需求的活動就是賺錢的生意，無法了解這點的企業家不只是自找麻煩，更會危及自身企業的未來。」

我們會在第九章看到，企業領袖參與社區事務對其個人及專業都有明顯好處，這點與他們本來多少想善盡社會義務的責任感相輔相成。

關於社區倡議與志願服務

社區居民也要靠自己來領導社區。在美國，幾乎每本有關志願服務的書籍，都會引用法國人亞歷西斯‧德‧托克維爾（Alexis de Tocqueville）於 1831 年參訪美國後所寫的《民主在美國》（Democracy in America）一書，這本書被視為國外觀察者對美國所做過最精闢的分析。

托克維爾很驚訝地發現：

……美國的協會數量很龐大。形形色色的美國人持續組成協會……（不只是政治或商業協會）而是其他各種各樣的協會，宗教的、道德的、正經的、瑣碎的、普遍的或是特定的、龐大的或是極小的。美國人讓協會可以提供娛樂、創辦神學院、蓋旅館、建教堂、散發書籍，指派傳教上到紐西蘭跟澳洲；他們用這種方式創辦醫院、監獄和學校。如果想對世人勸說某項真理，或者用偉大典範來涵養某種情操，他們就會建立協會。在法國如果是由政府來主導的新業務，或是在英國是由有身分地位者主持的，在美國你肯定會看的是某個協會。

托克維爾相信，在民主國家中，「所有的公民都是獨立且脆弱的；他們幾乎無法獨自完成任何事，也不能強迫同伴幫忙。如果不能學著主動幫助彼此，他們全都會軟弱無力。」

結果正如布爾斯廷（1965）稍後所寫：「早在政府出現來執行公共職責或照顧公眾需求之前，社區就已經存在了。」

自願行動的傳統力量、人民自願幫助彼此、建立社區的力量，在這數十年間雖有起有落，但卻從未消失過。這是美國所有偉大社會運動的中心力量，也是每個社區的生活核心。

企業社會責任。我們現在稱企業社會責任為 CSR，這不是新的名詞，也不是現在才具有能見度與重要性。

其實，企業社會責任的概念可以至少追溯到 20 世紀初期，也就是 1916 年克拉克（J. Maurice Clark）刊登在公共經濟期刊上的一篇文章，標題為〈改變中的經濟責任基礎〉（The Changing Basis of Economic Responsibility）。

在 1971 年人壽保險大會的專題演講中，當時美國保誠人壽公司（Prudential Life Insurance Company of America）總裁唐納德‧麥樂端（Donald MacNaughton）主張 CSR 不是新概念，「社會賦予企業營運的特許權是為了大眾的利益。假如此句話為真，那麼企業永遠都背負著社會責任。」（Allen et al. 1979）

不過，事實上，直到 60 年代，這個詞彙才有一個具體定義，也才是我們現今所熟知的形式。

諾曼‧庫爾特‧巴恩斯（Norman Kurt Barnes）在 1974 年的財富雜誌中回顧過去十年，總結寫道：「從 1960 年代中期開始，見到美國城市陷入水深火熱之中，許多高階主管開始相信，企業有道德責任與強烈需求，必須回應社會問題——只賺錢是不夠的。」（Allen et al. 1979）

於是，企業志工基礎的關鍵要素——企業領袖身兼社區領袖；志願服務的傳統；以及企業社會責任的概念——全都到位了。

◈ 60 與 70：一個改變與行動的時代

60 與 70 年代，還有另外五個因素促成企業志工的興起，成為我們現今所知的形式。

首先，那是一個改變與行動主義的時代。民權運動是這個時代的開端，也是行動主義的焦點所在，行動主義定義了二戰後美國嬰

兒潮出生者。接著是反戰運動、環境運動、對抗貧窮、婦女解放與性革命。那是一個人們關心社會議題與社會正義的時代，那個時候人們帶著對社會的關注與精力走上街頭，對社會有所建設也有所破壞。

其次，是公共服務與志願服務成為新焦點。約翰·甘迺迪（John Kennedy）總統呼籲各個年齡層美國人，要更有服務貢獻的責任感，並且成立了美國和平與志工服務隊（Peace Corps and Volunteers in Service to America ,VISTA），這是政府志工計畫的重要里程碑，也是服務的工具。甘迺迪總統邀請有遠見、才賦與對社會有所承諾者挺身而出，透過政府或自身職業來投身公共服務，報效國家。

到了 1969 年時，重點則轉移到「自願行動」，這個觀念認為，相較於政府，熱心公民以及其組織發起的自願工作更能妥善解決許多社區問題。自願行動也包含了公開強調建立地方與國家基礎設施，以利推行、支持更多且更有效的個人志願服務。

此外，外界也越發期待企業承擔更多的社會責任，參與更多的社區事務。來自外界的壓力固然最大──從政府官員、學者到社區行動人士，每個人都會站出來為此項議題發聲──壓力也來自於企業界內部，有些人認為企業責任是「應該」做的事，有些人則為這是企業生存與興盛的最好方法。

還有，新世代的勞動者進入了職場，他們對於雇主與自己有新的期望。到了 1970 年，有組織的學生志工計畫在校園蓬勃發展，許多計畫都是由學生自己創辦與管理，不過其中也有不少計畫是由大學正式籌組與支持的。因此，年輕人受企業雇用時，也帶來了他們個人的行動主義以及有組織支持的服務經驗。

他們體認到志願服務的重要性，這是對社會問題的一種回應，對個人則是一種充實的活動。年輕人到新崗位時，也期望雇主會有符合社會責任的行為，包括幫助年輕人參與社區事務，就像他們在大學裡所做的。

最後，相關基礎架構終於完備到位，可用來觀察、學習、紀錄

企業志工的崛起。1969 年 11 月，尼克森（Richard M. Nixon）總統宣佈創立志願行動國家中心（National Center for Voluntary Action, NCVA），這是一個「非營利、無黨派的組織……是由傑出的個人與政府官員一同合作，並且使用私人基金」來「鼓勵和協助私部門有效實施志願行動（Nixon, 1969）。」

NCVA 是第一個以志願服務理念及實務為宗旨而專設的國家領導組織。在很多方面，NCVA 是現今遍佈全球的國家志工中心的雛形。NCVA 的優先考量反映在支持志工服務的基礎架構上，這些不斷演進的基礎架構包含：當地「志工中心」的設立；收集與傳遞有效志願服務工作的相關資訊，頒獎表揚傑出的志願服務；大型媒體宣導，推廣志願服務，媒合志工與服務機會;訓練志工領袖與管理者。

因為 NCVA 的志工領袖部分來自商業界，為志願服務與企業利益間創造了一個直接且重要的連結。更重要的是，NCVA 出現在對的地點、對的時間，加上有對的動機，所以促成了企業志工的出現。

> **想一想**
>
> 　許多相同條件目前都存在，有助於推動著企業志工，像是：
> ・在網路與即時通訊驅使下，人們更意識到人類、社會以及環境的問題，再加上全球化的影響，我們現正處於一個快速、不斷變遷的時代。
> ・人們認為現今的志願服務是一種世界性活動，是伸出援手、回應需求、參與塑造個人以及集體未來等身為人的義務。志願服務目前往往是既有領導者的協助下推行到全世界，作為解決問題、強化社區與嘉惠志工本身的一種方法。
> ・現今對於企業社會責任以及企業參與社區的期待已邁入全球化。
> ・全世界的年輕人都在學校與大學裡參與社區服務，並將對志願服務的期望帶入職場，他們對雇主該如何作為有所期望，他

們同時也希望有機會能做志工。

　　‧ 推行與支持志願服務的基礎建設正在擴展、成長，並且在全世界日益茁壯。其中有越來越多的部分是專門為了企業志工而設立。

　　我們正處於企業志工成熟與創新的新紀元。

✧ 職場志工計畫

　　到 1976 年晚期，我擔任 NCVA 的常務理事時，NCVA 只剩下一個空殼。那時我們的首要工作是存活下來，再來才是復興。

　　我們是一個相對來說年輕且天真的團隊，很多方面都是邊做邊學。我們特別想配合我們現有與可望爭取到的資助者的興趣與需求。拜訪潛在的企業捐款人時，我們發現他們對分享自身的志工計畫最有興趣，還向我們諮詢如何加強這些計畫。

　　我們明白，如果要爭取他們的資金，必須能為他們的工作增加價值。（非政府組織的讀者：請在這句打上一個大記號——這句話現今仍然適用！）

　　於是，職場志工（Volunteers from the Workplace, VFW）計畫誕生了，這是為了瞭解公司與有組織勞工，如何鼓勵員工進行志願服務的第一項全面性研究。針對有組織勞方的額外研究焦點，也包含在七年後的後續研究中，使得此研究更加脫穎而出。

　　VFW 研究是以廣泛調查與訪談為基礎——包括調查美國 400 大企業，並且廣發信件與電話跟催，鼓勵企業回應；對 135 家企業進行電話訪談，平均每次訪談達 90 分鐘；親自拜訪 39 家企業；以及電話調查 50 家企業，目的在多了解企業執行長在社區志工活動中的參與程度。

　　此研究發現 333 家公司都有某些形式的企業志工活動。在 30年前——有 333 家公司。這數字很可觀！

有紀錄可查的企業志工量化成果很少。如同最後報告中提到：「幾乎沒有任何一間公司保存了員工志願服務工作的數量紀錄，也沒有公司曾認真評估過服務工作的金錢價值。」（Allen et al. 1979.）研究最大的收獲來自訪談，以及每個公司分享的故事。

我們得出四項整體結論。如果你仔細閱讀，你可能會讀到一些至今仍然重要的議題。

．「在企業履行社會責任的整體作為中，員工志願服務是一個越來越重要的面向。」

．「儘管員工志願服務計畫越來越重要，大部份的計畫仍未受到重視，或者沒獲得成功所需的必要資源。」

．「『最好』的計畫嘉惠所有的參與者——社區、企業和員工。」

．「計畫成功的最關鍵因素，是執行長及最高管理階層的興趣與支持。」

以下是我們在1979年針對企業志工的健康狀況所寫的整體總結：「顯然這類計畫目前仍處於起步階段……企業志工的管理系統才開始出現。企業志工協調者之間聯繫合作的努力也才剛開始。與更廣大的志工社群的連結也首度成形。」

這是一個探索、發現與成長的時代。

▶ 這一切是何時開始的？ ◀

我們現在所知的企業志工，真正開始的時間並不可考。也許最早提到企業志工（至少就我們所知道的）是1865年匹茲堡紀事報（Pittsburgh Chronicle）上的一篇報導，每個月礦工不支薪挖礦一天，條件是把這天挖的煤礦免費分送給窮苦人家（Ellis and Noyes 1978）。

大約在1965年時，埃爾斯沃思‧卡爾弗（Ellsworth Culver），也是稍後國際慈善團（Mercy Corps International）的共同創辦人，在舊金山設立了參與團（Involvement Corps），鼓

勵與幫助企業組成員工工作小組，致力改善都市問題。這可能是第一個只為了推行企業社區參與，而創立的非政府組織。

準備職場志工計畫時，我們發現文獻中相關的早期研究很少。人力資源網（Human Resources Network）1972 年的報告特別提到，總共 92 家公司實行員工志願活動。1973 年企業社會責任清算所（Clearinghouse on Corporate Social Responsibility）指出，131 家保險公司推行志願活動；在 1978 年，這個數字成長到 187 家。當被問到志願服務計畫起源時，有些管理者指出，其實志願服務計畫，是由企業的社區服務傳統發展而來，不過大部分的管理者則說他們是過去十年內開始的。

在職場志工報告中，我們引用 1968 年設立的利惠社區參與團隊（Levi Strauss Community Involvement Team）、1969 年於貝爾實驗室（Bell Labs）、1970 年在花旗銀行開始的正式志願活動，1971 年 IBM 以及 1972 年全錄（Xerox）的社會服務假計畫。

⬡ 現行企業志工的根源

在職場志工的研究中，研究者請企業指出自己公司志願服務工作的特質。

雖然有些名詞可能跟我們現今所使用的有些不同，不過其中很多特定的活動聽起來卻很熟悉。

幾乎有八成的企業曾經「借出人員」給非營利機構；七成的企業有公益服務時間政策；六成六的企業有員工（通常是主管）擔任非政府組織理事；超過六成企業從事團體計畫；幾乎四成公司有某種形式的內部志工資源中心；還有，一成二的企業讓員工請「社會服務假」。

這些活動中就有我們今日所知企業志工的根源。以下是研究中得到的一些例子（Allen et al. 1979）。

「公益服務時間」

主要根據高階主管可撥時間，擔任理事提供服務的這項傳統，公益服務時間，變成一種鼓勵所有員工，不管是領月薪或者時薪者，都能更活躍地參與志工活動的方法。同時，公益服務時間也給企業「當志工」的機會，藉著吸收薪資成本，與其損失的生產力，來履行企業對社區的一部分責任。

「借出人員」

各地的企業，都有借出員工這樣的做法，他們出借員工的技能、財富和時間給很多公家（政府）跟私人（非政府組織）單位。個人有機會展現自己的技能，也能夠從中學習；企業和社區利用人才，改善社會以及自然環境，進而同時受益。

「團體計畫」

團體計畫提供所有企業員工機會，讓他們把技能跟精力，集中在特定的社區需求上，並有實際的成果。在所有企業主導的員工志願服務中，團體計畫被稱為是能見度最高的工作，團體計畫讓員工可以回應廣大的社區需求。

「社會服務假」

社會服務假，主要是讓員工在特定的社區機構執行特定的計畫。這種假跟其他的長期請假計畫不同，是直接以他人的福利為導向，而不是像員工回學校接受訓練與教育等，與個人發展有關的請假。

⬡ 一項新的競爭優勢

1985 年，志願行動國家中心發展變化成 VOLUNTEER 國家志工中心（The National Center）。我們與企業的合作也變得穩定，我們被視為美國企業志工的主要資源組織，是時候繼續原先的 VFW 的研究了。

第二項研究的最後報告題為〈一項新的競爭優勢〉（A New Competitive Edge, Vizza et al. 1986）。我們對於此領域提出這樣的評價：

> 在過去的十年中，企業成為非營利組織志工的主要來源之一。在那十年內，不管是在企業社區關係領域或者是志願部門，員工志願服務都有最顯著的成長跟發展。

報告最主要的重點，是闡述企業志工的理念，方法是與企業內部志願服務工作主要領導人跟管理者進行廣泛探討。

這是第一次，我們公開主張，志願服務可以造福社會、嘉惠員工、有利企業。以下是我們的論述：

> 首先，員工志願服務是一種適切且有效的工具，企業可以用它來滿足整體經濟與社會目標，並且可以回應各類內部成員或利害關係人的期待。（有利企業）
> 其次，社區在尋求解決困難的人類、社會以及經濟問題時，志願服務是人才與能量的來源。公司提供有意願幫忙的志工，他們擁有無法從他處取得的特定技能與專長。（造福社區）
> 第三，對於大部份美國人的生活來說，職場扮演了最重要的角色，所以企業可以支持並鼓勵志願服務，作為個人一生中幫助自己跟他人的一種方法。（嘉惠員工）

由這些層面衍生出四個理念，也回答了「為什麼公司會、或者應該投資員工志願服務？」我們認為志工計畫是一種方法：

- 讓公司回應，員工對於居住與工作環境生活品質的關切。
- 增進加強員工的技能，特別是領導與參與式決策的能力。
- 讓企業肯定回應，公眾對於企業參與解決社區問題的期待。
- 讓企業展示道德領導力，「做正確的事情」，成為對公司有最大好處的回報。

正如我們在第四、五、六章的討論，這種理念——我們現今所稱的「企業有利理由」——今日依然大部分成立，新知識與新現實都強化了這個理念。

✡ 結語：企業不可或缺的價值

詩人羅伯特・潘・華倫（Robert Penn Warren,1961）寫道：「歷史無法帶給我們對未來的規畫，不過歷史可以讓我們更瞭解自己與我們的普遍人性，所以我們更能迎向未來的挑戰。」

21 世紀「永恆的激流」的生活中，我們應該要再次確認的是，過去 40 多年內，有像我們這樣的人，努力想讓志願服務，成為企業內有價值且不可或缺的一部分。企業志工的歷史，是對於企業志工可為社區、員工、企業帶來價值持續探索的一種過程。這不是直線進行的歷史，而是充滿了種種舊事件重新出現、繞遠路而行，偶爾崩盤瓦解，總會受到巨變衝擊，卻仍舊屹立不搖，韌性堅強，引人注目。

▶ 開始行動 ◀

· 你如何得知自身公司的志願服務歷史？是否有檔案可供參考？退休人員協會成員是否會記得相關資訊？

· 歷史中是否有哪些時機，是你可以運用來推廣志願服務、並且提升其能見度？請注意在 IBM 慶祝企業創立 100 周年時，社區參與以及志願服務的能見度都很高。

· 有沒有哪些「早期」的員工可以分享志工故事？你可以從公司志願服務如何演化中，學習到什麼？

· 志願服務的演變，如何反映在企業的文化以及價值觀上？

· 你可以如何與他人分享志願服務歷史？你要知道歷史是建立、增強自豪的方法，特別是當歷史反映長期承諾，以及影響力時更是如此。

企業社會責任可以遠超過成本、限制
因素以及慈善行為。有策略地應用企
業創造契機、創新以及競爭優勢——
同時解決迫切的社會問題。

Chapter 4

04 以企業社會責任為發展基礎

企業總是有機會，在不同情境中實踐企業社會責任，並
且有各種方法，把企業與利害關係人之間，互相牴觸的
期待融合為一，為所有的人創造價值。

為什麼要這麼做？

這是個好問題。創立企業就是要生產產品、行銷產品以及提供
服務，而最終目標是創造利潤，那為何還要花時間投資員工、花時
間專注於管理，以及花錢支持、鼓勵員工參與志工服務？

但有另一個問題是，為什麼在我們這群商界以外的人士或公
眾，會認為這個點子很棒？

為了適度陳述發展企業志工的理由，我們首先要檢視企業社會
責任（CSR）的基本理念，這是最適合發展企業志工的整體概念架
構。這也是本章目的。

⬡ 為什麼是企業社會責任？

如果說企業社會責任對企業來說是別無他用（其實不然），那
它至少催生了一個小型產業，成員包含非政府組織、顧問、學者、
政策制定者以及記者，他們試圖理解、提倡、支持、研究、討論企
業志工，並靠它賺錢。至於那些多少要負責思考企業志工的本質，
使其落實，並且親自操作的企業內部人士，更是不在話下。

在 Google 搜尋引擎上輸入「企業社會責任」一詞，在 0.12 秒之
內，就會出現「約有一千四百萬項結果」，沒錯，不用懷疑，一定會
出現許多重複的資料，但結果還是非常壯觀。想像一下，如果我們用
全球使用率最高的十種語言進行搜尋，得到的結果會是如何呢？

　　所以我們必須儘可能讓這個詞簡單、直白。為達此目的,我們要從喬治亞大學泰瑞商學院的榮譽教授阿爾奇‧卡羅爾教授(Archie Carroll)著手。他是在該領域的文獻中,最常被引用的一位作者。

　　1999 年卡羅爾教授提到,他追溯 1950 至 1990 年代間,關於企業社會責任其定義性概念(definitional construct)的發展歷程。如果你對於過去思考企業社會責任概念的演變感到興趣,這是個很棒的起點。

　　簡單來說,卡羅爾教授回顧的過去五十年中,從《經營者的社會責任》(霍華德‧鮑恩著於 1953 年)的單本權威著作開始,經過長時爭論企業社會責任的定義及基本理念,接著是較少討論定義、多人試著衡量及實際研究企業社會責任。

　　卡羅爾教授與印第安納大學科克摩分校的克倫‧沙巴納教授(Kareem Shabana)共同撰寫了一份學術文章,旨在探討企業推行企業社會責任的理由(Carroll and Shabana, 2010),後來由世界大型企業聯合會(Conference Board)改編為一份精簡概論(Carroll and Shabana, 2011)出版。

　　兩位教授說清楚講明白,「履行企業社會責任,沒有所謂的單一理由,相信也沒有單一理由,能證明企業社會責任可以改善企業財務」。

　　兩位教授也指出一套基本理念(Berger et al. 2007),來凸顯分別用窄義及廣義方法,主張企業社會責任時的差異所在。博格(Berger)及他的同事提出了以下三種模式:

　　‧社會價值領導模式(social values-led model):企業基於非關經濟的理由,採用企業社會責任概念。

　　‧企業有益模式(business-case model):企業活動可明顯連結至財務績效時,就是在落實企業社會責任。

　　‧融合性代管模式(syncretic stewardship model):同時肯定「美德為外部性市場」以及經濟目標。

別難過，我自己也得查字典才懂。「Syncretic」是指試著將相異或對立的論點調和為一。

兩位教授指出，企業有益模式是最狹義的觀點，而融合性代管模式則是最廣義的觀點。兩位教授都偏好後者，因為它允許企業同時考量，企業社會責任與商業績效之間的直接或間接關係。稍後在「商業理由」一章中，我們也會看到此一廣義性的重要意義，在於彰顯企業志工如何跟商業目標緊密相連。

兩位教授，進而檢視各種支持企業社會責任論點的歸類方式，他們鎖定一份文獻（Kurucz et al. 2008），其中顯示，企業社會責任可以是一項有力的商業選擇，因為它可用來：

- 降低成本及風險。
- 獲得商業競爭優勢。
- 提倡企業名聲及正當性。
- 透過協同價值創造（synergistic value creation）尋求雙贏結果。

英國的商業社區協會（BITC）於 2011 年與英國克福蘭大學的道堤社會責任中心合作，回顧 2003 年至 2010 年之間的學術及商業文獻，要找出「企業履行社會責任」可帶來的商業效益。

他們證明企業社會責任有七大關鍵商業效益：

- 品牌價值及名聲。
- 員工以及未來勞動力之發展。
- 營運效能。
- 降低風險以及風險管理。
- 直接財務效益。
- 組織成長。
- 商業契機。

以及開始發生的兩件事：

- 負責任的領導風格。
- 宏觀的永續發展。

至於「透過協同價值創造的雙贏結果」（Kurucz et al. 2008）這個概念基本上主張，企業總是有機會，在不同情境中實踐企業社會責任，並且有各種方法，把企業與利害關係人之間互相牴觸的期待融合為一，為所有的人創造價值。

為了強調這個論點，卡羅爾教授和沙巴納教授引用了彼得・杜拉克（1984）的話：「企業的『適切社會責任』是要將社會問題，轉化為經濟契機及經濟利益；轉化為高產能及工作能力；轉化為待遇良好的工作及財富。」

他們的研究報告結論如下：

企業固然可以基於利他主義，及道德理由參與企業社會責任，這相當有價值；不過，我們生活其中的商業社會具有高度競爭性，以至於在分配資源給社會責任活動時，企業還是會持續考慮自己的商業需求……。

……除了許多財務效益之外……落實企業社會責任的企業也會讓社會受益。

邁克爾・波特（Michael Porter）與馬克・克瑞默（Mark Kramer）把杜拉克的理念，進一步發展成他們的「共享價值」概念。二人在哈佛商業評論 2006 年的文章中提到，他們提出一項論據，說明「競爭優勢與企業社會責任之間有正面關聯。」

該文的「概念簡述」摘要闡述了這項論據的本質：

企業社會責任可以遠超過成本、限制因素以及慈善行為。有策略地應用企業創造契機、創新以及競爭優勢——同時解決迫切的社會問題。

兩位作者要講的重點是，「成功的企業需要健康的社會」，同樣的道理，「健康的社會也需要成功的企業」。因此，「企業與社會之間相互依存的關係，暗示了商業決策與社會政策，都必須遵守共享價值的原則」。

他們建議，企業要採取三階段的方法，來處理他們所說的「策

略性企業社會責任」。這些方法都是要找出「你的公司與社會的交會處……選定要處理的社會議題……推行可為社會及公司，帶來龐大且明確效益的少量方案（Porter and Kramer, 2006）。這個方向正好符合我們研究中的趨勢，就是企業試著聚焦在少數幾項關鍵的優先事務，以充分發揮企業的各項資源，像是人力、金錢、專業技術以及物資等。

五年後，哈佛商業評論的另一篇文章中，兩位學者進一步提升這個概念的價值，視之為企業與廣大社群之間，疏離感與日俱增的解決之道，以及用以取代企業社會責任（CSR）的方法。他們寫道：

> 共享價值的原則……包含了在創造經濟價值時，回應社會的需求及挑戰，也創造了社會價值。企業必須讓公司的成功與社會的進步，重新產生連結。共享價值不是社會責任、哲理或是永續經營，而是取得經濟成功的新方法；共享價值不是公司的邊緣業務，而是公司應該要注重的核心議題。

他們認為，「創造共享價值（creating shared value, CSV）應該取代企業社會責任（CSR），引導公司在社區中投注資源的方向」，主要原因是「創造共享價值，能夠充分發揮公司的特有資源及專業，藉由創造社會價值，來創造經濟價值」。這聽起來像是主張技能導向志工服務的一項理由。

回應各界的期待

這點在討論中本來就已涵蓋，不過還是得說清楚，企業社會責任的實踐就是，永遠都是為了回應他人的期待：員工、消費者、政府、同儕團體以及廣泛的社會大眾。

經濟學人（The Economist）通常對企業社會責任，抱持懷疑態度，2008 年的一篇文章中，它解釋了企業社會責任日益受到關注的原因。

第一，公司必須更努力維持自己的名聲。經濟學人列出一張，看似無止盡的公司醜聞以及行為過失清單，並提到「企業正受到監視」。文中更明確指出「NGO 軍團聲勢壯大，摩拳擦掌，一發現輕

微疏失，就要對跨國公司開戰」，還有「種種排名、評等對企業施壓，要求提出非財務類績效的相關報告」。

第二，員工強烈要求落實企業社會責任，投資者也更加關注，而政府則大力督促。

第三，氣候變遷日益受到關切，促使永續性以及「綠能營運」（going green）更受重視，這兩者就像是降低成本，以及長期健康的明智商業策略，也回應了消費者、政府及那些無時不在「監視人士」的期待。

在 2009 年，此文章刊登一年五個月後，鑒於全球金融風暴，經濟學人再次探討企業社會責任。文中引述企業社會責任，將可生存的樂觀理由，其中包含消費者及員工的期待，以及企業先是主動促成，後來發現很難收手的種種期待。經濟學人以其無人能仿的敘述風格，給予企業社會責任致命的一擊：

> 認為公司在經濟走下坡及過後時期，都會持續信守永續性的承諾，支持這種觀點的，還有一項重要原因：企業界需要恢復社會對它們的信心。
>
> 引發金融危機的，是企業不顧社會責任的大規模醜行，甚至連藍籌股績優企業的名聲也遭波及。企業的領導人，現在有機會可以證明，他們並不全然只是短視近利。

艾德曼國際公關公司（Edelman）在 2010 年時做了一份全球消費者研究，其報告結果與我們的討論有關：

‧「全球八成六的消費者認為，企業需要同等重視社會權益與自身的商業利益。」

‧「比起西方消費者，巴西、中國、印度以及墨西哥的消費者，更可能會購買及推薦，立意良善的公司品牌產品。」

‧「在新興市場中，逾七成的消費者，願意支持社會目的品牌（social purpose brand）：巴西是八成，印度是七成八，中國是七成七，全球平均值則是六成二。」

・「在印度、中國、墨西哥及巴西，有八成的消費者，期待公司撥出一部分利潤支持善事義舉。」

・「有六成四的人，認為企業光是捐款還不夠，公司一定要將良善宗旨，納入日常商業活動；六成一的人，對於把良善宗旨納入企業營運的公司，有較高評價，不論公司動機為何。」

之前我們曾引用湯瑪斯・傅利曼的書：《了解全球化》（The Lexus and the Olive Tree argument），他指出，人們對企業作為的期待將會全球化。如今果然發生了。

米爾頓・費德曼與他的盟友

對於企業社會責任的批評，諾貝爾經濟學獎得主米爾頓・費德曼（與上一段的湯瑪斯・傅利曼沒有血緣關係）可以說是遠勝於他人。費德曼的見解總結，適切地發表在紐約時報的〈企業的社會責任，就是增加企業利潤〉（1970）一文中。簡言之，他主張各大企業的責任，就是要讓業主，也就是股東獲得最大利潤。聽說看過這篇文章的人，不見得都能完全理解，但是這篇文章，至今仍是最常被引用來反對企業社會責任的文獻。

當然，費德曼並不是孤軍奮戰。一個更近期的例子，2010年經濟學人指出的《開發中經濟體制下的商業運作理由》（The Case for Business in Developing Economies）。作者安・柏恩斯坦（Ann Bernstein）是南非發展及企業中心的負責人，她主張企業嘉惠社會的最好方式，「就是從事正常商業運作。」

經濟學人專欄作家熊彼得（Schumpeter）對此書有以下評論：「生活在富裕國家的市民，常會擔心企業行為的偶發性傷害（occasional harm），然而對於公司創造的經濟繁榮，卻視為理所當然。生活在開發中國家的人民，可沒權享受這種奢侈。」

一項回應

凱瑟琳・史密斯（2010）是波士頓學院企業公民研究中心的執行長，她說：「人們常會問企業公民責任的專家，為什麼他們的公

司應該要投資社區及環境，然後他們通常就急忙找一個企業，可從中獲利的正當理由。」

　　儘管史密斯承認「做好事得好報」通常不太可能，不過她引領我們注意 2009 年的研究（Margolis et al. 2009），由哈佛大學、密西根大學，以及加州柏克萊大學學者們共同主持。該研究針對企業社會績效（CSP）與企業財務績效（CFP）之間，實證關聯的 251 項研究進行分析，獲得的兩個主要結論是：

　　‧「經過三十五年的研究後，多數證據指出，企業社會績效與企業財務績效之間，略有正面相關」，可以粗略等同於「策略規劃的效應規模」。

　　‧「企業社會績效，似乎不會犧牲公司財務，也不會傷害公司的經濟運作……做壞事遭到揭發時，對財務績效的影響，要比做好事更深遠。

　　史密斯就此做出結論：「儘管這些數據似乎證明，企業社會投資不會傷害公司，而且可能略有幫助，或許關於公司投資於社會議題一事，我們應該問的是『為何不做』？」

世界的觀點

　　從不同地理及文化的角度來看，對於企業社會責任的態度都是一致的嗎？答案是異口同聲：「不盡然」。

　　舉個例子，從我們的企業志工「健康狀況」評估中，可以得知，在阿拉伯國家的企業志工發展障礙，就是當地對企業社會責任的接受速度緩慢。該地區觀察家主張，沒有接受度，就沒有架構，沒有讓企業志工獲得關注所需的整體激勵。

　　經濟學人（2011b）在這方面幫了個忙，就是報導了艾德曼公關公司所做的一項研究，針對 23 個國家「知情大眾」（informed publics），詢問他們對於米爾頓‧費德曼的論點：「企業的社會責任就是增加企業利潤」的同意程度。

　　在阿拉伯聯合大公國、日本、印度、南韓、新加坡以及瑞典，

逾六成的受訪者表示，「非常同意」或「有些同意」，阿拉伯聯合大公國的同意度更是高達八成四。

同意度最低的受訪者中，中國、巴西、德國、義大利及西班牙等國，同意度都在四成以下，英國的同意度是四成三，美國則是五成六。

這表示，關於企業與企業社會責任的任何主張，我們實在都不應該視為理所當然。它就像這個世界，是個錯綜複雜的主體，受到歷史、文化以及社會價值影響。

而世界各地，面對企業社會責任的差異性，又是什麼看法？來聽聽學者怎麼說。

有一篇文獻探討（Williams and Aguilera, 2008）是從世界各國的比較觀點，來檢視企業社會責任，文中明白表示，對於企業社會責任的態度及其實踐方式，世界各國的角度都不相同。作者將此現象，歸因於企業社會責任，缺乏全球統一的定義。

作者表示：「我們並不訝異，對於企業社會責任的本質究竟是什麼、在理想世界中應有的面貌，以及誰應該投入社會責任議題，不同國家受訪者的認知地圖，及各自期許都非常不同。」

一份歐洲的研究（Furreret al. 2010）發現，東西歐的管理者，不只對於企業社會責任的看法分歧，他們對於社會、經濟以及環境企業責任的看法也存有差異。另一份研究（Ramasamyet al. 2010）則顯示在新加坡及香港地區，宗教信仰對於企業社會責任有正面支持作用。

最後，請閱讀「開發中國家的企業社會責任驅動因素」方塊，內容出自國際企業社會責任組織（CSR International）偉恩・維瑟（Wayne Visser），他提供了重要洞見，讓我們看到，不同國家中形塑企業社會責任的力量有何不同。

在此做個總結：我們以為，全球各地對企業社會責任都是一致支持的，其實不然；我們以為企業社會責任，在全球各地日益受到重視，其實不是。

開發中國家的企業社會責任驅動因素

　　國際企業社會責任組織（CSR International）智庫創辦人偉恩·維瑟提出，開發中國家的企業社會責任十大驅動因素，值得我們認真看待，因為它們提供了重要洞見，幫助我們理解企業社會責任，及企業志工的跨文化差異有何影響。如下：

　　·文化傳統：開發中國家企業社會責任，極度依賴根深蒂固的本地傳統文化，像是慈善、商業倫理以及厚植於社區等特質。

　　·政治改革：開發中國家企業社會責任，不能與社會政治改革程序脫鉤，因為改革常驅使商業行為與社會、倫理議題結合。

　　·社會經濟優先考量：企業社會責任，直接由「社會經濟環境……及因此而來的發展優先考量形塑而成。」

　　·治理缺口：由於政府疲弱、貪腐或是資源不足，造成的「治理缺口」，企業社會責任常被視為彌補缺口的解決之道。

　　·回應危機：經濟、社會、環境、衛生相關或是產業層面的危機，「通常會催化企業社會責任的回應。」

　　·進入市場門路：開發中國家的公司，通常視企業社會責任為進入已開發國家市場的敲門磚。

　　·國際標準化：在開發中國家，企業社會責任的法規及標準，乃是推動企業社會責任的關鍵驅動因素。

　　·刺激投資：企業的跨國投資「日益以企業社會責任表現為審核條件。」

　　·股東行動主義：在開發中國家，有四大利害團體，儼然成為企業社會責任的大力倡導者，那就是發展機構、工會、國際非政府組織以及商業同業公會。這四大團體，提供了支持當地非政府組織的平台。媒體也日漸成為，推動企業社會責任的關鍵利害關係人。

　　·供應鏈：特別是對中小企業來說（是一項重要驅動因素），企業社會責任，乃是跨國公司對其供應鏈廠商的一項要求。

多項研究結論顯示，志工服務有益人
體身心健康。當場有人挑眉不以為
然，有幾聲訕笑，在場聽眾大致抱持
懷疑的態度。但是，過去 20 年來的
研究已累積出可觀的證據，證明當年
的論點其實相當正確。

Chapter 5

05 企業志工服務的志工面理由

志願服務與其他大多數的活動一樣，可以學習到多少，都取決於我們自己。沒有人可以強迫志工接受新知識、學習新技能，或與他人產生有意義的聯繫。但是志願服務，可以在一個鼓勵或促進的環境下，提供這些機會。

「造福社區、嘉惠志工、有益企業。」

這句話首次出現是至少 25 年前了，而企業志工服務的基本理念仍然沒有改變。在本章我們將會探討志工面理由──志工參與志工活動的好處。下一章我們將要探討企業面理由──「有益企業」以及再下一章的社會面理由──「造福社區」。

⬡ 志工面理由

我們先假設你覺得本書夠有趣，可以一直撐到本章，那麼現在你應該了解志工服務的全面價值，包含對志工本身以及他們服務社區的價值。

如果是這樣，以下這張志願服務，能為志工帶來哪些益處的清單，對你來說會像是標準答案。現在我們分類一下，看這些好處對志工的職場生活有何幫助。

對志工的好處	職場生活中的價值
有機會獲取新知識。	將社區的新知識、需求及資產帶入職場；提供開發新產品及服務項目的相關資訊。
有機會提升現有技能。	工作表現進步。

對志工的好處	職場生活中的價值
有機會學習新技能。	提高升遷或是換工作的機會。
有機會學習領導技能。	提高升遷或是換工作的機會。
針對志願服務以及社區參與的內含價值表示支持。	個人與企業價值結合；有可能改善機會；增加能見度。
能滿足個人成就感及生活完整感。	有助於工作與生活之間取得平衡，加強承諾、改善績效。
更以公司為榮，對僱主更忠誠。	工作表現有進步。
建立社會人脈。	可能增加與公司內部的連結與網絡；擴張的外部網絡可能會與工作職責有關連。
有機會擴大世界觀；看到其他人如何生活。	以更開闊的心接受多樣性及全球化；加強個人意識。
促進身心健康發展。	感覺良好；工作更有效。
有機會證明你有能力有所作為。	自我價值感及自信增加，進而帶動工作表現更好。
有機會跟團隊一起工作。	提高與團隊共事的準備度及適應力。
有機會接觸新穎或創新的想法。	對職場或企業社會責任計畫有所貢獻。

　　請注意，這些好處開頭都會寫「有機會……」，其實志願服務與其他大多數的活動一樣，可以學習到多少，都取決於我們自己。沒有人可以強迫志工接受新知識、學習新技能，或與他人產生有意義的聯繫。但是志願服務，可以在一個鼓勵或促進的環境下，提供這些機會。

「志工服務中，學習多少都取決於自己。沒有人可以強迫志工接受新知識、學習新技能，或是與他人產生有意義的聯繫。」

僱主看到的好處

志願服務不會提昇職場競爭力嗎？2001 年一份針對英國前 200 大企業的調查顯示，他們實際上傾向聘用有從事志願服務的員工（Reed and TimeBank Survey 2001）。以下是調查的結論：

· 七成三的僱主，會選擇聘用有志願服務經驗的求職者，而不選無經驗者。

· 五成八的僱主認為，志願服務的經驗，可能比給薪工作獲得的經驗更有價值。

· 曾經為了學習新技能而做志工的員工之中，有九成四表示，他們做志工得到的好處是，找到第一份工作、獲得加薪或是升遷。

澳洲志工協會（Volunteering Australia）在 2007 年針對 136 家各種規模公司僱主所做的一份研究，也發現與上述調查相關的結果。

· 該調查中有三成二的僱主表示，求職者對公司企業志工計畫的興趣，會影響僱主的招聘抉擇，因為他們只會雇用價值觀與公司一致的人才。

· 在推動志工計畫的公司裡，五成三的僱主認為，求職者的社區參與程度非常重要（4%）或有些重要（49%）；三成的雇主表示要看應徵的工作性質而定；只有一成七認為這並不重要。

或許，過著活躍的志工生活，是工作上謀職、留任以及升遷的一項資產。

員工看到的好處

我們多少都讀過，關於員工對志願服務有正面觀感的一些趣聞軼事。事實上，任何有組織性志願服務的公司，都能提供許多實例。幾乎每篇關於企業志工的文章，都會至少有一則軼聞或一段引述，那就是員工認為，從參與志工服務中自己如何受益。

　　然而，這不只是趣聞軼事；有正式的研究清楚指出，在從事志工服務時員工確實受益良多。以下是部分實例。

　　員工就和一般大眾一樣，總是會提到他們相信志願服務，對他們有正面影響。在美國，德勤志工影響力報告（Deloitte Volunteer Impact Survey）在 2004 年、2005 年以及 2007 年的調查中也證實這項結果。在德勤 2004 年的調查中，有六成二的成年人普遍相信，企業志工計畫，提供員工機會與同事聯繫情感，建立團隊合作。

　　德勤 2005 年的調查，則是針對曾經有全職或兼職工作的成人，發現有九成三的人同意，志願服務提供機會讓人提升領導統御的技能；有九成的人同意志願服務有助於提升解決問題及決策的能力；而且有超過八成的人認為志願服務能提升溝通的技巧。

　　到了德勤 2007 年的調查，在 18-26 歲的成人樣本中，逾八成的人認為，志願服務提供機會，幫助他們提升領導統御的技能，以及發展工作相關的技能。

　　隸屬於英格蘭志工協會（Volunteering England）的英國志願服務研究所（Institute for Volunteering Research），於 2004 年在巴克萊銀行（Barclays Bank）發表了一份對員工志願服務重大影響的評估報告（Brewis, 2004），同時使用了量化調查與質性個案研究。參與志願服務，對員工的好處可以歸類為兩項。

　　當志工有機會用自己的技能直接嘉惠他人，或是能將自己的技能發揮在有用的計畫上，而非「只是為銀行工作賺錢」時，這時他們表示其自尊及自信都有所成長。

　　志工還能有機會練習他們現有的工作技能，並且發展新技能。志工越常從事 志願服務，後者帶來的好處就越多。

　　有人詢問公司的負責人，他們認為員工的技能在志願服務中有何發展，大部份的人表示，溝通及領導能力有所成長。比較沒有領導經驗的員工，在公司志工計畫中擔任領導者後，會把這種新經驗帶回職場。

2010 年由社區商業協會贊助舉辦的「施者有福日」（Give & Gain Day），是英國的全國員工志願服務日，參與者也表示參與志工服務有好處。有七成的志工表示，他們從服務中發展了時間管理、溝通、決策以及領導統御等技能。幾乎有六成的人「覺得這是一個激勵團隊的絕佳方式，也讓他們有很大的成就感。」（Walker, 2011）

在一份針對澳洲西太平洋銀行（Westpac Bank）志工服務的研究中，參與志願服務的員工「認為他們的自尊心有提升，因此也更了解社區。」（Zappala, 2003）

另外一份研究（Peterson, 2004）則顯示，兩性對於參與志工服務帶來的好處有不同的見解。作者的結論是，女性員工比較會認為志願服務可培養工作相關技能。而且，對女性員工來說，不論是否透過公司從事志願服務，工作滿意度都與志願服務，有高度的相關性。

志工服務有益身心健康

我仍清楚記得 20 多年前的一場演講，那次我談到，越來越多研究結論顯示，志工服務有益人體身心健康。當場有人挑眉不以為然，有幾聲訕笑，在場聽眾大致抱持懷疑的態度。但是，過去 20 年來的研究已累積出可觀的證據，證明我當年的論點其實相當正確。

早期的研究中，有一部分重要貢獻來自艾倫·勒克斯（Allan Luks），他擔任紐約市大哥大姐會（Big Brothers Big Sisters）執行長將近 20 年，很早就大力宣導志願服務與健康之間的關連。

勒克斯在 80 年代，調查美國 20 多家非政府組職的 3000 位志工（Luks and Payne, 2001），他在研究結果中提出了一個詞，「助人者的興奮反應（helper's high）」，用來形容志願服務過程中以及結束後，人體會釋放大量腦內啡的情況。釋出腦內啡可以讓身體體驗到一種沉靜的感覺，能改善人的情緒健康。

2010 年，聯合健康保險公司（UnitedHealthcare）以及志工人力銀行（VolunteerMatch）（註：以上兩間機構的英文拼法無誤，都是湊巧把兩個英文詞拼湊在一起，變成機構名稱）針對 4500 多位成人

進行調查。在有參與志願服務的受訪者當中：

- 九成二的人同意，志願服務讓他們感到生活更有目標。
- 八成九的人同意，「志願服務讓我感覺更幸福」。
- 七成三的人同意，「志願服務降低了我的壓力」。
- 六成八的人同意，「志願服務讓我覺得身體更健康」。
- 兩成九患有慢性病的志工同意「志願服務能幫助我控制慢性病情」。

美國國家及社區服務組織（Corporation for National and Community Service, NCS），是美國政府的志願服務主導機構，該組織在 2007 年，回顧相關研究時引述多份研究結果，顯示「透過志願服伸出援手的人，要比接受服務的人，更能體會到這類活動有益身體健康。」

也就是說，當志工提到「收穫比付出來得多」時，至少在有益身體健康這方面的確是如此。

整體來說，美國國家及社區服務組織報告提到：「研究結果已經確立，志願服務與健康之間有著緊密的關係，參與志願服務的人有較低的死亡率，身體功能也比較好，晚年生活感到憂鬱的程度也比較低」。

年長的志工最有可能得到這些好處。部分原因可能是該年齡層的健康及壽命狀況很容易觀察，以及容易證明志願服務對他們有正面影響。年長者比較容易感到孤單，自我價值低落，身體狀況比年輕人差，這些都會讓志願服務的正面影響更加彰顯。

這不表示志願服務不能帶給其他人身體健康上的效益。

第一，在年輕時養成「助人的習慣」，通常會發展為終身的志願服務習慣。第二，研究中可以找到支持此論點的證據：「在年輕時參與志願服務，到了晚年身體較不易受病痛之苦，因此提供了這種可能：想要預防未來健康不良，最好方法就是現在做志工。」

⊕ 結語：幫助他人，幫助自己

我念大學時，非常投入於一項大型志願服務計畫，我跟其他學

生領袖，常在當地的小餐館待到深夜，邀請同學高談闊論，參與社區志願服務計畫的理念和價值。

有一晚，其中一位成員說：「我認為我們做這個計畫，是因為我們想要幫助他人。」我們都怡然自得。

過了一會兒，另一個大概比較客套的人說了：「我認為做這個計畫，是因為我們想要幫助他人，讓他們能夠自助。」我們更加得意猖狂了。

最後，第三個人開口了：「我想是這樣的，我們想要幫助他人，讓他們學著自助，同時我們也是想幫助我們自己」。

我們聽完後陷入沉默，不知該如何面對那種可能性，於是離開了餐館。

志工可以從服務經驗中獲得什麼，在多年以前，這種想法似乎是不恰當的。

幸運的是，這個情況已然改變。今日我們承認，志工從事服務的動機錯綜複雜，而且志願服務的好處是全方位的——施者、受者都會獲益。

我們在下一章探討，從事企業志工的企業面理由時，就會看到，企業員工從事志願服務獲得的好處，正是其中一項要素。

我們訪談過總部設在亞太地區、歐洲、拉丁美洲以及北美洲的全球企業，他們普遍都能接受同一套基本理由。但我們的研究方法有限制，不是隨機取樣，也只能在一些國家進行訪談。因此，假使我們當初能跨越某一道或另一道邊界，或許就會聽到非常不同的論調。

Chapter 6

06 企業面理由

在「好工作計畫」框架下，志願服務是使企業達成「更佳人際關係」的一項原則。在企業的評估模式中，他們提議，考慮企業員工志願服務政策的投入因素時，要以「在社區習得技能，並帶回公司的個人發展」為預期產出結果。

　　「造福社區、嘉惠員工並有益企業。」

　　那是主張企業志工的一句式傳統論述。在前一章，我們首先探討，在廣義框架下，主張企業社會責任的理由，之後，我們檢視了志工面的理由——「嘉惠員工」。本章中，我們將會探討企業面理由——「有益企業」。

⬡ 志工面理由

　　回到前一章，我們起初的問題是：「創立企業就是要生產產品、行銷產品以及提供服務，最後的目標是創造利潤，那為何還要花時間投資員工、花時間專注於管理，以及花錢支持、鼓勵員工參與志工服務？」

　　這是談到企業志工的企業面理由時，必須回答的問題。

　　首先，我們有三件事要提醒。

　　第一，在論證企業志工的企業面理由時，認知（perception）通常來都比證據（proof）更有價值。

　　三十多年來，我聽到過多位公司執行長告訴我，他們公司推動企業志工的一項重要理由，是幫助他們招募新員工及留住優秀員工。真相是，對他們大部分的人來說，這是一種認知問題，跟證據

無關,以前如此,現在也是。

舉另一個例子。「本公司參與志願服務的員工比較有生產力,對公司比較忠誠,士氣也比較高。」或許真是如此。同樣的,我們也可以說:「生產力高、忠誠且態度正面的員工,比較可能會去當志工。」所以是先有雞還是先有蛋?

這其實不重要。認知常常等同於真相。重要的是,從執行長、高階行政主管以及高層經理,乃至於整個公司體制裡,究竟相信什麼是真相。如果某種信念,能夠用來支持公司想要的結果,那麼,與其投入資源去找出鐵證,相較之下,接受信念就很容易、不費力。

事實上,足以證明這些信念的數據,通常無法從自家公司以外的環境中取得。這類數據,通常會出現在針對員工態度的廣泛調查中,或許能從內部取得使用,但是這類數據是公司專有的,除非是一般類型的資料,否則通常不會對外分享。在參與全球公司調查(Global Companies Study)的公司中是有些例外,但並不多。

第二,在談論企業面理由時,我們必須務實。

在我們的研究結論之一,就是企業越來越相信,志願服務是幫助企業達成商業目標的一項策略性資產。

但這不表示志願服務是一顆「魔彈」。(註:魔彈理論,magic bullet theory,強調大眾傳播工具擁有龐大影響力,能左右大眾的態度及行為)。志願服務至多只能算是一種助力,有時是直接幫助,有時是從旁幫襯。志願服務的功效是相輔相成、補充加強,但很少居於中心地位。因為企業環境中,實在是有太多其他因素可能會影響企業的成敗。

這並不會削弱志願服務的獨特重要性,特別是因為志願服務在企業以外、在社區之中具有的重要價值。但是,我們的確不應該過分誇大志願服務的價值,這樣對倡導企業志工反而有害無利。

我們不能只為了證明企業志工是一項策略性資產,就用長篇論述去牽扯說明兩者之間的因果關係。如果真的這麼做,就等於是種下了懷疑與不信任的種籽,又給予充分的陽光和水分,助長其迅速

孳生蔓延。

　　這類例子的其中之一，就是針對志願服務與「員工參與」，兩者之間關聯的討論。「員工參與」有許多定義、框架以及模式——事實上，已經很像是在討論企業社會責任——很明顯的是，在既定企業環境中的員工參與現況，其實是受到多種不同因素的影響。

　　連同其他一大堆因素在內，志願服務頂多是其中一項，或幾項因素的次級影響因素，可能還會是第三級或更低級因素。通常只需用常理就可推斷這些關係，而這樣可能就夠了。過分強調志願服務的貢獻，對於倡導志願服務價值是只有損害、沒有補強。

　　第三，就我們探討企業社會責任的情況相同下，企業志工的企業面理由可能並非全球一致。

　　我們訪談過總部設在亞太地區、歐洲、拉丁美洲以及北美洲的全球企業，他們普遍都能接受同一套基本理由。但我們的研究方法有限制，不是隨機取樣，也只能在一些國家進行訪談。因此，假使當初能跨越某一道，或另一道邊界，或許就會聽到非常不同的論調。

　　我們可以合理相信，在全球化的影響下，假以時日，支持企業志工的理由，在全球各地會趨於相同。但是，其中一定存在文化差異的敏感因素，這點我們將會在第十六章討論。

我們的方法

　　依據我們的研究和大量文獻回顧，以下提出企業志工如何幫助企業達成商業目標的四大方法，並依序討論這些項目：

- 經營企業文化。
- 強化勞動力。
- 回應內部及外部的期待。
- 建立外部關係。

✡ 經營企業文化

　　企業的歷史及文化，對於公司整體社區參與的本質及範圍，有

重大影響。在全球企業的研究中，可以看到企業文化與價值，如何直接轉化為明確的計畫倡議。

我個人研究，社區服務在執行長生活中的角色與意義，結論是志願服務，對職業角色的助益，就是當作協助經營公司文化的一種工具。我們在好幾家全球企業看到，志願服務，是公司高層領導重塑企業文化的一種方法。

我們先淺嚐即止，其餘部分留到第九章時，再深入探討這些概念。

⬡ 強化勞動力

志願服務能夠從六方面增強勞動力：人才招募及留任、忠誠度及士氣、專業發展、健康及福利措施、團隊建立以及籌備未來人才。

人才招募及留任

儘管前面我提到過，企業志工是認知勝於證據；事實上，還是有越來越多的證據顯示，志願服務是幫助公司吸引到人才的一項因素，特別是大概出生在 1980 到 2000 年間所謂「千禧世代（millennials）」的年輕一代員工。

當然，我們面臨一項現實，就是比較不同地區或國家的話，這個年齡族群的相異處，可能跟相似處一樣多。但他們都在相同的全球文化下長大成人；都是 24 小時全年無休經濟體的一部分，也有機會取得科技及寬頻連結，能夠促成全球、即時與自發性的溝通傳播；他們共享的這個時代，有逐漸抬升的極端主義及恐怖主義，也有新興、更自由的社會。

德勤（Deloitte）的年度志工影響力調查是在美國完成的，該調查提供了重要的洞察觀點，指出這個世代如何看待自己、志願服務與就業。

2007 年的網路調查中，德勤訪問了一千名「千禧世代」的人，該調查顯示，他們的期待與自己在公司所認知的真實面有所落差（Deloitte, 2007）。

期待	對現實的認知
六成二的受訪者表示，若公司能提供運用工作技能的志願服務機會，他們會比較想要去那裡上班。	六成六的受訪者表示，公司在人才招募過程中完全不會討論公司的志工計劃。
九成八的受訪者認為，公司應該要提供以技能為導向的志願服務機會。	三成九的受訪者認為，公司有提供以技能為導向的志工服務機會。
七成四的受訪者認為應該運用志願服務來協助專業發展。	二成八的受訪者相信他們的公司有這麼做。

　　2011 年的調查是透過網路訪談完成的，對象是在規模至少 1,000 人的公司上班的 1,500 名「千禧世代」族群。研究比對經常參與志願服務的人，相較於很少或幾乎不參與志願服務的人的訪談回應，結果顯示，參與企業志工活動，與員工參與的措施之間有密切關聯。

　　德勤在 2011 年做的調查顯示，志工比較會將企業文化視為正向文化，以公司為榮，對公司非常忠誠，對於自己事業上的發展感到滿意，也會將公司推薦給朋友，對自己的老闆滿意（Deloitte 2011）。

　　半數的受訪者也表示，希望志願服務對他們的工作有益。這倒是暗示，公司要更重視，如何讓這項好處變得具體又實際。

　　較明顯的可能做法，就是以技能為導向的志願服務。但是做法可以是，支持個人確認及實現學習目標，或是針對志願服務習得技能加以紀錄與認可。

　　最後，即使是在幾乎很少或從不做志願服務的人當中，也有六成一的人表示：「公司對社區的承諾，可能會是在兩個相同工作機會之間，作抉擇時的考量因素。」

在 2006 年有一份調查（McCartney, 2006），訪問了將英國各行各業近 1,000 名董事、各階層主管以及人力資源專家，調查結果顯示：

· 四成的受訪者相信，企業志工直接影響高素質員工的留任與否。

· 三成三的受訪者表示，企業志工對於招募高素質員工有直接影響。

此外：

· 七成六的受訪者表示，志願服務是一種個人發展的機會。

· 六成九的受訪者表示，志工服務能將新技能、經驗以及構想帶入工作環境中。

我們從訪談過的全球企業中舉個例子。總部設於印度孟買的塔塔諮詢服務公司（Tata Consulting Services, TCS）有一個馬伊翠員工協會（Maitree employee association），負責公司的志工活動以及其他員工活動，包括社團、社交活動以及體育隊等等。該機構對於很多第一次離鄉背井的年輕員工，具有很大的吸引力，那裏也成為他們的家，成為員工在週末或閒暇時會去的地方。

員工表示，塔塔集團的價值觀加上馬伊翠活動，特別是志工服務，對員工來說很重要的，這也是員工滿意度最高的兩個項目。因此，塔塔集團認為馬伊翠的活動協助，提高員工參與度以及降低人員流失率。

很顯然的，公司若想要招募年輕一代的員工，關鍵影響因素就是公司的價值觀、公司對於社區的承諾，以及公司如何透過志工活動呈現這些要素。

⊗ 建立忠誠度及士氣

當然，員工參與度高不只是對年輕員工重要。這必須是所有員工的目標。

從訪談中我們得知，因全球金融風暴與不景氣，所帶給企業的痛苦變化，對於企業運作影響甚鉅。企業越來越重視員工參與的策略，建立士氣、榮譽感及忠誠度，現在都成為志願服務的預期成果，

而非附加效果。以下從我們的研究列舉數例。

年利達律師事務所（Linklaters）

全球最大的法律顧問公司，公司將自己做的志願服務研究，與全體員工的調查結果相互比較，他們發現在公司裡，參與志願服務的員工，比未參與員工更以公司為榮。

他們也承認，所謂的「社區投資」不是員工加入公司的主因，卻在人才招募及留任這方面具有影響力。新進員工指出，他們想要在對社區有承諾的公司工作。

星巴克連鎖咖啡店（Starbucks）

有公司夥伴（意即員工）策略，其中一部分就是「讓員工發揮對社區的熱忱」。相較於員工沒有參與志願服務的分店，參與團體社區服務活動分店的人員，流動率低 6%。

總部設在瑞士蘇黎世的瑞士聯合銀行集團，越來越理解志願服務能夠提振員工士氣。該集團目前實施的模式，是把社區事務以及志願服務，交給區域性團隊負責，這就是承認，當地文化、員工及社區期待以及參與機會，都隨著地區或國家有所差異。

專業發展

前一章討論到，志工參與志願服務獲得的好處，也引用了一些文獻，強調員工及主管都相信，志願服務能幫助他們發展新知識與新的領導能力，同時還能加強原有的工作技能，以及發展新的工作技能。在此我們就不重複之前的論述了。

以下的圖表是企業公民諮詢公司（Corporate Citizenship consultancy）為倫敦金融城（City of London Corporation）所做的研究調查，包含了志願服務，對忠誠度與士氣以及技能發展之影響的重要數據。

我們在第十一章「做中學」也會談到，志願服務的體驗性質，對於志工所認知的技能發展特別重要。在此，企業可以採取我們建議的特殊行動，將志願服務的學習功效做最大發揮。

倫敦調查

2009 年,倫敦金融城委託企業公民諮詢公司,研究從事教育性質的企業志工活動如何幫助員工發展自身技能。此研究針對 16 間公司的 546 名志工和業務主管(Corporate Citizenship, 2010)。

這是一份舉足輕重的研究,應要廣為人知。儘管內文較長,含有許多細節,但值得讀者細細品味。請在 www.corporatecitizenship.com 的刊物區詳閱這份研究報告。

多數員工的回應指向四個技能發展區域。

- 溝通技能——與他人溝通及主動傾聽。
- 幫助他人設立目標、指導、提供訓練與發展以及評估績效。
- 有能力適應不同的環境、任務、責任以及群體。
- 談判及解決衝突的技能。

參與調查的主管也絕大多數認同志工的陳述,他們同樣看出「在商業技能上具有可衡量的收穫」。

該研究也檢視,除了技能發展,志願服務隊志工還有什麼影響。研究結果符合、印證了不少我們引用的其他文獻。

該調查要求受訪者針對一系列陳述表達他們的同意程度,每句話開頭都是「志願服務活動改善/增進我的……」。這裡有些調查結果,百分比代表表示「同意」或「非常同意」者的總合。

- 自信——79.2%
- 幸福感——91.3%
- 對他人的理解以及同理心——94.7%
- 覺察到更廣泛的社會議題——93.7%

對員工有直接影響的四種議題:

- 工作滿意度——68.7%
- 以公司為榮——73.9%
- 對公司有承諾——66%

- 有行動力—— 73.4%

　　請花一些時間閱讀本圖表，一方面是因為內容精彩，一方面是因為在由公司與適切研究者協力完成的嚴謹研究中，這算是絕佳的典範。

◀◀

健康及福利措施

　　我們在前一章，證明了志願服務有益志工身心健康。員工健康，老闆就受益，這正是一個十足有力的論點。如果目標是讓工作人力更健康，那志願服務就是促成此事的工具。

　　英國商業社區協會（BITC）在 2011 年發布了一項計畫「好工作計畫（Workwell campaign）」，為的是提升福利與改善員工參與情況，該計畫建立在四種原則之上：更好的工作、更好的人際關係、更好的專家支援，以及更好的身心健康狀況。

　　他們引用了英國政府科學辦公室（U.K. Government Office for Science）在 2008 年彙編的心理資本與幸福前瞻計畫（Foresight Mental Capital Wellbeing Project），結案報告列舉了可用來改善情緒及身體韌性的五項行動，其中一項是付出。（其他四項是與他人產生聯繫、肢體多活動、察覺周遭世界以及自身的感受、繼續學習。）

　　請注意，志願服務只是其中一項好處，而非唯一或主要的好處，這提醒我們在推廣自身價值時應該要保持謙卑。

　　「好工作計畫」框架下，志願服務是能使企業達成「更佳人際關係」的一項原則。在企業的評估模式中，他們提議，在考慮企業員工志願服務政策的投入因素時，要以「在社區習得技能並帶回公司的個人發展」為預期產出結果。

　　衡量績效的準則是「志願服務的承諾」，他們將之定義為「每年每位全職當量員工在公司給薪時間內從事志願服務的平均天數」，也就是說，用一名全職員工一年內的志工天數除以年平均工作天數。

　　這個準則對我們來說有點牽強，這可能是為了有量化評估而做

出的回應。這不是在針對志工參與的廣度（從事志願服務的員工數量），或針對員工所認知的從事志願服務的好處，也沒有對應到他們預期達成的效果——個人發展，從社區中習得的技能，或是這些技能應用於工作場合的效益。

然而，廣義的論點仍是成立的。志工服務促進志工的身心健康。這些個別員工身上累積的效益，對於整體勞動力福祉具有重要貢獻。

團隊建立

我們在全球企業研究中得知，公司之間主要的差異，在於他們利用志願服務營造更強大團隊之用心程度。

對許多企業來說，團隊建立是一項附加效益，也是參與志工服務中不預期卻受歡迎的結果。以禮來公司（**Eli Lilly and Company**）為例，他們起初創辦的全球服務日（Global Day of Service）獲得的一項意外效果就是團隊建立（team building）。如今雖然不強制員工參與，但這一天已成為「企業團隊建立日」，也提升了同事之間參與的期待。

另一方面，福特汽車公司（**Ford Motor Company**）團體計畫的架構，則是要刻意促成跨部門團隊，藉此打破部門之間各自為政的界線，要福特的非政府組織夥伴在網路上發布的計畫，是以「先到先服務」的方式處理，也就是第一個登記參加者會被指派為計畫領導人。廣為人知的福特模範團隊（Ford Model Teams，和福特的招牌 T 型車（Ford Model T）發音很像），這是持續發展的「一個福特」公司文化中不可或缺的一環，讓原本沒機會相識、更沒有機會共事的員工可以聚在一起。

在澳洲國民銀行（**National Australia Bank, NAB**）負責志願服務業務的員工，他們要設法滿足不同業務單位對於從志願服務得到好處的期待。舉例來說，業務單位原本可能想把志工計畫，替換成他們想進行的其他團隊建立活動。到頭來，他們可能會改為接受半天服務、半天團隊建立活動的設計構思。

採取行動

透過志願服務成功建立團隊之訣竅

· 挑選一個值得實行的計畫，一個需要你幫助以及能對你的社區夥伴或是特定受益者帶來正面效益的計畫。調整這個計畫，使其儘可能符合你所知道的員工利益以及公司的優先考量。

· 理想的狀態是，志工可以有多元的角色——有些符合特定的工作技能，有些可能需要願意從事勞力工作才行。

· 選對社區合作夥伴：知道自己在做什麼，能夠也願意配合企業實況調整服務計畫，能夠擔任有力的管理角色。

· 預先準備好你的志工。不要對他們實施疲勞轟炸，但要確定他們事先都拿到所需的所有資料。要確定志工知道穿著要合宜，知道什麼該做、什麼不該做的特殊規定，以及後勤工作安排。

· 如果志工想要穿戴公司的 T 恤或鴨舌帽，或其他特定裝扮，要確定所有人都知道並且都已經拿到手。

· 事前處理好健康、安全、責任等問題。

· 事先想好如何提升計畫的能見度——在你的網站發布照片，由志工在部落格宣傳，一整天在推特（Twitter）上更新資訊等等——之後確定跟進並完成這些行動。

· 排入社交時間，儘可能包括志工們一起吃飯的機會。將服務後的回饋納入計畫中不可或缺的一部分。在一天工作結束時，事先安排人負責引導志工分享討論服務經驗。

· 在計畫後的一到兩天，提供志工機會給予回饋——哪些事進行很順利，哪些事沒有；如果可以，他們想要改變什麼；他們的感受如何；他們學習到什麼。

· 與你的社區夥伴進行活動回顧檢討，不要依賴調查結果。如果可以的話，坐下來面對面談，最差還是可用電話連繫。回顧計畫執行過程，仔細聆聽他們的讚美與批評；真心採納評論與建議，以利改進。

· 跟志工們說聲「謝謝」。

籌備未來人才

　　在過去的數十年中，企業對社區最一致的承諾就是教育。稍後我們會在第九章提到八位執行長個人從事志願服務的故事，他們大都非常注重公共教育；其中一位是全錄公司的大衛・凱恩，後來更擔任美國的教育部長。他們對這類活動感興趣的原因非常清楚——這不是關乎今日，而是關乎明日，關乎到十年、二十年、甚至是三十年後，公司可以使用的勞動人力。

　　一旦公司有了長遠的目標，要把具有才幹、承諾的勞動人力——不是從現在起的幾年後，而是數十年後——視為優先議題並不難。這不能只靠針對在校表現的短期改善措施，更需要在教育體系有長遠的改變計畫。

　　員工以志工的身分，在學校參與學生輔導或是成人教育，只是公司影響勞動人力發展的方法之一。這種參與方式之所以重要，是因為它能讓未來的工作者直接接觸公司的最佳代表，也就是員工。

　　我們可以從全球企業中舉個例子，就是道富集團（**State Street**）與 Year Up 非營利組織合作，後者專門媒合企業力輔導員與準備進入職場的低收入青年。參與計畫的學生，需要接受為期六個月的內部訓練計畫，包括電腦技能職場軟實力以及實習與輔導服務。由於公司會追蹤學生是否可以聘用，這種安排既是一項企業策略，也是一種社區策略。

⬡ 回應內部與外部的期待

　　在討論企業社會責任的企業面理由時，我們主張，從很多方面來說，這是在回應員工的期待、消費者的期待、政府及同業的期待，以及社會的期待。

　　我們固然不能宣稱，企業外部的利益關係人對於特定企業志工活動的要求迅速高漲，不過是有若干證據顯示某些人是認可這類價值的。舉例來說，2004 年德勤志工影響力報告訪談了 2,000 多名成人，其中僅六成多是曾經受聘的員工（Deloitte, 2004）。其結果顯示：

- 八成七的受訪者相信，公司提供志工計畫是很重要的。
- 七成八的受訪者相信，志工計畫可以提升公司形象。
- 七成三的受訪者認為，企業志工對社區有正面的貢獻。
- 六成一的受訪者認為，志工計畫有助於宣揚公司的價值觀。

在企業志工服務的領域中，IBM 可能是最受認可的全球龍頭，它很清楚地將志工服務與公司品牌結合。IBM 的愛心獻社區（On Demand Community）活動的企業志工網路資源中心，就是用來表揚並提升公司品牌實力。

IBM 志工正是公司品牌的化身——技能導向並且專注於解決問題。企業與社區策略密切配合，將高明的解答傳遞給世界。志願服務是確定員工有能力，也有機會做這件事的一個方式。

志工服務與公司品牌結合的成果可見於 IBM 2009 年的企業責任報告，其中的實例強調「IBM 人的工作正幫助世界變得更健康、更永續、更公平以及更聰明。不論是否透過志工主義、科學探索，或是與客戶合力改變世界的運作模式，他們都是世界公民的典範（IBM 2009）」。IBM 志工的服務成果，與員工對於企業任務的貢獻並肩而立，而非各自分離。

在本章前面的篇幅中，我們列舉了強而有力的證據，顯示了年輕的工作者，特別是稱為「千禧世代」族群，他們確實期待雇主盡社會責任，主動參與社區服務，以及提供員工工作技巧，使非政府組織以及他們的服務對象受惠。

我們前面已經討論很多了。不論是企業內部或外部對於企業負起社會責任的期待，志工活動都是企業的一種回應方式，也能提升企業品牌。

建立外部關係

儘管合作式志工服務（collaborative volunteering）相對來說還是在發展初期，有些分公司已經將之視為一項資產，可以強化與外部利害關係人的關係——舉凡公司的供應鏈廠商、消費者、前員工

以及策略企業夥伴都在其中。

我們訪談過的公司有些正開始使用這種模式，他們強調利害關係人對公司具有高價值，所以事情一定要正確執行。請記得你的供應商、消費者以及策略夥伴，他們也和你一樣，想要讓員工享有一樣的高品質、高影響力的經驗。在你的計畫中他們不能是附加的角色，他們的經驗是你的責任。

> **採取行動**
>
> 成功關鍵：透過志願服務建立外部關係。
>
> 這是我們從全球企業學來的訣竅：
>
> 1. 謹慎管理整個活動的成效，注意你現在欲達成之事。留意你要邀請參與者的實際情況，仔細考慮後，將這兩者結合。
>
> 2. 建立關係需要時間，不要受到誘惑，想要短視近利，擺明了想利用這種「共同情誼」。
>
> 3. 對任務做適當投資──員工時間、自行承擔成本等等。省錢小氣不會有優良表現，也無法讓人佩服。
>
> 4. 回應你欲邀請參與者的興趣以及優先事務。比方說，你的前員工的期待很可能與你的供應商有相當差異。
>
> 5. 別同時做太多事，簡單就好。或許，可以從邀請人參加你的「一日服務」開始，先學會走路，再學跑。
>
> 6. 請記得你想要邀請參與者和你一樣，對於自己的志工活動也有同樣的期待。他們想要改變，他們想要運用現有技能並學習新技能，他們想要建立新的關係。
>
> 7. 考慮合作式計畫適當的執行時間，邀請別人到你的社交聚會是一回事，籌畫聯合派對又是另一回事。在共享主導權、能見度和功勞上，要敏感留意自己這邊是否有任何障礙。

在年利達律師事務所，志願服務日益被認為是一種與客戶聯合活動的選項，內容包括事務所員工與客戶的法務部門聯手提供免費專業法律服務。他們也提供這樣的志願服務機會給將近 2500 名公司的「前員工」，藉此維持與前員工的關係，也有可能與他們目前工作的公司產生聯繫。

消費者參與

企業志工的一項「全新領域」可能會是消費者參與。我們在前一章提到艾德曼國際公關公司的研究（Edelman, 2010），其結論為「消費者想要與公司品牌及企業一同努力，發展解決世界問題的最佳答案，直接正面迎擊。」具體來說是：

・「七成一的受訪者認為，公司品牌與消費者應該一起努力，為良善的理念宗旨做更多貢獻。」

・「六成三的受訪者想要公司品牌讓他們更容易帶來正面的改變。」

在韓國，**SK 集團**有兩項活動可讓消費者擔任志工。T-together活動的大主題是幫助多元文化背景的兒童。任何人在網路上註冊後就能參加，活動內容包括服務計畫、募款以及捐血。SK 集團也發展了智慧型手機的應用程式，讓消費者更方便從事慈善活動。

SK 集團的陽光計畫（SUNNY program）提供大學生兩種志願服務的機會。「一般志工」負責教導、輔導弱勢兒童，以及教導年長者如何使用行動電話。「專業志工」在服務時會運用他們表演上的專業技能，也可以加入 SK 集團免費專業務服務團隊成為資淺成員，為社會企業家提供建議。

當公司在籌備、管理自己的主要計畫時，學生也在組織自己的活動。他們會針對解決自己地區特殊需求提出計劃給陽光活動辦公室。他們必須證明自己計畫的價值，以爭取計畫資金。

從 2003 年以來參加的學生已超過 20 萬名。自從 2010 年起，中國學生也能透過 SK 中國來參加這個活動。

很重要的一點是，陽光計畫的本意並不是一種行銷工具，而是

公司擴大社區參與任務的一種方式，是公司在更廣大社區中提倡志願服務的一種方式。

✡ 結語：不要過度推銷

企業面理由經得起時間考驗，但它也獲得「廣義式定義」的支持，這是卡羅爾與沙巴納教授在 2010 年對企業社會責任的文獻回顧中，認為較好的定義。

這種方法允許我們延伸邏輯思路，從企業志工對企業的直接好處，走向愈來愈不直接的相關效益。結果是出現大量相關研究，以及隨之而來數量龐大的數據資料。重要的是，不要過度推銷，不能超出個別公司內覺得可信及可接受的範圍。

由於非政府組織和企業都在尋求互惠
的夥伴關係，這些強化的關係將會使
額外資源發揮更大作用，特別是企業
認定若要建立成功的夥伴關係，他們
的非政府組織夥伴必須具備有效參與
的能力。

Chapter 7

07 社會面理由

某「罪惡產業」的一位全球領袖出名的原因，就是提供支持時會要求回報，希望受支持的非政府組織出現在企業的形象廣告中，以致於非政府組織看來像是對顯然有害的企業產品表示接受。

「造福社區、嘉惠員工並有益企業。」

本章節將要探討第三項要素，從事企業志工的社會面理由：「造福社區」。

我們會探討兩個部分。首先，簡述我們認為從事企業志工的社會面理由。第二部分則是探究非政府組織的潛在成本以及改善方法。後續的第十章將明確探討非政府組織和企業該如何建立強健、互惠的志工夥伴關係。

◇ 非政府組織與企業投入志願服務的理由

企業投入企業志工的理由，部分來自於企業志工廣受社區接納，不論是一般調查、媒體報導，或是從非政府組織與企業建立專案合作關係的意願來看，都是如此。

怎麼可能不接受呢？

首先，就像我們前幾章所提到的，這是有道理的。主張志願服務「有益」於公司和志工，直覺上說得通，事實上也有例可循。非政府組織中提倡志願服務的人士怎麼可能不接受呢？他們所持的理由不外乎一般從事志願服務的道理。

同樣地，沒有人會認為企業志工是明顯有害的。不過在接下來的探討中，的確有實例顯示企業志工也可能遭誤導、未能帶來應有

的效益，或無法為非政府組織通常需付出的心力帶來充分報酬。

那是意料之外的後果？當然可以這麼說。但是要說有壞處嗎？我在這個領域三十年來，從未聽過這樣的說法。

再說，非政府組織接受一項企業已經普遍的理念，並促使企業協助他們實踐，這對非政府組織來說是有利的。大部分組織都很歡迎企業的支持。如果這個理由有助於說服企業支持志願服務，要接受它就很容易。

然而，接受企業志工對企業有益的理由，並不等同於闡明其社會面理由。

社會面理由所講求的，是一種非政府組織特有的觀點。非政府組織是以使命為導向，這個觀點的關鍵要素之一，就是他們自己認定的「底線考量」。其中包含：

- 企業志工（或者其他捐助資源）是否有助於達成組織使命？
- 企業志工是否有助於處理當前的優先事務？
- 值得投入相關成本嗎？
- 足以回收投資嗎？

簡單來說，非政府組織必須提出企業經常會問的那些問題。

很可惜，企業志工的社會面理由不適用任何簡單、決定性的宣言風格，頂多可能會這樣描述：

企業志工可能有益於我們的組織，對整個社區來說可能是好事，而且對志工和其所屬公司來說通常是好事。

使用這些限定性詞彙，其實是針對非政府組織與企業及其志工往來的潛在缺點所做的一項批判性思考。企業志工的重要效益不在於其存在的事實，而是在於其實踐的方法。企業志工對非政府組織和社區的幫助，仍然只是種可能性，未必都能部分實現或完全實現。

「企業志工的重要效益不在於其存在的事實，而是在於其實踐的方法。」

⬡ 社會面理由

我們提出的社會面理由包含六項要素：

為非政府組織帶來新人力資源

企業可以成為重要、持久的人力來源，提供一般和有專長的志工，帶給非政府組織工作有效的人才。

最佳情況是，他們可以大幅改善非政府組織工作的範疇、品質與效益。

最低限度是，即使只能間接幫助組織達成任務，企業志工還是提供了更多「人力」，為依然重要的活動加值。這類實例包含一次性服務計畫、募款或公眾宣導活動。

幫助非政府組織培植營運能力

企業志工能帶來所需的技術或專業知識時，更是如此。這類實例很多：公司「認養」學校，幫助教師和行政人員學習和使用新技術；志工安裝新電腦、通訊或會計系統，並訓練員工使用；有些志工則提供訓練課程和輔導，加強組織的管理功能，這類協助留給組織新的能力，具有長期效益。

韓國 SK 集團（SK Group）的志工與社會企業家合作，他們的目標很明確，就是要培育管理能力。他們希望能夠發揮超過社會企業家或公司單獨運作時的多倍效益。SK 集團成立了從策略發展、會計到行銷等各式技能的一支團隊，進駐為企業家工作一年。在志工的服務準備上，SK 集團特地幫助志工學習如何適應在各種不同工作環境。

在巴西的 **C&A** 與位於聖保羅的社會組織管理協會（GESC Institute）合作，提供非政府組織領導者一套十二個單元的管理訓練課程，他們會在 C&A 上課，一週三天，為期四個月。C&A 的志工通常來自領導階層，他們輔導管理課程的學生，利用其管理經驗幫助非政府組織，實際運用課程中所學到的知識。

為公司帶來其他資源的管道

大部分的組織都會希望資金、服務、設備或產品隨著企業志工

而來。不過,企業志工的存在,至少可視為企業對組織的一種認可。

在許多案例中,這些願望確實成真了。因此,很多公司相信,針對員工從事志願服務給予支持的組織,多做投資是有道理的。投資的方法可以是搭配志工承諾的對等捐贈計畫、直接捐贈,或是發展更長期、廣泛的夥伴關係。

BD 公司員工的第一次志願服務之旅去了尚比亞,他們的目標包括用建置能力來改善衛生照護。BD 不只捐贈自家產品,也運用其企業關係獲得其他公司的實物捐獻。

由於非政府組織和企業都在尋求互惠的夥伴關係,這些強化的關係將會使額外資源發揮更大作用,特別是企業認定若要建立成功的夥伴關係,他們的非政府組織夥伴必須具備有效參與的能力。

提供員工教育機會,瞭解組織目前關心的議題

要讓志工能有效參與,讓組織獲得最大效益,不是件容易的事。除了有意義、著重成果的工作以及良好的管理之外,還需要包含:

- 組織目前關注議題的宣導教育。
- 針對已完成的工作和人員互動進行反思的學習機會。
- 採取其他行動將組織的訊息傳達給社區的機會。

善用志工的組織,會充分利用志工在場的機會,不只教導他們組織的特定任務,更會告知需要這項工作的初始原因。某些非政府組織可能對此感到訝異,不過許多公司都熱切期盼有這樣的安排。

C&A 的員工通常是年輕人,他們的職業生涯才剛開始。該企業致力於幫助員工了解他們社區的社會真實面,並發展出他們終身受用的一套公民參與準則。志願服務則是達成這兩者的主要方法。

UPS 實施社區實習計畫超過四十年,讓積極的員工進入社區,在監獄、庇護所、中途之家等機構從事有結構的服務體驗。這個為期三十大的計畫,被形容成「社區問題實況初體驗」。在實習過程中,參與者也可以提供自己特有的商業技能來幫助社區組織。

志工的潛在價值遠遠超出他們在組織從事的正式工作內容。他

們可以成為社區中知情又積極的代言人，不僅是為了當地組織，也是為了組織努力實現的「理想」。

當這些志工可以影響同事甚至公司付諸行動時，這項價值就會更加提升。

招募企業志工的一大好處，是可以接觸到擁有共同價值觀的團體，他們可以透過既定且正當的制度互相溝通，並且可獲得組織的支持。

在志工回到職場後，上述特徵讓他們的代言人角色有可能發揮更大影響力。

提高組織的能見度與信譽

坦白說，企業喜歡他們的志工穿上印有公司鮮明標誌的 T 恤，也喜歡媒體報導中出現相關照片，或者出現在其他網站上更好。能夠跟備受尊敬、以行善出名的非政府組織有所關連，還有比這更好的事嗎？

那麼，如果你是非政府組織，能跟品牌良好、因為服務社區而受人尊敬的知名企業往來，不正是再好不過的事？這樣不僅可以提升非政府組織在社區的信譽，同時可以吸引捐款、志工和媒體關注。

提供影響企業行為的可能

企業志工是重要沒錯，但是不足以代表企業社會責任。

「好公民」的公司會以多種方式貢獻社區。

「負責任公民」的公司的參與方式，會帶來社區運作方式的變革。

以企業志工投入服務為起點，這種參與模式的演進可以是：從投入到教育、從教育到了解、從了解到新的行動。行動的結果，就是改變制度和改善現況下的效益。

這是企業志工的社會面理由中最重要、也最薄弱的一面。從投入到變革行動，這並非自然演變而成的結果，也沒有保證一定是如此。這是一種可能出現的效益，但是僅在有意識地努力時才會有結果。

這類活動雖然大多由非政府組織主導，不過也可以由企業志工

或公司其他人來帶領。事實上，非政府組織最有效的行動，應該是找到瞭解且重視此一潛在效益的企業成員，鼓勵他們採取行動。

⬡ 要付出什麼代價？

大家都知道要有所付出，才有所得。每件事都有一定的代價，儘管衡量尺度常常可能是模糊或近乎無形。因此，對個人和組織而言，這就成了繞著「值不值得」這個概念做一連串的衡量取捨。

以企業志工而言，非政府組織的潛在成本，可能是來自於與更龐大、更複雜的企業建立關係的意外後果，因為企業的組織運作有不同的價值觀，也有自己的需求、期望和預期效益。

這裡有三類特定成本，可能導致非政府組織判定企業志工終究還是不值得。

付出金錢和時間，並失去機會

企業可能有相當程度的期望或要求，但又不願意提供組織所需資金。

最好的例子就是，企業日益期盼志願服務會是讓員工有所學習、建立團隊和發展領導能力的一種體驗活動。

但是，接收志工並確保這些期望得以實現，是非政府組織的責任嗎？非政府組織應該投入自己的資源，確保企業得到這些結果嗎？或者，非政府組織應該合理地期盼企業也願意為這項服務支付費用，就像是籌設自己的訓練或領袖培育計畫或將其外包給顧問時一樣付費？

我曾經看過生動的實例，是企業堅持他們的非政府組織夥伴，得更加效法企業運作。不過，後來非政府組織計算出企業服務計畫所需的管理成本，進而提出收費標準時，卻引來企業咆哮抗議。看來公司並不覺得「效法企業」得走到這一步！

非政府組織因此偏離主業

非政府組織可能為了讓企業夥伴或資助者感到滿意，反而偏離

原本的主旨活動或當前要務。

　　幾乎所有非政府組織都知道，有些組織會為企業「發明」服務計畫，希望藉此穩固關係或是得到更多支持。有人曾打趣地說：「我們牆上塗的油漆比灰泥還厚，因為那些企業好多次都是事到臨頭才來要求『社區服務計畫』。」

　　我們可以幽默諷刺地討論這類實例，不過這也反映出很危險的事實。企業前來幫忙卻又要求遵照其特定條件，企業自己的目的和期望，反而壓倒非政府組織真正要做的事。為了回應資助者的期望，出現這類意想不到的後果當然不算罕見。

　　這並不是說企業所有的期望都是不恰當的。其實，對許多組織來說，企業要求「結果」並用正經的方式衡量結果，可能正是必要的。企業希望他們的志工會受到良好的管理，從事有用的工作，並「有所作為」，並非不恰當或有害的事情。

　　在與企業合作以前，非政府組織必須了解到他們可能會遭遇的情況，必須同時評估利益與代價，必須定期做內部檢討以及公開與合作企業共同檢討，以確保取得適當的平衡。

非政府組織可能被收買或剝削

　　人很難對伸出的援手反咬一口。

　　事實上，在心情略為憤世嫉俗時，人難免會納悶，為何在針對非政府組織，就志工參與服務的績效表現進行意見調查時，企業會如此在意回饋意見。

　　試想一下，非政府組織看得出他們與企業的關係，有非常實際的利益，並不想要加以破壞。有沒有可能非政府組織對小型計畫的批評會比較寬鬆？

　　對許多非政府組織來說，由於他們的工作本質以及在社區的立場使然，在面對企業時他們必須要夠獨立，才能主張企業應履行更高水準的社會責任，而不僅僅是直接提供志工或資金。

　　不過這不見得都行得通。

某「罪惡產業」的一位全球領袖出名的原因，就是提供支持時會要求回報，希望受支持的非政府組織出現在企業的形象廣告中，以致於非政府組織看來像是對顯然有害的企業產品表示接受。

再另舉一例，我們清楚記得某化學公司的一位資深經理向報紙記者抱怨，低收入社區居民對公司員工的志願服務並不是衷心感激。但是，該社區遭受這間化學公司的制度性汙染達數十年，而政府逼迫公司要整頓汙染問題。該企業的志工大多數不是當地人，如果說居民不夠心存感激，我們會感到訝異嗎？

企業醜聞傳開後，會受到負面影響的，也包含與企業及其主管有密切關係的非政府組織。非政府組織得面臨困難的決定，何時該「棄船」拋下名聲玷汙的企業夥伴。

這些都是極端的例子吧？雖說如此，這些案例還是指出了重點。非政府組織的夥伴或支持者的行動和違法行為，免不了會波及非政府組織的名譽和形象。

這種可能性並不表示非政府組織就避開這類關係。不過，這些實例確實強調需要事先深思熟慮，並做好準備，一旦出現最糟情況時可以有效控制局面。

「值不值得？」特定案例的答案如何並不重要，重要的是提出問題、認真思考後再回答。

⬢ 結語：隨時準備因應之道

企業要了解非政府組織對企業志工的看法，這點至關緊要。

人們很容易會認定，非政府組織對企業志工完全抱持正面觀點。未必是如此。如同企業必須仔細考量種種「萬一」的情況，並準備好因應之道，非政府組織也必須這麼做。

本章中發人省思的故事，是企業希望非政府組織夥伴「效法企業」，直到收到對方寄來的志工計畫管理費報價單為止。表面上看來，企業就是不想支付任何額外的費用。不過更深刻的重點，則是企業如何看待與非政府組織的關係，一方面企業仗著自身實力要求

對方做出改變，等到對方以同樣理由，套用在企業身上時卻又想要食言。

　　本章提到的各種風險，解決之道許多都是在於如何讓企業和非政府組織建立穩固、互惠的夥伴關係。夥伴關係可以著重於志願服務，但是更應該厚植於雙方共同承諾和期望。我們將在第十章探討如何發展這些夥伴關係。

PART 3

準備行動

沒有企業是從頭到尾只使用一個模
式，這些模式並非相互排斥，不會與
另一個模式不相容。事實上，這些模
式可以相互加強或平衡。一家公司的
做法中可能會同時包含各模式的某個
部分。

Chapter 8

08 卓越的架構

這些觀念有的是從美國及其他國家的研究衍生而出。有許多觀念則是來自各公司，負責志工服務業務人員分享的最佳實務做法。有些現在已經算是「民間智慧」了，還有些甚至是「都市傳說」。

燈光漸暗，音樂響起，燈光聚焦在中央的節目主持人身上。他吹了口哨，馬戲團開演了！

緊接著是千變萬化的景象和聲響，還有迷倒觀眾的表演，來自世界各地的演出者身懷絕技，讓滿心期待的觀眾看得眼花撩亂。

在此，我們再次描繪企業志工是一頂「大帳篷」的畫面。企業採用的各種方法反映出企業界多元化的真實面，更是反映出世界的多樣性。

有以下兩個核心概念：

關於企業志工，不同企業之間有截然不同的理念和運作方式，不過這些差異並沒有特別影響到他們的成功。

以及，企業的成功與否，比較會受到企業對志願服務的重視程度、投資多少，以及執行的品質所影響；企業採用的理念、方法或架構的影響較少。

不過「成功」的因素是什麼？

某英國企業調動少數員工，到非洲執行高影響力的技術性服務計畫，而某韓國企業號稱有超過九成的國內員工投入志願服務，就算是比較成功嗎？

基於這些目的，我們運用以下三個問題定義「成功」：

・ 是否符合設想週全、明確定義的公司目標？

・ 重要的利害關係人（包含社區夥伴、員工和企業管理階層）

是否對績效品質和預期成果達成度給予高度評價？

‧ 長期下來是否展現出「持久力」和永續性？

做企業志工沒有「最佳的方法」。企業志工十分需要視情況而定，並按照各個企業希望達成、真正適當、確實可行的實際條件打造志願服務。

企業志工服務的本質和範疇，必須取決於企業的文化、優先考量、資源、業務和人力本質，以及業務所在社區的實際情況。

本章將探討企業志工的四種概念模式，以及各種方法中的一系列關鍵差異因素。接著會提到我們認為邁向卓越的六個基本重點，這些是不論企業的實際條件為何都可以普遍適用的原理。

⬡ 概念模式

從全球企業志工服務研究計畫的訪談分析結果，導引出四個廣義的概念模式，可做為檢視企業志工一種方式，藉以理解企業進行相關計畫的意圖和期望。

這些模式並不「純粹」，也就是說沒有企業是從頭到尾只使用一個模式。這些模式並非相互排斥，不會與另一個模式不相容。事實上，這些模式可以相互加強或平衡。一家公司的做法中可能會同時包含各模式的某個部分。

問題在於主導因素是什麼。主要動力、重點和優先考量為何？

這些模式並不代表價值判斷。雖然個人或企業可能會認為比較想或不想採用某些模式，但是其程度都還不到讓人可以評定出「較佳」或「較糟」的模式。

例如，社會服務還是社會發展比較好，就爭論了好幾十年。待在教室幫助兒童學習閱讀比較好，還是應該致力於改善教育制度的品質，為所有人改善學習成效？

至少對我來說，答案很簡單，上述兩者都需要，亦即全世界的教室都需要志工，補充老師所教授的內容，對個別兒童給予關注，

並在學習過程帶入新觀點和資源。我們同時也需要志工幫忙改善學校的管理方式，培養學校行政人員和老師的技能，提供最新的技術，或是積極、有效倡導政策改革和資源分配。

我們可以想像得到，這些模式都有可能出錯，基於某種模式主導或者執行方式，可能會導致預期受益者、企業和其員工受傷害（或者是說沒有太多的幫助）。這時錯不在模式本身，而是在執行者。

如果運用模式的一個好處，是讓我們置身其中，看看我們適合的位置在哪裡，那麼就一定會帶出這個問題，這是否為我們想要勝任的位置？如果不是的話，我們希望去哪裡，最終要怎麼到那裡呢？

模式	核心概念	特性
企業導向	增加公司價值	· 幫助達成策略性企業目標。 · 建立員工的領導能力和技能。 · 創造、維持與經營企業文化。 · 加強品牌和聲譽。
社會服務	幫助有需要者	· 確認目標對象（例如邊緣化、貧困、殘障、身體虛弱的人）。 · 著重於提供服務。 · 目標是滿足立即的需求。 · 通常是以「慈善團體」的方式服務。
社會發展	改變體制	· 確認目標議題或問題。 · 著重於建立能力與自給自足。 · 目標是改變基本條件。 · 運用現有資產影響目標議題及／或受影響者的資產。
人類發展	賦予能力	· 提高對社會實況的覺察和知識。 · 目標是培養積極投入的公民。 · 藉由志願服務促進個人發展。 · 展現個人或集體可以如何改變社區與社會。

這裡提供一種快速定位的方法。在下方的矩陣上,用對角線上標出你的志願服務工作中,各種模式的主導程度。對角線越往外延伸,代表主導力量越大。標好後,連接四點,從右上到右下,再從左下到左上,回到右上。

結果呈現的形狀會顯示出,對你而言每個模式的相對比重。

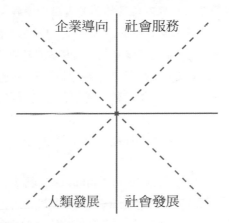

| 企業導向 | 社會服務 |

| 人類發展 | 社會發展 |

現在請思考以下的問題:

· 你認為自己所在的位置跟公司的文化、價值與優先考量一致嗎?

· 這個模式組合讓你得到想要的結果嗎?

· 有沒有哪一個模式感覺上分量太多或不足以代表你?

· 有沒有別種不同的模式組合更適合你的公司和目標?

這些模式有助於和你的計畫管理團隊分享與討論,一起做「我們的定位」活動,是進行「創造時刻、激發對話」的好方法。

◇ 聚焦於改變:拉丁美洲的優先考量

在拉丁美洲,我們看到最重視社會發展和人類發展的模式。企業想要帶來改變的期望更加明確,不只是滿足立即的需求,還要培養積極公民,對他們來說從事志工帶來改變乃是生活不可或缺的一環。

莫妮卡·加利亞諾的拉丁美洲企業志工重點研究是屬於我們計畫的一部分,她在這項研究的摘要寫道:

改變勝過「幫助」；行使參與權勝過「做善事」；拉丁美洲正致力透過志工行動，帶來真正的改變……這個區域的知識、社會、經濟與政治都在持續改變。

從跨國企業 15 年前將企業志工引入此地開始，改變的文化在企業志工發展中就扮演著很重要的角色。

受益於志願服務的群眾不再被認為是需要受保護、無法獨立的個體，過去這一直是慈善機構的標準責任。現在的重點是捍衛他們自己和他人的權利，地位平等地從事積極、互惠的公民參與行為。

墨西哥的 **Gamesa Quaker** 優先重視透過營養來達成永續發展。他們的志工是宣導大使，宣導兒童對健康生活方式的認知，以對抗營養失調問題。

阿根廷的 YPF 著重於利用微型企業，幫助邊緣女性進入主流社會。

巴西聯合銀行學院（**Instituto Unibanco**）的志工教導 15 歲到 25 歲的年輕人，幫助他們培養職前訓練相關技能，以獲得並保住工作，讓他們有能力邁向高生產力、充實且有能力自主的生活。

◈ 關鍵差異因素

我們也同時辨認出所謂的「關鍵差異因素」，亦即用來區分企業在重要營運區域的做法。關鍵差異因素總共有六項，「控制差異因素」與「期望差異因素」各有三個。

「控制差異因素」表示志工活動在計畫、管理與執行上受控制的程度。

控制或混亂

我們要求企業想像有一條連續帶，現在請你也這麼做。一端是「集中式控制」，另一端則是「混亂」。我們問企業，在這條連續帶上，你會如何定位你的志願服務？你會在哪個位置？

連續帶的兩端都沒人想要，這或許不足為奇，畢竟誰想被當成極權主義者或無政府主義者呢？

因此，企業會傾向定位在中間。不過，備受壓力時，他們通常都知道該往哪個方向走，以及要走多遠。

資訊的流通在企業自我定位上有很重要的影響。偏向混亂端的企業往往有較不完善的報告制度，特別是使用量化數據的系統，也對報告的期望不高。傾向控制端的企業就通常有嚴謹的報告系統，對報告也有較高的期待。

由上而下或由下而上

我們在此要探討的是，志願服務的主要動力來源和管理方法。企業是由上而下推動，貫徹到整個體制呢？還是提供一個架構，讓整個體制內的人，包括經理和志工在內，都能設定自己的優先考量呢？

這兩者之間的平衡點為何？

禮來公司（**Eli Lilly and Company**）的在地領導階層有「特色計畫」和其他服務機會。前者由總部負責組織和管理，包含全球服務日（Global Day of Service）、與紅十字會與紅新月會國際聯合會（International Federation of Red Cross and Red Crescent Societies）合作核准員工參與災難救援；還有心連心海外親善大使計畫（Connecting Hearts Abroad），讓 200 名員工踏上一年的志工服務與文化洗禮之旅。同時，禮來全公司的經理都可以「自主」創立他們的服務計畫，不會有嚴格的報告要求。

福特汽車公司（**Ford Motor Company**）有系統地建立完整的全球計畫。他們預想在「鄰近家園（close to home）」的密西根州東南部地區，也就是福特汽車設立總部及他們大多數員工所在地，會有較嚴密的組織結構。不過，一旦離這個地區越遠，整個體制結構就會更加平衡。

全球指導與支持的本質與程度

負責自家企業全球志願服務的員工，扮演什麼樣的經營角色？在執行面上他們提供什麼資源和支持？是高度投入許多資源支持？還是相當低度投入，鼓勵志工方案有更多自主權呢？

渣打銀行（**Standard Chartered Bank**）是很好的實例。他們的社區投資處資深經理艾麗莎‧費南德茲‧米蘭達告訴我們：「我們知道從總部推動是沒有用的。」一方面企業的志願服務架構日益穩健，並且明確期望員工投入志願服務，另一方面計畫與執行則是銀行從上到下都在做。他們的全球企業事務組織是「一種資源，用來連結社區，並非用來執行活動的細節」。

同樣地，IBM 形容他們的企業志工服務是由「高階領導層來促進而非控制。」他們的隨需應變志工社群（On Demand Community, ODC）所提供的志願服務線上支援，堪稱該領域的模範。他們的線上支援平台是其志願服務的「總部」，註冊使用者包含來自 84 個國家的 18 萬員工和退休人員，佔可能擔任志工總人數四成以上。這是個管理工具，也是資源中心，大約有 200 種工具，有些提供 17 種語言版本，包含最先進的線上報告、影片、相關網站連結、軟體解決方案與文件，全部都是用來幫助志工服務更有效。

你的評分如何？

請評量自己的每項「控制差異因素」。

控制或混亂
你在連續帶上的定位為何？
混亂 --- 控制

由上而下或由下而上
主要的驅動力在哪裡？平衡點是什麼？
由下而上 -- 由上而下

全球指導與支持
全球的指導與支持有多少？
高度指導 -- 低度指導
高度支持 -- 低度支持

「期望差異因素」反映出企業對志工活動的參與、支持和管理所設定的期望。

參與。在任何環境下，志工服務成功的重要因素，就是創造與維持一個極度重視志工服務、篤定期望員工參與的環境。

就企業志工而言，問題在於期望的程度。是高或低？UPS 的慈善與企業關係（Philanthropy and Corporate Relations）主任艾德‧馬丁尼茲告訴我們：「我們相信志願服務，並在全公司加強志願服務……我們一直提醒大家必須做好事，自己也會變得更好。」

他們設下每位員工一年 3 小時志願服務的複合式目標，並且透過夥伴對夥伴（Neighbor to Neighbor）入口網站呈報與監管志願服務成效，員工可以在網站上記錄自己和家人在 UPS 計畫與工作時間以外的志工服務。

畢馬威（**KPMG**）全球公民部（Global Citizenship）主任理查‧漢米爾頓把志願服務稱為「既定事實」，不論你的職位為何，都會參與志願服務，因為「有來自員工、客戶和競爭者等同行壓力，設定了對你的期望」。

這兩間企業並非例外，有許多企業都跟他們一樣，不過我們採訪的國際企業中，也有許多企業表示不同的看法。對他們來說，參與的期望反而不高，或是不會說得很詳細，或是與其企業文化不連貫。

由於志願服務可以如漣漪般在企業傳開來，或許更重要的是高階主管和中階經理投入社區服務應該做到什麼程度。

或許是因為我們本來就抱持懷疑的態度，所以不會直接採信高期望的這個現象。我們會提出問題，「如果主管或其單位不參與的話，會發生什麼事情？有人會注意到嗎？有人在乎嗎？有人會因此做些什麼事情嗎？」

在許多情況下，答案是很明確的，員工如果沒有致力於以個人以及企業身分投入社區服務，就不會晉升到全球、區域、國家層級或事業部門的領導階層。

涵蓋範圍

　　企業裡是誰要做志願服務？所有員工都要當志工，或是只有某些員工？工作責任、地理位置或在企業組織層級的位置，有沒有造成什麼限制？是退休員工、家人和朋友要當志工嗎？還是供應商和客戶？我們將在第十六章深入討論這個議題。

現代汽車的家庭志工

　　現代汽車（Hyundai）從 2008 年開始實行家庭志工服務計畫，在韓國每年五月（「家庭月」）開始為期三個月的活動。大韓民國志願服務協會（Korean Council on Volunteering）是現代的非政府組織夥伴，負責判定適合家庭的志願服務機會，並實際接洽當地志工中心。現代線上推行志工服務機會，也提供每位家庭成員制服，兒童可以邀請朋友一起參加。

管理

　　企業會期望像處理其他業務一樣，用相同嚴謹的標準管理志工活動嗎？少了嚴謹的標準，企業可能就不會這麼認真看待志工活動，不將其視為企業的資產，最終會忽視志工活動。

　　禮來公司是很好的範例，根據他們的社區服務與員工管理部（Community Outreach and Employee Engagement）主任雪莉‧伯桑表示，顯然必須像「管理其他業務活動一樣地管理員工的志願服務。我們必須持續展現志願服務帶給公司的價值。」

　　當禮來決定全球服務日的提案計畫符合企業行動的條件時，必須跟公司的其他企業行動一樣用六標準差（Six Sigma）程序處理。這是節省成本、有效率的機制，用來評估過程，並根據衡量指標來回答這個問題：「最有效的工作方法為何？」。

　　這個程序為期四個月，需要與公司的國外分支機構進行市場研究，並讓各功能部門員工參與其中。對志工計畫特別具有長期效益

的條件，是需要有企業領導集團的高階主管主持計畫，在公司中成為志工計畫的一位領頭倡導者。

渣打銀行主動對其永續（CSR）計畫採用與其他業務相同的管理標準，其中包含設立目標、蒐集數據與比較結果。呈現數據可以對得分較高的國家給予肯定，對得分較低的國家加強鼓勵。

全球消費金融部門執行長史蒂芬‧龐德明是銀行董事長指定的志願服務「主管倡導者」，他設定的志願服務目標是，所有直屬單位的每名員工每年平均從事服務 0.7 日。每月例會中直接呈報給他的內容包含目前的志工人數。

整體來說，志願服務管理最嚴謹的做法有三類：

‧ 具備完善專業導向志願服務的企業，例如澳洲國民銀行（NAB）與 IBM。

‧ 向來就提供免費專業服務的專業公司，例如畢馬威與年利達律師事務所。

‧ 有既定完善國際計畫的企業，例如輝瑞大藥廠（Pfizer）與 BD。

他們全都期望以正常專業標準來管理自己的志願服務計畫。

你的評分如何？

請評量自己公司的每項「期望差異因素」。

參與

主管與經理期望參與的程度為何？

低 --- 高

通常期望員工期望參與的程度為何？

低 --- 高

涵蓋範圍

歡迎誰來參與？

有限於特定一群員工 --------- 所有員工 --------- 員工與其他人

（員工與其他人包含退休人員、家人、朋友、供應商和客戶）

管理

希望用管理核心業務的方式來管理志工活動的程度？

低 -- 高

⊕ **卓越的關鍵**

三十多年來，「企業志工」已經被認定為是可以定義的活動領域，已經有一套穩定的核心觀念是實踐者普遍接受的。

這些觀念有的是從美國及其他國家的研究衍生而出。有許多觀念則是來自各公司負責志工服務業務人員分享的最佳實務做法。有些現在已經算是「民間智慧」了，還有些甚至是「都市傳說」。

這些觀念以各種不同方式呈現，幾乎包含所有企業志工服務的書面資料、訓練教材、問卷調查的問題內容、獲獎標準等等。

這些觀念更得到 GCVC 研究結果的支持。在我們採訪的 48 家跨國企業中，看到了這些概念與企業計畫本質的關聯。其中最成熟、最具包容性、最具創新性，且被企業內外部視為最成功的概念，是那些企業體現並加強了這六個概念。

了解這些概念乃是建立高度有效、永續的企業志工活動的第一步。它們同時奠定本書討論持平的基礎，本書會以不同的方式，重複提到這些概念。

1. 高階領導層的支持，是企業志工成功的一項最關鍵因素。有了高階領導層的支持，就有機會證明企業非常重視志工服務活動。

這是企業最常談到的成功因素。持續運作、組織良好的計畫會受到企業內外關注與重視，總是可以從中看到高階領導層的持續支持，這通常是呈現在執行長的個人興趣和實際支持。

對於執行長在志願服務的角色與意義，經由我的研究結果，清楚顯示很多執行長認為在他們想創造的企業文化中，員工志願服務

是很重要的一部份。他們大多也認為，志願服務是招募與留下最佳員工的重要資產。

執行長透過參加公司的志工活動、傳達訊息給員工、資助表揚傑出志工計畫，以及向利害關係人報告等等方式表達支持時，會直接影響其他高階領導者和中階經理的態度。執行長的支持有助於營造某種氛圍，讓員工知道他們的社區志工參與受到極大的重視。

我們將在下一章深入探討此概念。

2. 持續運作的計畫，是立足於全企業都知道且注意的既定政策中。如此便提高了計畫的價值，並證明這些計畫是被視為企業永久經營的業務範圍一部分。

很多組織內有明文政策可提供架構，規範可以做和不可以做的事情，特別是人力資源管理。因此，確保公司對其志工活動的承諾列入相同架構中，也是相當重要的事情。

但收錄在政策手冊中還是不夠。重點是要儘可能讓更多企業員工注意到並知道這些政策。

有一個典型的反面實例，就是某些企業的「實務募款（dollars for doers）」計畫，即依照服務的時數提供相對金額的捐款。計畫經理幾乎沒有例外地都能指出政策手冊包含這些計畫，內容還常常是鉅細靡遺的。不過，他們也會承認多數的員工並沒有好好利用計畫提供的機會。事實上，有些經理表示剛開始執行計畫時，員工會很感興趣，但是後來就很少參與了。為什麼呢？因為通常會認為有政策便已足夠，幾乎很少再做什麼努力來持續提醒員工這個政策，或者積極向他們推銷計畫。

這就是為什麼此概念不只需要有明文政策，還要能夠持續受到員工的注意。

3. 企業志工提供時間、才能和精力的主要管道就是社區夥伴。志工與夥伴之間的關係最穩固的時候，就不是慈善關係，而是真正的夥伴關係，雙方都會參與計畫的規劃及執行以發揮效益。

　　雖然也有些企業可以完全為員工創造自給自足的志工機會，不過企業通常會仰賴非政府組織提供這些機會。其實，在許多實例中，企業會依靠非政府組織全面管理其員工的志願服務活動。

　　同時也有人強力主張，為了支援志願服務，企業應該仰賴的非政府組織，是能夠提供關於社區問題的知識、證實曾做出有效回應，並且具有優秀的志工與計畫管理能力。

　　非常成功地建立穩固、持續的志工計畫的企業，都與社區發展出真正的夥伴關係。夥伴關係的特點是有意識地肯定雙方互惠互利、關注合作過程，以及共同計畫、學習與評估。

　　我們將在第十章更加深入探討此概念。

　　4. 成功的企業在核心業務運作和志工活動上，會使用相同高品質的管理方式。他們的目標是要讓員工的社區服務發揮最大影響，並使員工獲得最大的利益。

　　社區參與活動往往在企業遭到邊緣化，被認為「是不錯，但不必要」，也有可能經常陷入危機，特別是景氣不好時。其中一項邊緣化特徵，即是企業並沒有用管理核心業務活動的方法，來管理志願服務。坦白說，志願服務並不值得投入所需的心力。因此，志工服務的好處不僅被低估，還時常遭到忽略。

　　具備最穩健志工計畫的企業，目標是要正面影響社區、志工員工的生活和企業自己。所以，要達成這個目標，人們認同最好的方法是要運用在企業中實行的良好管理方法。

　　5. 有效管理的關鍵就在於努力持續進步。透過主動向擔任志工的員工與社區夥伴學習，企業可以穩定改善績效，並提高價值。

　　卓越與高影響力的基礎，是致力於主動學習經驗，並運用新興知識，以利持續進步。企業的志工活動提供充分的反饋和學習機會，從高階與中階管理層、擔任與不擔任志工的員工、員工服務的對象和在社區的「第三方」觀察者身上，都是學習的機會。

　　企業從這些來源所得到的回饋資訊，可以確認其志工活動帶給

社區、員工和企業自身的好處。回饋中也可以提供數據，經過適當組織與分析後，有助於改善程序，提高活動的影響力。具有最成功計畫的企業，會持續尋找進步的方法。

6. 領導型企業會超越自我，為志願服務提供在地、國家、甚至是國際性的領導力，邀集利害關係人，並帶領更多企業積極參與其社區服務。

具有真正「世界級」志工活動的企業，對於社區與社會有著堅定的承諾。他們認同對員工、社區和企業本身有益的事情，也能使他人受惠。所以，他們挺身而出，明顯而積極地帶頭推廣志願服務以及企業志工，服務他們業務所在的社區，更廣大的企業社群，或是整個社會。

這可以擴展到企業的供應鏈、客戶或企業顧客。對某些企業來說，活動可以更有創意，讓消費者甚至社會大眾參與企業贊助的活動。企業代表接受當地「企業志工委員會（corporate volunteer council）」或「志工中心」的領導職位，或者企業高階領導響應政府官員的呼籲，在社區中帶頭執行社區參與的新活動，也會產生效果。

⬡ 結語：找到好的方法

實行企業志工沒有「最佳的方法」。企業志工十分需要視情況而定，並按照各個企業希望達成、真正適當、確實可行的實際條件打造志願服務。

實務上來看，這表示志工服務必須以企業的知識為基礎，包含企業的文化、經營風格、優先考量、業務本質、員工、利害關係人，以及對投入社區與志願服務的承諾。

不過，我們已經列出來，的確是有些卓越的重要關鍵。由於有這麼多變數，企業不可能在每項因素上都得高分。

不要讓難以實現的「最佳方法」妨礙你去接受「好的方法」。想清楚適合你公司，並符合你的目標和現實面的方法，然後就去做吧！

同樣重要的是，我們聽過需要從現今
國際企業的脈絡來理解「高層領導
力」。如今，志願服務都需要這些領
導者的支持，不單單是「執行長」，
而是整個高階管理層，包含業務單
位、企業在區域與各國營運單位的領
導者。

Chapter 9

09 文化與領導力的影響

社區服務也是正當、受到認同的機制，用以履行預期對外角色的部分義務。公司可以有良好的公共關係，並建立有益公司的重要對外關係。受訪的一位執行長說：「社區參與可能是與人們建立關係的最佳方式。」

非政府組織將企業志工視為資產的一個原因，是他們認為企業是潛在志工的特定團體，內部有溝通制度和共同的使命感。換句話說，非政府組織將企業視為共同體。

如同其他共同體，企業中也有各式各樣的人、個人信念和態度。不過至少在職場上，企業確實有共同的文化、價值觀、行為準則、政策、實行方法和優先考量。這些因素就像影響企業生活的其他層面一樣，影響著企業志工。此外，企業歷史、領導力與內部持續的活躍互動在在塑造了這些因素。

本章將會更深入探討，企業歷史與文化在塑造企業志工上的角色，高層給予支持的重要性，以及企業領導者如何從個人參與中受惠。

◈ 歷史與文化

「這是我們的企業本色。」我們與國際企業的訪談中不斷聽到這個說法。

有四分之一的企業，對社區參與、社會企業責任、慈善與志願服務的努力，確實證明可以追溯回其創辦者身上。

從歷史可算是最悠久的塔塔集團（**Tata Group**）開始，到最近的 **Salesforce.com**，不論是創辦者個人或家族，他們的理念和價值觀跟現今持續的承諾和行動有直接的關係。下一頁的「認識塔塔精

神」（Learning Tata-ness）說明了參與社區 140 年來所扮演的獨特角色，現在社區參與已是塔塔集團不可或缺的一部分。塔塔集團是印度最大的私人企業集團，營運據點遍及 80 個國家。

Salesforce.com 的歷史不到塔塔的十分之一，不過其每年捐獻 1% 的產品、1% 的股票與 1% 的員工時數的「綜合慈善計畫」模式，確實是從創辦者馬克‧貝尼奧夫（Marc Benioff）就開始執行了。員工每月有四小時，或一年六天的帶薪服務時間來擔任志工。員工參加率超過八成，公司相信員工進來是想要參與這個理念。

➤ 認識「塔塔精神」◀

「在自由的企業中，社區並不只是另一個企業利害關係人，其實是企業存在的目的。」

這是賈姆希德吉‧塔塔（Jamsetji Tata）曾說過的話，他是現今塔塔集團 140 年前的創辦者，他的這番話正是內部稱為「塔塔精神」的核心概念。

這個精神是塔塔的企業倫理、期待、規定和深植於企業文化的方法，必須親身學習，誰也教不來。事實上，有人持續從事符合塔塔精神的事情，其他人則是努力看齊，如此便形成不間斷地從自身經驗和他人故事中學習。

塔塔集團認為要從社會的需求開始著手。支持社會正是企業存在的原因。許多企業努力在闡述企業社會責任對企業有益的道理，但是對塔塔來說社會企業責任就是企業存在的理由。

上述情況甚至反映在塔塔的所有權結構上，塔塔是印度最大的私人企業集團，有 114 間公司遍布 80 個國家。公益信託持有六成六的股份，股票價值大約等同於回饋社區的利潤。這樣的方式符合公司理念，即從大眾得來多少，就多倍回饋給大眾。

塔塔的志願服務，是非常有機地交織於整個企業中，並非附加項目。那是由員工推動、由下到上的參與，不需要高層正式的

命令，高層的目標，反而是建立能夠使塔塔貫徹志願服務的環境，期盼員工參與，給予員工極大的責任去判斷服務需求、發展回應方法與付諸行動。

上述的工作主要由塔塔社區計畫委員會（Tata Council for Community Initiatives）負責，這個集團等級的組織幫助建立參與網路、匯集優良實務、積極從經驗中學習，以及促進全公司交流想法、挑戰和解決方法。

　　某些企業的志願服務是企業主流價值觀的直接展現。因此，韓國 SK 集團所設定的志工活動目標即為「讓需要幫助的人們能運用我們的專長，創造屬於他們的人生」。重視幫助人們能越來越自給自足，是從創辦人崔鐘賢（Chey Jong-Hyun）的個人信念所發展出來的志工活動。

　　志願服務也可以直接與企業文化變革的管理有關，福特汽車公司就是很好的例子。

　　亨利‧福特（Henry Ford）創辦並發展自己的公司，著重於製造更好的車子。他同時也想要打造更好的社區。在福特超過百年的歷史中，福特家族持續領導公司，因此維持了這個傳統。

　　從 2006 年起，這項傳統就體現於福特的志工活動，現在則是文化變革計畫中必備的一環了。文化變革計畫是由執行長艾倫‧穆拉利（Alan Mulally）發起與策動，重點為「一個福特——一個團隊、一個計畫、一個目標」（One Ford – One Team, One Plan, One Goal）。

　　福特國際志工團（Ford Volunteer Corps）主任珍妮特‧勞森（Janet Lawson）2006 年 8 月上任時，她發現許多志工活動正在進行中，不過除了同屬福特名下之外，各項計畫活動各自為政，很少試圖彼此串聯。

　　因此，她的目標便是要將不同的志工活動整合成單一策略性計畫，活動之間要有所連結，加強一個福特的概念。

現今福特的計畫包含：

‧2010 年的全球關懷週（Global Week of Caring），有將近 200 個計畫，12,000 名參與員工遍佈 41 個國家。

‧ 福特模式團隊（Ford Model Teams），公司全體員工都可以線上參加非政府組織提供的計畫，他們與福特發展長期的夥伴關係。

‧ 季服務（Quarterly Seasons of Service）著重於兒童與家庭、環境、建立社區與基本人類需求。

‧ 按照公司規格建立軟體系統，支援整體志工活動。

這項計畫是福特主管認定可以代表「一個福特」新文化的範例。

通用電氣公司（GE），隨著經年累月的文化演變，志願服務已是公司的「基本職責」。各個事業部門差異懸殊，志願服務方法也大相逕庭，全靠 GE 的共同文化來維繫這項承諾。GE 透過以下方法延續文化：

‧ 對企業與個人行為的共同期許。

‧ 公司整體的溝通。

‧ 區域、國家與地方的領導力。

這些都得到最高層主管的支持。

不管是上述實例或對整個企業志工來說，高層的支持都是非常重要的，包含維持創辦者的傳統、改變文化、創新文化或者支持，這些都成為「有機必備」的文化元素。

在下一個部分，我們將探討高層支持的方式，還有執行長與其他主管的志願服務不僅有助於企業，也使他們個人受益的原因。

✕ 執行長擔任志工

志工領域從最早期就體認到，高階管理層的支持，對企業志工的成功至關重要。

1979 年職場志工報告（Allen et al. 1979）中，我們寫道：

員工志工計畫最重要的一個成功因素，是高階管理層的影響與支持，特別是指執行長。企業經理、志工協調者、社區機構與擔任

志工的員工一再提起這個課題。

在我們 1985 年的後續調查中,將近 300 家企業中有八成三將「執行長的支持」列為他們志工計畫中最重要的因素(Vizza et al. 1986)。

25 年過後,在為 GCVC 研究所做的訪談中,我們不斷聽到相同的訊息,亦即對企業發展與永續經營志工活動而言,高階領導層的積極參與和大力支持是非常重要的。

我們採訪到諸多關於領導力的良好實例,以下是其中三則。

卡夫食品的執行長艾琳‧羅森費爾德(Irene Rosenfeld),率先核准公司首次舉辦美味大不同週(Delicious Difference Week)的全球服務活動。她對志工服務的熱忱是眾所皆知,她的目標是要讓執行團隊完全投入志願服務。2010 年,她自願幫忙建造芝加哥的一個遊樂場,並在英國提供食物給無家可歸者。後者更是加深來自吉百利的員工的志願服務價值觀,在公司合併後,這些員工成為卡夫食品的員工。

她在公司網站上的談話加強了企業文化,並讚揚員工所做的一切。「我為員工感到驕傲,我們影響了許多人的生活,回饋一直是我們公司文化重要的一環,今年員工全力以赴,改變了生活與工作所在的社區。」(Kraft Foods, 2011)

渣打銀行(SCB)擴大志願服務為「執行長與高階管理層熱切期盼的計畫」,他們將這個計畫視為增加社區投資與提供員工利益的方法。全球消費金融事業執行長與管理委員會(Management Committee)的史蒂芬‧龐德明(Steve Bertamini),被指派為志工活動的「主管倡導者」,以擴大規模與增加投資額度。他對直屬部門設定目標並建立制度,要求在每月檢討會議上提供數據。積極參與的國家地區會獲得相當的表揚,包含執行長親自致電,以及獲邀出席管理與領導力論壇。

龐德明先生出席 2011 年新加坡舉辦的國際志工世界大會(IAVE

World Volunteer Conference）擔任與談人，針對自己的志願服務表示：

> 如果你可以讓某人當一次志工，你就很有機會讓志願服務成為他
> 的終身習慣。人們很少不被志工經驗所感動，我就是其中一例。
>
> 我的日常工作變得更有意義，因為志願服務證明企業不只是賺取
> 利潤，還可以是行善的力量。

UPS 的史考特・戴維斯（Scott Davis）是公司內部志願服務的積極提倡者，個人對外也非常活躍推動志工活動。他向全球管理團隊發起年度「行動號召」，鼓勵管理階層參與志願服務，並以身作則，參加公司的年度全球志工月（Global Volunteer Month）。對外代表公司，他則參與了重要非政府組織好幾項備受矚目的募款活動。

同樣重要的是，我們聽過需要從現今國際企業的脈絡來理解「高層領導力」。如今，志願服務都需要這些領導者的支持，不單單是「執行長」，而是整個高階管理層，包含業務單位、企業在區域與各國營運單位的領導者。以下四間企業提供了如何獲得高階領導層支持的絕佳實例，包含一間擴大業務到拉丁美洲的歐洲企業、兩間韓國最大的企業集團，以及　間全世界最大的美國企業。

西班牙電信的主要營運部門，包含西班牙電信數位技術公司（Telefónica Digital）、拉丁美洲部門、歐洲部門與全球資源公司（Global Resources），四位總裁透過聯合錄影，廣邀旗下世界各地的員工，跟他們一起參加公司舉辦的國際志工日（International Volunteering Day）。他們的熱忱和個人參與不只是為了國際志工日，也為了公司更廣泛的志願服務承諾，促進這些志工活動的持續發展和創新。舉例來說，2011 年中國與印度的員工首度參加國際志工日，自行決定如何籌組他們的計畫。

三星集團在 2004 年開始實行全球品牌志工計畫「大家同樂（Happy Together）」，作為「共享經營」的一部份。藉由每週會議，所有三星公司的執行長都理解並認同集團的理念和政策，現在執行

長的參與變得有些競爭。執行長個人要參加志工活動，並負責在各自的公司裡推廣志願服務。

三星相信，由於高階領導者展現出「政策力量」，使得韓國員工的參與率超過九成。

2004 年，SK 集團下各大公司執行長共同組成 SK 志工團隊（SK Volunteer Group），為正式集中管理的組織，包含由上而下與由下而上的計畫。SK 集團明確下達指示，旗下所有公司都要舉辦志工活動。SK 集團的企業貢獻處（Office of Corporate Contributions）會向董事長崔泰源（Chey Tae-Won）報告相關事宜。

通用高階主管會議（GE Corporate Executive Council）包含公司最高層的 30-40 位領導者，利用每年九月的會議表揚世界各地傑出的通用志工，通用志工部（GE Volunteers）主任保羅・博弈克（Paul Bueker）表示：「這傳達強而有力的訊息給公司的兩個族群。」執行長傑夫瑞・伊梅特（Jeff Immelt）認為「GE 的優秀領導者就是要當志工」，這個明確期望不只是針對高階層人員，也包含即將升遷上來的員工。

執行長參與的理由

芝加哥大學（University of Chicago）的心理學家伯妮絲・諾爾格騰（Bernice Neugar-ten, 1968）曾經如此談論主管：

> 50 歲的企業主管，一天做出上千個決定，我們可以在哪裡……找到形容這種極其複雜行為的概念呢？企業主管會管理自己的時間；讓自己不受特定刺激影響；卸下一些「重擔」，將任務委派給他能掌控的其他人；接受特別適合自身能力和責任的其他任務；並且，在同樣的 24 小時中，成功滿足自己的情緒、性生活和美感上的需求，我們應該用什麼術語來形容企業主管，達成這些目標的策略呢？

為什麼這樣的男性（幸好現在也有越來越多這樣的女性），要在他們複雜的生活中抽空當志工？志願服務在他們的生活中扮演著什麼角色？對他們來說有什麼意義？

在我的博士研究中打算回答這些問題，於是我訪問了八間美國與英國主要企業在現任或即將退休的執行長，包含大西洋富田公司（Atlantic Richfield，簡稱 ARCO）、BP（British Petroleum）、BP化學公司（BP Chemicals）、大都會公司（Grand Metropolitan，現為帝亞吉歐 Diageo）、漢威聯合公司（Honeywell）、IBM、時代華納（Time Warner）和全錄公司（Xerox）。

我聽著他們的故事，學到了很多，包括他們的生活、家庭、世界觀、價值觀、影響他們從事志願服務的原因，以及他們如何從中領悟到這對個人與專業工作有益。（Allen, 1996）

雖然研究已經過了 15 年，不過它說明了現今擔任執行長的男性與女性，如同前面所述，持續在公司的志願服務上發揮領導力。

此研究也清楚地表明，志願服務為執行長的專業與個人生活，帶來各種不同的影響。

非工作的影響因素

我採訪的八位執行長，幫助我確認影響他們志願服務的四項與工作事業無關的因素：

‧家族有社區參與的歷史，不論是否明確將其定義為「志願服務」，都有助於受訪者在生活中維持助人的習慣。

‧親身經歷人類與社會問題——有些情況是跟受訪者的孩子有關；其他則是小時候，或者甚至是成年早期的經驗，有助於他們更清楚認識社區的需求。

‧宗教與政治信仰（從進步到保守派都有），以及受訪者自己所謂的「一般道德框架」，都讓受訪者知道他們志願服務的本質，並幫助他們以更廣的價值觀理解志願服務。

‧受訪者事業有成，會有責任感要「回饋」社會，並滿足自己所設下的期望。

工作上的影響因素

執行長的志願服務有兩個主要的工作影響因素。

　　第一個影響是企業文化。管理文獻也強力支持，主管比別人更受到企業文化的影響。有部分是因為他們待在企業的時間比較長，沉浸在企業文化中較久，也有部分的原因是高層期望他們有所行動，而在晉升過程中也收到由下而來的期望。他們的職位越高，他們的既定投入就越多，因此受到企業文化的影響就越多。

　　我採訪的執行長談到屬於「良心企業」、「鼓勵參與社區文化」的一分子；「企業認為……參與他人的社區……是好公民與好員工的基本責任，能待在這樣的企業發展實在很幸運。」他們舉例敘述前任所留下的傳統、理念和參與經歷。他們可以回想起職業生涯中某些特殊時刻發生的故事，讓他們清楚知道公司希望他們能夠投入社區。

　　大多數受訪主管的公司獎勵他們的參與，這符合公司文化所建立的期望。一位受訪者表示，社區服務使他在競爭高層工作時脫穎而出。另一位受訪者表示他的社區參與成為「有吸引力的一項個人特質，缺了這項經歷會是一種負面特質」。

　　第二項工作影響因素，是執行長對外扮演角色的期待。執行長是公司的公眾形象代表，時常負責發展與培養對外最重要的關係，跟政府官員交涉，成為最引人注目、可靠的發言人。

　　人們也會特別希望執行長能夠參與社區服務。

　　彼得‧杜拉克（Peter Drucker, 1974）認為企業的成功和其領導力，自然會產生這些期待：

> 成功管理的代價很高……由於我們的成功，人們會期望在社區面對的主要問題上，我們能發揮領導力，引領方向。

　　由於執行長的角色和隨之而來的地位，會出現他們與其他主管個人參與社區的特殊機會。他們可以發揮其職位與公司資源，以增加自己期待發揮的影響力。

執行長投入的回報

　　執行長個人投入志願服務，會有兩大類好處，並就此分別探討。

- 有效幫助他們履行工作角色的義務，並達到公司與社會的期望。
- 滿足他們個人生活的需求與期望。

履行工作角色的義務

身為執行長，其中一個最重要的責任就是塑造、維持並更新企業文化。對於我研究中的執行長而言，有部分原因是為了維持企業文化而踏入社區服務。他們覺得有義務在擔任領導職期間滿足這些期待。（Allen, 1996）

關於這一點，時代華納退休的執行長迪克·蒙羅（Dick Munro），在談到執行長支持社區參與的重要性時，清楚表示：

我想這對執行長來說很重要，執行長必須建立公司風氣。人們還是會望向角落的辦公室，想要搞清楚你都在做什麼，然後他們也會跟著做。因為他們發現這樣他們就可以得到你的工作。

如果有執行長完全不跟……社會環境有所接觸，對這位執行長和其公司來說就是不祥的預兆。

從受訪執行長評價他人才能的觀點來看，他們也認為社區參與是欲晉升的員工應該具備的重要資產。有一位受訪者表示，社區參與證明某人有「廣泛紮實的基礎」，若是少了社區參與，「他能晉升的程度就會受限」。另一位受訪者則認為，社區參與反映出企業中「積極行動者的相同特質」。

社區服務也是正當、受到認同的機制，用以履行預期對外角色的部分義務。公司可以有良好的公共關係，並建立有益公司的重要對外關係。受訪的一位執行長說：「社區參與可能是與人們建立關係的最佳方式。」

艾略特·賈克斯（Elliott Jaques, 1989）是組織心理學家與管理顧問，他提出了「中年危機」（mid-life crisis）的概念，認為其中涉及更廣大、更策略性的企業利益。

他主張組織和其環境越複雜，領導力所需的投入時間就越長，

認知複雜度也會越高。

因此,他認為國際企業的執行長至少要有十年的規劃視野。如果確實是如此的話,這樣的能力有助於執行長了解企業的組織利益,其運用方式自然會導向社區參與。

如果執行長要看得夠長遠,他們就必須考慮到會影響企業活力的許多環境因素。如果他們要履行對公司的義務,他們就要負責在任職期間,處理很可能長期威脅公司的問題。最能說明這點的實例,就是許多企業領導者耗費相當多的時間,投入教育與勞動力發展相關議題;另外有些則帶領企業專注於永續性議題,以回應氣候變遷的挑戰。

滿足個人需求

志願服務可透過兩種特定方法滿足執行長的個人需求。

首先,如同家族史,個人經驗與價值觀影響著執行長的志願服務,他們的志願服務也有助於滿足他們家族和自己所設定的期望。他們花費時間投入社區服務,就是以行動來滿足那些期待。

再來,志願服務滿足他們的發展需求,這點符合成人發展理論,特別是「中年」人或過著「中年生活」的人。這樣的發展核心概念為創造(generativity),「延續到下一代……以及……試圖追求不朽,將成果導向留下回憶與記錄的活動與產品。」(Gruen, 1964);以及「為人類同胞的成長、領導力與幸福負起責任」(Vail-lant, 1977)。

丹尼爾·萊文森(Daniel Levinson; Levinson et al. 1978)是成人發展領域的先驅,他相信「利他主義(altruism)有一部分是作為追求不朽的工具」;人到了中年,「會比較關心社區的福利」。

想要留下一些東西,特別是有興趣培養年輕人,顯然就是創造的理念。在我的研究中,所有參與志願服務的執行長,都廣泛投入跟兒童和青年有關的志工活動。決議政策的董事會不全然會與這些活動保持安全距離。執行長的志願服務包含擔任指導員、夏天招待

都市兒童、提供個別輔導，以及直接服務受忽略的兒童。

志願服務可以帶給執行長生活的完整感。我們用執行長自己的話，來說明他們對社區參與價值的看法。（Allen, 1996）

ARCO當時的執行長羅德・庫克（Lod Cook）說：「我想到的字眼是充實。志願服務豐富了我的生活……我非常幸運能在支持社區參與的企業中工作……企業本身已經很刺激了……也絕對讓我覺得有挑戰性，對工作產生興趣。我不是只有單一想法的人，但如果不是在外體驗志願服務的話，我絕對不可能變得這麼多面向發展。」

鐵道公司（Railtrack）當時的執行長，也是BP前任執行長羅伯特・霍頓（Robert Horton）表示：「……其實成功的商人必須伴隨著均衡的生活。我根本不認為沒有其他廣泛興趣的商人可以真正成功。一個人生活中多面向的本質，正是塑造人格特質很重要的一部分……。」

IBM的前執行長約翰・阿克斯（John Akers）表示：「我認為這是工作的一部分……而在這部分中，我受到獎勵……我遇見我原本不會遇到的人。我經歷自己原本不會見識到的美國生活。如果沒有參與其中的話，我的生活會很狹隘。」

採取行動

以下是研究發現，提供給負責企業志工人士參考，看看如何鼓勵並影響公司執行長與高階主管參與志願服務。

• 執行長想要從事有意義的工作，並感覺到他們影響了有價值、受尊敬的組織，進而為社區問題帶來解決方法。

• 執行長喜歡確切的計畫，有明確可以達成的目標，計畫中執行長也有清楚、實際的角色。

• 即使執行長堅決致力於社區參與，這對他們的工作來說必然是「額外」項目，因此他們的時間有限，必須妥善管理。

• 他們喜歡可以進行有用的外部溝通、建立關係和同儕工作。

　　• 執行長希望非政府組織的領導人知道他們想要做的事情，並有實際可行的計畫，也要能夠清楚宣達這兩點。

　　• 執行長的參與永遠不嫌晚；「大器晚成」的人可能願意、也能夠比已經承諾過頭的人做更多事情。

數年前,我有機會主持研討會,探討
非政府組織與企業之間如何發展夥伴
關係。其中一位女性參與者來自加
州,是非政府組織的主管,其組織在
與企業的合作上特別成功。當我請她
向小組成員描述與企業的夥伴關係
時,她馬上回答:「就像有隻大象在
我的浴缸裡!」

Chapter 10

10 與非政府組織建立穩固夥伴關係

長久以來，營利企業僅著重於企業之間的學習，因為他們想要做得更好。現在企業該開始向最佳非營利組織學習寶貴知識，不要再將其斥為完全無效率。

曾經有段時間，其實就在不久之前，非政府組織（有些人稱之為非營利組織）只不過是企業志工必須包容的參與者，是企業可以派志工去「行善」的場所。

幸好，那些日子已不復見。在企業志工中，非政府組織作為夥伴的價值穩定增長，帶給企業新機會增加內外部的影響力，也讓非政府組織有機會取得新資源，幫助他們達成使命。

本章主要討論這些夥伴關係的動態發展，探討雙方的價值觀、面對成功的挑戰，以及盡可能達到最大功效的方法。

⊗ 浴缸中的大象

數年前，我有機會主持研討會，探討非政府組織與企業之間如何發展夥伴關係。其中一位女性參與者來自加州，是非政府組織的主管，其組織在與企業的合作上特別成功。當我請她向小組成員描述與企業的夥伴關係時，她馬上回答：「就像有隻大象在我的浴缸裡！」

我們要求她解釋一下，她接著說：「一開始似乎是個好主意，大象可以好好幫我們沖澡，我們可以擦洗牠自己搆不到的地方，這樣對雙方都有好處。」

「不過，之後問題開始出現了。有隻大象在浴缸裡，真的很擠。牠體積龐大，相較之下你就很小。很快地，你就會覺得大象霸佔浴

缸，牠身上要洗的地方很多，並且對你的洗法還相當挑剔。」

「此外，你必須隨時留意，免得牠一聲不響就開始左右搖晃。你得準備好牠可能中途站起來，晃動身體，一走了之。」

你懂她的意思了吧。

此外，這位主管和我們的意思不是說邀請大象到你的浴缸不好。但如果你要這麼做，你需要謹慎行事，一定要挑對大象，事先講好誰來洗，要洗的部位和方法；你也應該做出必要的調整，讓雙方能夠順利地適應彼此。

同樣很重要的一點，大象也必須負起責任，確定沒有坐到洗澡夥伴，沒有在浴室濺出太多水花，清楚說明需要和不需要幫忙擦洗的地方，並注意離開浴缸的時間和方法。

如下解釋（如果還不了解，請閱讀以下解說）：

為了讓企業與非政府組織能有成功的夥伴關係，雙方必須承諾開放溝通，共同計畫與評估，並向對方學習與提出回饋。

企業必須試圖了解並接受非政府組織的目標、當前優先考量、現有能力與需求。

非政府組織則必須了解並樂於接受，企業在雙方關係中所尋求的目標，特別是支持企業志工的專業與個人發展。

私人顧問的大衛・華沙（David Warshaw）曾在 GE 負責志工活動五年。他舉辦了名為「企業來自火星；非營利組織來自金星」（Companies are from Mars; Nonprofits are from Venus）的工作坊。他對企業與非營利組織之間差異的看法，應該算是雖不中、亦不遠。

不過，溝通隔閡正在迅速縮小，因為雙方認同對方的優點和需求，以及如何向對方學習並一起增加集體影響力的方法。

雖然需要雙方付諸行動，並投入心力，但的確做到了。

◈ 從有用到不可或缺

2007 年，聯合國全球盟約（United Nations Global Compact）、金融時報（Financial Times）和道爾伯格全球發展顧問公司（Dalberg

Global Development Advisors）合作，目的是從企業的角度出發，更加瞭解企業與非政府組織的夥伴關係，並評價非政府組織、聯合國機構和其他非企業夥伴。

研究結果清楚指出企業越來越重視這些夥伴關係（Dalberg 2007）：

‧ 六成一的企業三年前已開始和非企業夥伴合作；沒有這麼做的企業中，有八成八表示有興趣與非企業組織合作；

‧ 七成三的企業認為在未來三年中，這些夥伴關係將會是他們重要或非常重要的一環。

當我們詢問企業建立夥伴關係的原因時，多數企業表示有助於他們成功實施企業社會責任計畫，以及他們期望與利害關係人建立信任感。

我們訪問的企業現在了解，與非政府組織的夥伴關係可提供企業以下機會：

‧ 企業可以發揮他們的員工、資金、專業技能和代表性優勢，在企業認為重要的議題上發揮更大的影響力。

‧ 幫助夥伴完成與組織宗旨相關的目標。

從我們的研究中，可以知道不論是國際、全國或地方層級的企業，都期望他們的非政府組織夥伴有些特定的特質，進而讓企業獲得最大利益。這些特質包含：

‧ 與企業的優先考量確實有關。

‧ 非政府組織跟企業位於相同的地區，或者非政府組織在企業想去的地點。

‧ 有穩定的組織基礎，可支持計畫推廣和擴大規模。

‧ 專精於對企業至關重要的議題。

‧ 能夠作為外聘人才代表企業管理計畫。

‧ 員工有機會參與非政府組織的工作。

‧ 願意且有能力提供員工拓展新知識與技能的機會。

　有趣的是，道爾伯格詢問受訪者合作的可能原因當中，評分最低的是「透過夥伴的知識獲得深刻見解」。

　不過，在該報告發布後的一系列文章中，金融時報引述了兩位企業代表的談話。這兩家企業均重視非政府組織夥伴的知識，包含「地方社區需求以及誰是重要的影響者……（如何）建立關係，提供服務給需要的人……在地專業技能」。（Murray, 2007）

　2010 年，經濟學人（The Economist）也論述企業可以從非政府組織身上學到什麼，主要是根據南西‧勒柏琳（Nancy Lublin）所寫的《零的力量》（Zilch: The Power of Zero in Business）。南西‧勒柏琳創辦成功衣著（Dress for Success），這個非政府組織提供低收入的女性參加工作面試的衣服。她現在負責經營非政府組織「做點什麼」（DoSomething.org），鼓勵年輕人積極付諸行動。（關於上述書籍請參閱 www.zilchbook.com，並請上 www.dosomething.org. 了解南西‧勒柏琳的工作。）

　她主張世界上大多數非政府組織生存的方法，是展現超高效率、激勵勞工，以及有效行銷，她認為這些都是企業可以向他們學習的地方。她提出不要陷入「非營利」一詞的迷思，「我們不是以不營利為目標，因為我們根本沒想要賺取利潤。」

　非政府組織想學習有效行銷的關鍵動力在於「他們必須說服人們出錢讓別人使用物品或服務」。她認為重點在於長期的關係、定期連絡、對支持表示感謝之意，以及報告活動和結果。

　經濟學人（2010a）的結論為「長久以來，營利企業僅著重於企業之間的學習，因為他們想要做得更好。現在企業該開始向最佳非營利組織學習寶貴知識，不要再將其斥為完全無效率。」

⊗ 從全球到當地

　我們採訪的國際企業與各式各樣的全球非政府組織建立夥伴關係，不論是否基於相同的目標或地區，這樣的夥伴關係都在某些層面上符合企業利益。這種夥伴關係最常見的是企業提供非政府組織

「特色計畫」，為企業帶來最大的整體能見度。整體而言，上述的非政府組織就是企業所謂的「最佳類型」，獲得企業高度的信任。在許多這類的全球夥伴關係中，志願服務的角色相對有限。

全球優先考量最終必須與全國和當地管理者的需求達到平衡，以回應當地需求和優先考量。大多數的企業志工活動的完整結束都是在企業的當地階層。

全球夥伴關係發揮企業廣泛資源（包含企業志工）的絕佳實例為渣打銀行的「看得見的希望」（Seeing is Believing）行動。此行動與多個非政府組織合作，包含愛滋病毒與愛滋病（HIV/AIDS）教育、女性賦權以及預防瘧疾。關於「看得見的希望」，請參閱下方介紹。

看得見的希望

2003 年渣打銀行（SCB）要慶祝 150 週年，向員工詢問如何慶祝時，因為員工回覆公司應該對社區做出重大貢獻，於是展開了「看得見的希望」行動。渣打銀行主要服務據點在非洲與亞洲，當地視力受損的問題嚴重影響其經濟，所以他們選擇解決這個問題。「看得見的希望」就是 SCB 貢獻的成果。他們與國際防盲組織（International Agency for Prevention of Blindness）和世界各地的十三個眼科照護非政府組織合作，以獲得更多資金支援實地介入治療，銀行並承諾針對募得金額捐出同額募款。到目前為止，投入該計畫的資金超過 3,000 萬美金，有 2,300 萬人受惠。

SCB 員工志工負責多次的募款活動，包含為客戶舉辦活動，以及在紐約市的「盛會」。員工也可以捐出年底「最後一小時」的薪水。SCB 私人銀行把這些活動視為他們邀請客戶參加的慈善捐款活動。

SCB 也期盼非政府組織夥伴能與他們的志工合作，或許是一同服務於眼科診所和在學校進行眼睛檢查。舉例來說，在孟加拉

> 首都達卡，有些 SCB 志工運用他們的技能，幫忙 Islamia 眼科醫院（Islamia Eye Hospital）升級 IT 系統，其他志工則協助醫生，並陪同患者往返醫院。
>
> 2008 年，SCB 針對八個國家的內部員工意見調查顯示，有四成四的員工個人參與這個行動，八成七的受訪者認為這項行動跟 SCB 品牌有密切關係。

不過在每段引人注目的全球夥伴關係中，從總部城市延伸到最遙遠的企業據點，其中涵蓋的當地夥伴關係確實多不勝數。

全球優先考量最終必須與全國和地方管理者的需求達到平衡，以回應當地需求和優先考量。大多數的企業志工活動的完整結束都是在企業的當地階層。當地非政府組織夥伴是不可或缺的資產，幫助確保執行成功並產生有意義的影響。

上述論點也在道爾伯格的研究發現獲得肯定，其中幾乎有三分之二的夥伴關係是在地方層級。不過，受訪企業高度評價最高的關係，則是那些同時包含當地與全球活動的夥伴關係。

研究中的實例

西班牙電信的所有志工活動都有非政府組織的參與。他們認為任何志工活動都是來自社會需求，非政府組織最有立場來辨認需求與付諸行動。企業與非政府組織建立夥伴關係，也確保志工活動是納入更廣泛、有永續性的社會計畫。

西班牙電信的員工有機會與自己選擇的非政府組織合作，爭取計畫資金，這些計畫解決實際問題，並符合員工的興趣與非政府組織的優先考量。申請資金的確切規則各國不同，不過核心思想維持一致。員工負責與非政府組織一起計畫提案、制定預算與發展評估項目。提案必須著重於社會問題，以及計畫的永續性。提案員工的志工參與度越高，贏得資金的機會就越大。

為了將提案計畫的品質最大化，西班牙電信在四個國家提供擬

定計畫與提案報告的訓練。

　　我們的同事莫妮卡‧加利亞諾在拉丁美洲進行的焦點研究，發現該區域受訪的 29 間企業幾乎一半是有一定形式的「方案競賽」，員工可以針對企業支持的志工計畫提出想法；其中表現最出色的是墨西哥的西麥斯（CEMEX）、巴西的蘇薩克魯茲煙草公司（Souza Cruz）和匯豐銀行（HSBC）。

◈ 從慈善型關係到變革型關係

　　隨著對夥伴關係的認同度增加，夥伴關係的本質也有所改變。

　　傳統的企業與非政府組織建立的是慈善關係，通常是企業給予資金，或者將企業「擁有」的資源，提供給「缺乏」這項資源的非政府組織，這是哈佛商學院（Harvard Business School）的詹姆士‧奧斯汀（James E. Austin）所形容以「慈善思維」為基礎的關係。（Austin, 2000）

　　奧斯汀假設有三個層級的關係。「慈善型關係」可演變成「交易型關係」，有明顯的雙向價值觀交流。對非政府組織來說，這樣的關係通常就是要面對企業提出的問題（「對我們有什麼好處？」），猜測正確答案。一開始正確的回覆會是最常見的各種「能見度」。如同我們所見識到的，隨著企業的期望增加，答案就會變得越複雜。

　　奧斯汀將第三個層級稱為「整合型關係」或「變革型關係」，特色為「策略聯盟……深層任務網絡」。本質上，因為雙方要達成一系列的共同目標，企業與非政府組織緊密合作，配合共同的任務，並創立跨越雙方限制的第三方實體，深入整合計畫、行動、學習與改變，這些目標也讓雙方合作，維持夥伴關係。

這是普通關係或夥伴關係？

下表顯示考量企業與非政府組織是普通關係或夥伴關係的關鍵差異。

普通關係		夥伴關係
低	參與	高
外圍	任務	中央
較少	資源	較多
狹窄	範疇	廣泛
偶爾	互動	密切
簡單	管理複雜度	高複雜度
次要	策略價值	主要

我們從自己的研究中得知，建立穩定夥伴關係的重要一步，通常是改變企業與非政府組織之間的動態關係。以下是兩間企業的實例。

福特汽車公司的福特國際義工團主任珍妮特・勞森說：「他們（非政府組織）並不為福特工作，是福特為他們工作。」

現在有一百多位非政府組織夥伴擁有個別的廠商編號，他們可以進入福特的內部志工管理系統，直接將志工計畫放到福特員工看得到的主要行事曆上。

這個線上系統一開始實施是在密西根州的東南部，即福特總部與多數員工的所在地，並階段性推廣到全球，福特的目標是與非政府組織夥伴建立長期關係。

澳洲國民銀行（NAB）承認有上述類似的挑戰，他們表示「要教育我們的事業部門，我們是來此服務社區，不是讓社區組織配合我們的需求」。

NAB與十個地方社區夥伴建立重要的關係，NAB員工的志願服務機會有二成五來自這些夥伴，他們代表各種不同的任務和活

動，包括教育、服務兒童和青年、勞動力發展、公共服務以及環境。

針對上述的十個非政府組織以及提供 NAB 另外七成五志願服務機會的其他 350 多個非政府組織，NAB 會舉辦能力養成工作坊，並就如何有效申請志工、管理專業導向志工等提供廣泛支援。

美國航空（**American Airlines**）是個有趣的實例，他們的志工可以帶頭創立新的非政府組織，這些組織與公司保持密切關係，可能是變革型夥伴關係。以下為他們「志工創業」的故事。

美國航空的志工創業

美國航空（AA）鼓勵並支持員工從事志願服務，員工在創立新非政府組織上扮演重要的角色，以追求他們的優先興趣。一位 25 歲員工在工作旅途中看到兒童需要醫療照護的實際情況，於是在 1998 年創立國際醫療之翼（Medical Wings International）。這個非政府組織在其他員工協助與公司的支持下，安排醫療任務，帶醫生、牙醫與其他醫護人員到拉丁美洲、加勒比（Caribbean）和亞洲的偏遠地區。美國航空的一位空服員創立國際航空親善大使組織（Airline Ambassadors International），該組織從一開始是航空公司員工運用他們的旅遊優惠幫助他人，發展到由積極的航空公司員工、退休人員、家人及其他志工組成的全球網路，他們從事各種人道計畫，包含護送兒童到醫院接受醫療照護、參加運送食物、學校用品與其他實物捐獻的旅程，以及將建築技術引入天災頻仍地區。

1996 年，美國航空員工創立小小奇蹟基金會（Something mAAgic），舉辦基層活動支持願望成真基金（Make A Wish Foundation）並補強公司跟該基金會夥伴關係。小小奇蹟基金會現在也支持佛羅里達州的「給孩子世界渡假村」（Give Kids the World Village，該渡假村是許多罹患嚴重疾病兒童和他們家人的「願望目的地」）以及其他完成兒童心願的組織。美國航空的志

工員工主導小小奇蹟基金會並組織志工活動，包括支援願望的募款活動、幫助準備願望，以及參與實現願望的過程。

⬡ 期望和需要的夥伴關係

雖然沒有保證成功的做法，不過以下是可以考慮的一套準則。

1. 充分了解自己，以便知道對自己最重要、最適合的策略性結盟。

2. 不論是希望擁有廣泛動員、特定專業導向或主管參與的機會，都要清楚知道你想透過夥伴關係為志工活動達成的目標。

3. 非政府組織不知道你的期望，就無法加以實現。為你的夥伴列一張預期目標清單，並詢問他們對你有何預期目標（並認真看待）。

4. 請記住，除非非政府組織的宗旨明定為服務企業，不然他們就不是為了服務企業而存在。不論是安排一次性的服務日計畫，或是確定你的員工志工有機會持續學習，都要了解非政府組織與你合作會帶來的附加成本，並準備好協助承擔這些成本。

5. 敞開心胸向非政府組織夥伴學習，包含他們正在處理的議題、服務的社區和人們、工作方法，以及他們如何看待你的公司。

6. 要有聯合進行規劃的打算。夥伴關係代表一開始就一起工作，不是半途才開始。

7. 溝通、溝通，再溝通。溝通需要付出時間，不過這會是你最好的一項投資。

8. 區別你的夥伴關係，制定各個關係的處理準則，並讓你的夥伴們知道這些準則。有些志工活動可能只是慈善型，有些則屬於交易型。有些是短期計畫（團隊服務日）；其他則會是你想要持續發展的活動。只有讓你的夥伴了解他們的定位才公平。讓對方以為你們的關係比你預想的還要更進一步，這不會對你的信譽有任何幫助。

9. 如果你打算成為在浴缸裡的大象，那就做一頭有禮優雅的大象，不要製造太多麻煩。

✡ 非政府組織請注意
建立期望和需要的企業夥伴關係，應該要知道的事情：

對志工友善

幾年前，我在亮點基金會主導的研究中，想出了「友善志工組織」的概念。

非政府組織：要與企業建立穩固、互惠、永續的志工導向夥伴關係，第一步就是對志工友善。

這個概念和背後想法有很多細節，不過其本質可以歸納為以下五個問題：

1. 你是否有策略地致力於志工的有效參與？
2. 志工的工作是否對達成組織目標有直接貢獻？
3. 組織員工是否準備好、願意並能夠有效管理志工？
4. 你是否會確認並消除障礙，好讓志工有效參與組織？
5. 你是否會傾聽志工的心聲，並向志工學習？

如果對以上任何一個問題的回答是「否」，在試圖與企業成為夥伴前，你必須先作好準備。

如果在極偶然的機率下，你的所有回答都是「否」，老實說，你的問題應該不是夥伴關係可以解決的！

知道自己想要什麼

針對非政府組織邀請企業參與這件事情上，企業抱怨排行榜上第二名就是「他們不是不知道自己想要什麼，就是不知道該如何告訴我們。」（抱怨榜上第一名是員工志工管理不良）

在企業環境中，「底線」很重要是有原因的。從高層設定底線開始，一路往下套用。為了應付「資訊超載」，執行長會發展出種種認知濾網，以便專注於做出最重要、所需資訊的決定。全公司都模仿了這個方法，特別是承受太多外界要求的員工，負責志工服務、慈善活動與社區關係的員工也可能大多是如此。

至少在企業眼中，非政府組織是出了名地想要把組織的整個歷

史、所有計畫，一切的一切，全都向任何有興趣的人傾訴。企業則是希望聽到的夠多，可以了解你的任務和優先考量。企業需要知道你想要從他們身上獲得什麼，還有這對你、正在處理的議題和企業來說有什麼價值。如果你通過了企業的門檻測試，則可以進行對話，並希望能建立夥伴關係，也就會有很多機會來告訴企業更多事情。

知道他們想要什麼

以下是企業對夥伴關係的七大期望。

1. 企業要知道他們能有所作為。企業想要相信參與你的組織是有價值和效益的，而且希望真的能有所作為。你要幫助企業做到並且證明這點。

2. 得到結果。企業一直會衡量與量化成功。非政府組織要做好準備，說明你們知道使用那些衡量標準來掌握執行績效、獲得最終效益。

3. 效率。對企業來說，時間就是金錢。他們想要從付出中獲得最大價值，並盡可能以最少的投資，得到最大的報酬。你要證明你的運作效率。

4. 學習機會。準備好提供、支持員工志工磨練現有工作技能、發展新技能與培養領導能力的機會。如果這麼做會讓你覺得不舒服，雙方一開始討論時，就要說清楚。

5. 妥善管理企業志工。請詳見「對非政府組織常抱怨的第一名」。企業認為他們可以比你還會管理自己的員工。這也關係到確保不會有員工不開心，而不願意再擔任志工，還會影響職場上的其他人。準備好證明你在專案管理與志工管理上的組織技能。

6. 提升品牌形象。企業品牌的能見度與第三方支持很重要。重點在於名聲，要確定企業與你的夥伴關係可以提升企業聲譽。讓企業以與你合作為榮。

7. 企業投資的最佳回饋。影響社區、員工志工的滿意度、達成企業目標的一項資產。底線：清楚表明你可以如何透過夥伴關係，幫助企業達成前述目標。

準備好了嗎？

附錄 A 中，你會看到 28 項敘述和三個回答選項（完全符合；大致上符合；完全不符合）。影印幾張，找組織裡的相關人員，包含董事和員工，或許還有前線志工，坐下來和他們一起討論並完成表格。

儘管這個活動本身可以帶給你一些洞見，但重點不在於「分數」，而是要運用它創造你自己的「時刻」，並激發跟自己的對話，看看是否想要與企業建立夥伴關係。

⬡ 結語：成功的夥伴關係

首先，企業與非政府組織的夥伴關係不只對雙方有價值，對於包括雙方社區在內的各種雙方利害關係人來說，也都有其價值。

第二，透過謹慎規劃，並專注於建立與經營夥伴關係的過程，可以發揮最大的價值。

第三，事實上，任何企業與任何非政府組織都可以建立夥伴關係，並在共同承諾與努力之下，經營成功的夥伴關係。

▶ 採取行動 ◀

就和任何值得擁有的關係一樣，夥伴關係要靠雙方承諾：

· 清楚溝通期望，並解決可能或根本無法共同達成的目標。
· 誠實說明完成議定工作所需的資源。
· 差異與問題出現時，要加以確認並討論。
· 共同評估工作的過程和成果。
· 給予對方誠實、支持性的反饋。
· 敞開心胸學習與改變。
· 規劃共同退場策略，時候到了就心平氣和地結束合作。

如果企業打算將志願服務視為勞動力
發展的策略性資產，從中獲取最大的
利益，企業就必須投資於志願服務，
包含內部有適當人員管理志願服務、
人力資源部門持續主動與積極的支
持，以及提供非政府組織夥伴適當的
財務支援，讓他們能夠成功達到預期
結果。

Chapter 11

11 從做中學

實際上，幾乎所有志工談到志願服務時都會提到這個面向，從「哇，我今天學到新東西」到「那個志工訓練計畫讓我學到新技能」，再到「志願服務讓我用新的觀點，來看待其他人生活的方式與面對的挑戰」。

> 志願服務是與團隊發展基本能力的極佳方法，因為從事志願工作涉及高度複雜的環境。
> 志願服務提供員工機會，讓他們在公司內部展現工作能耐，並成為領導者。
> 志願服務將員工連結到原本蟄伏及公司尚未察覺的潛力。
> ——巴西 C&A 協會（C&A Institute）路易斯・科弗

我們現在有點想停下來，讓上述的深刻見解自己說話。科弗是企業志工管理領域最耀眼的全球焦點人物之一。

但是這麼一來，可就對不起他的見解、在其背後的種種涵義，以及對企業提出的挑戰。

本章將會從理解志願服務是一種建立技能和專業發展的方法，走到面對現實情況的衝突，再接著探討我們可以如何確保那些效益能夠實現。

⬡ 利益與現實的衝突

我們在第五章和第六章引用研究，並運用有趣實例來論證，企業志工是一項資產，可幫助員工提升現有技能與發展新技能，使團隊工作更有效，建立領導能力與獲取有益於專業的新知識。

但是企業在這方面到底做了什麼，與志工服務這項特殊好處的

專業認知之間的相符程度又如何呢？

在 2007 年德勤調查千禧世代的研究顯示，受訪者的期望與他們察覺企業正在做的事情之間有明顯的落差。雖然七成四的受訪者認為志願服務應該用於專業發展，僅有二成八的受訪者認為他們的公司有這麼做。

一年後，德勤（2008）隨機調查全球五百大企業（Fortune 500）的 250 位人力資源經理。結果如下：

• 九成一的受訪者「認同技能導向的志願服務會提升訓練與發展計畫的價值，特別是因為這關係到培養商業和領導技能」。

不過，只有一成六的企業會「常態性地特意提供技能導向的志願服務機會，協助員工發展」。此外，在實際實施這項政策的企業當中，只有一成三的企業提供這樣的機會給所有員工，其他企業則僅提供給管理階層。

我們採訪國際企業的一項重要結論也支持上述的研究結果：

企業對於志工活動有策略價值的口頭宣示，遠遠超過企業在制度化尋求價值最大化方面的實際投資。

不論有沒有上述的投資，企業與人力資源（HR）部門的關係都很重要。在自述有這類積極關係的企業中，人力資源部門至少有一位員工並不認同志願服務是支持他們工作的資產，或是沒有實際作為。以下方格中有更多關於我們採訪國際企業所學到的事情。

與人力資源的夥伴關係

人力資源部門是水平組織夥伴的絕佳實例，可以把企業正視志願服務為一項策略性資產的可能性最大化，特別是為了達成員工參與和發展的目標。

理想的情況是像塔塔集團一樣，人力資源部門的領導者「將志願服務視為發展才能的一種不張揚、有成效、節省成本的方法」。

不過，情況並非都是如此。每家自述與人力資源部門有積極

關係的企業中，至少有一或多位人資員工就是不「開竅」。人力資源的政策和實行措施「妨礙志願服務進展」，或是把「服務日」之類的活動弄得「很複雜」；要不就是沒把志願服務視為個人與專業發展有關的資產。

　　積極夥伴關係是如何建立的？在多數情況下，這是來自努力不懈、謹慎鋪陳志願服務有益企業的理由，使其具說服力、尋找合作共同點，以及持續讓人資部門參與。

　　星巴克成功發展全新社區服務計劃（Starbucks Community Service Program）的關鍵在於「在整個公司結交朋友」。負責建立此計畫的員工著重爭取公司內各部門支持。他們廣邀不同單位提出構想，並且同樣很重要的，是讓提出想法的員工知道他們的想法會如何納入最終計畫設計。這需要有「不怕丟臉」的意願，在分享與改善想法的過程中，邀請並接納批評和改變。

　　孟山都基金會（Monsanto Foundation）在奠定其新志願服務方法的基礎時，致力於建立基金會所需的內部夥伴關係，特別是與人力資源領導團隊的關係。初期會議檢討員工接收到的政策與資訊，從而建立了穩固基礎，在定期更新與共同解決問題時可以持續不墜。

　　以下為其他實例：

　　・卡夫食品：人力資源部門主管擔任「美味大不同週」的主管倡導者。

　　・道富集團：現在企業公民部與人力資源部向同一位主管報告，並共同確認各階層員工的發展機會。

　　・輝瑞大藥廠：人才長（Chief Talent Officer）倡導技能導向的志願服務的價值，強調這是提供人才發展的機會。

　　・迪士尼：正在尋求與人力資源部門合作的新方法，以將志工機會納入所有迪士尼事業部門，幫助員工發展技能。

志願服務是輔助角色，並非替代方案

或許有些人資專業人員反對志願服務，純粹是因為他們覺得，志願服務被吹捧為傳統企業訓練與發展計畫的低成本替代方案，因此對他們產生威脅。

我們必須清楚表明，志願服務「不是」替代方案，反而要將其視為輔助工具。藉此管道，企業可以達成一些訓練與發展目標，但不是所有的目標。

舉例來說，韓國最大的企業三星集團需要能夠與社區有效溝通的員工。三星集團與非政府組織共同從事的志願服務活動，可以搭配內部訓練計畫來提升專業能力，特別是與外界協商和溝通的技能。

另外一個實例是澳洲國民銀行，看看他們如何管理事業部門對於志工服務的期望。舉例來說，事業部門或許會想要把志工計畫替換成其他團隊建立活動。負責企業志工的人員可以引導這些單位規劃半日做服務、半日從事其他團隊的活動。

這是道德問題嗎？

我們必須考慮到人們不常討論的最終現實面。如同我們探討企業志工的社會面理由所提出的，接收企業志工的非政府組織，要負責滿足企業學習、團隊建立與領導力發展等期許嗎？

首先，如果非政府組織鼓勵員工，利用做志工的機會來練習企業不會讓他們在職場上使用的技能，這樣對非政府組織公平嗎？

我想起曾經有位建築師告訴我，志願服務提供他們的年輕員工機會，學習擔任專案經理，「這可是要在公司等上好多年才能做的事情」。如此一來，就會衍生出許多問題，然而在當時情況下，我不便提出這些問題。你會如何讓員工為這類任務做好準備？你會管理或監督員工到什麼程度？當他們犯錯時，你覺得自己要付多大的責任？

或許最重要的是，企業與非政府組織合作的透明化程度為何？企業是否告知非政府組織，這次來執行計畫的志工是要邊做邊學？

非政府組織是否有明確的機會可以說「不，謝了」？如果非政府組織真的拒絕的話，企業願意找有經驗的人來執行計畫嗎？

對於缺乏經驗的員工來說，看起來是很好的學習機會，但對非政府組織來說，卻是極為重要的計畫。至少，非政府組織需要知道他們會獲得什麼樣的人才，又可以預期什麼樣的結果。

第二，企業如果期盼非政府組織挹注其他資源來滿足那些期望，以致於非政府組織得縮減資源以達成目標，這樣是否恰當？企業根據非政府組織有無技能、能力與意願來為他們提供訓練與發展服務，進而評估非政府組織是否值得當合作夥伴，這樣是否妥當？

不只一間企業很驚訝要付錢給非政府組織，換取上述的服務。受訪者說：「畢竟，看看他們得到的絕佳人才。為什麼我們還要付錢讓他們接受呢？」

現實的情況是，如果企業打算將志願服務視為勞動力發展的策略性資產，從中獲取最大的利益，企業就必須投資於志願服務，包含內部有適當人員管理志願服務、人力資源部門持續主動與積極的支持，以及提供非政府組織夥伴適當的財務支援，讓他們能夠成功達到預期結果。

⬡ 前段結語

對社區、志工以及贊助企業有巨大影響力的企業志工活動，都是設想周到、規劃良好且妥善管理的活動，這並不令人意外。同樣地，當計畫有穩健的規劃與管理基礎時，對企業與員工的成長最有利。以下為獲取最大成功的重要概念。記得這些概念會有助於理解本章內容。

• 承諾學習。一開始是承諾利用員工的參與，作為學習資源，再來配合適當策略與運作計畫，貫徹承諾。找出政策與執行上需要做的改變，以落實計畫。

• 認同社區是學習場所。這代表要拋開企業自己「懂更多」的想法，並接受非營利組織、政府機構與民間團體可以對參與的員工

帶來知識、技能與領導能力。

　　‧撥出資源以刺激與管理學習。團隊建立不只因為人們方便共事，也是為了一起反思他們的經驗。確認學習需求，並特意尋找有助於滿足需求的志工機會，大家會有更多收穫。積極想從員工的社區經驗獲得洞見的企業，可以學著改善自己的某部分商業程序。

　　‧建立學習夥伴關係。與能夠支持你學習目標的社區建立持續的夥伴關係。請記得志願服務的首要目標是服務社區，所以學習目標必須保持為次要目標。通常在第三方「中間人」的幫助之下，企業是有可能找到認同員工參與的多重利益並且會給予支持的合作夥伴。

⬦ 成人學習

　　成人有不同的學習風格。有些人透過觀摩、閱讀有結構的內容、嘗試與犯錯來學習，有些人是自主學習，有些人是藉由團體互動學習。

　　設計與志願服務相關的團隊建立與學習機會時，要記得這項重要原則。

　　哈佛大學（Harvard University）的大衛‧庫伯（David Kolb）是學習風格的權威專家，本書的讀者可能做過他的學習風格量表（Learning Styles Inventory）測驗，就像大家都有可能做過邁爾斯-布里格斯性格分類指標（Myers-Briggs Type Indicator）測驗，以了解自己的個性類型。庫柏（1984）指出四種基本學習風格：

　　‧聚斂型（Convergent）──特色為抽象概念與主動實驗；善於解決問題、做決策和實際應用想法。

　　‧發散型（Divergent）──強調具體經驗與反思觀察；善於想像、察覺意義與價值、從各種觀點看待實際情況。

　　‧同化型（Assimilation）──特色為抽象概念與反思觀察；善於將不同的意見歸納成綜合解釋；較少專注於人們，重點放在想法上。

　　‧適應型（Accommodative）──強調具體經驗與主動實驗；

最善於動手做事、執行計畫與任務、參與新經驗。

如果想要進一步了解，可以問問公司的人力資源發展專業人員，他們應該相當熟悉庫柏的著作。

我們的重點為：

1. 上述的學習風格沒有一個是「正確的」。這些「只」是學習風格。人們有不同的學習風格，因此有不同的行為。

2. 人會尋找適合他們學習風格的情境。有些人喜歡有反思時間，有些人則討厭這麼做。有人會直接做做看；有些人會停下來想清楚；也有人會辯論事物的意義。這些情況在工作中會發生，在志願服務中也會出現。

3. 良好的團隊通常混合不同的學習風格。從上段敘述你就可看出，在其中任何一種或兩種類型的人主導的情況下，結果就會截然不同。

4. 因應員工的學習風格，就是實際尊重每位員工，尊重他們可以為當下任務貢獻的不同長處。

◈ 加強知識與技能

在每天生活的眾多情境下，不管是計畫好或自然發生的，人們都會有所學習和發展技能。實際上，幾乎所有志工談到志願服務時都會提到這個面向，從「哇，我今天學到新東西」到「那個志工訓練計畫讓我學到新技能」，再到「志願服務讓我用新的觀點，來看待其他人生活的方式與面對的挑戰」。

企業若想要發揮志願服務所提供的學習與技能發展機會，就要將這些結果特意規劃於志工活動中，這樣最有可能獲得最大成功。

最佳的學習來自於有意識、結構化地提供各種學習機會，包含適當準備、分派有關聯的任務，與安排反思時間。

以下為透過志願服務加強個人學習的訣竅：

‧ 讓員工選擇是否參與公司安排的志工活動，而不是規定參加。

‧ 開發工具，幫助員工確認其學習需求，並尋找幫他們滿足需

求的志工機會。

・提供機會給所有人，不只限於某些員工。限制志工機會管道會削弱團隊建立的效益。

・鼓勵員工紀錄經歷與技能發展過程，作為加強內部履歷的方法。

・將志工經驗視為正式的員工記錄與內部履歷。

・與願意支持志工學習的社區團體建立夥伴關係。準備好支援你的夥伴，提供他們需要的資源，為你做好工作。

・針對能真正影響社區的計畫，建立相關學習機會。

・團體活動要搭配個人參與的機會，以求均衡——不同的人會喜歡不同的活動類型。

提供工具

另一個重要的方法是提供員工工具，幫助他們將志願服務用於個人發展與技能建立。

舉例來說，畢馬威的美國員工事業建立計畫（Employee Career Architecture, ECA），是一套完善的線上資源與工具，讓員工可以查看他們目前的工作角色以及可能的職涯選項，並確認所需的技能與能力。ECA 同樣把志願服務列入個人獲取那些技能的方法，並有實例說明哪類志工角色可以幫助員工發展職業生涯。

以下是這些年來，我們看到企業發展與使用的其他工具：

・工作單幫助確認學習需求。

・能力或特定技能的核對清單，以鎖定發展目標。

・將能力與技能連結到特定志工機會的表單。

・提供簡介，讓員工準備好與尋找志工的社區機構會面。

・地圖在過程中引導員工。

・評估表。

肯定結果

雖然學習或發展新技能可能本身就具有價值，但是在職場上，肯定結果很重要，員工的成就才會有一套制度性記錄。現今的管理

者能肯定員工透過志工服務發展的新技能，這樣很好，但如果沒有任何形式的記錄，未來的管理者不會知道這件事情，這樣就不太好了。

IBM 的員工可以藉由志願服務，獲得公司對技能領域的認證或再次認證，但這並不包含在個人績效計畫中。雖然這是員工發展非常重要的一部分，IBM 將其視為加強技能，因此不屬於年度評鑑的範圍。

如同一些企業所述（請詳見第六章），如果個人志願服務的經歷會影響雇用與升遷的決策，企業就有責任建立適當制度的記錄，讓員工知道這會跟員工永久的工作記錄一樣持續存在。

確實，有些企業鼓勵員工把志工經驗加到內部履歷上，志工經驗是正式的員工記錄。企業可能不會正式評價員工是否有擔任志工，但會確實呈現志願服務的事實。

員工發展的相關問題

幫助員工決定如何將志願服務運用於個人發展需求，員工可以從中受惠。企業應該鼓勵所有未來的志工回答以下關鍵問題：

- 你認為自己有什麼專長能幫助你做好工作？
- 哪類工作最能運用這些專長？
- 你認為自己的最重要發展需求／技能為何？為什麼？
- 你是否認為自己在某些方面需要額外的技術或技能訓練？
- 如果有的話，是在哪些方面？
- 你認為未來五年後自己會從事什麼類型的工作？
- 什麼樣的投資可以幫助你達成上述的目標？
- 你對哪類志願服務有興趣？
- 你會有興趣參與哪些其他類型的計畫或工作？

這份問題清單，是我在近十年前的一篇文章中改寫的，該文章是關於透過志願服務的員工學習，源自聯合利華（Unilever）員工發展的社區服務工具組（Employee Development through

Community Service Toolkit）。聯合利華於 1996 年併購 Helene Curtis，並以 Helene Curtis 原先發展的志工計畫為基礎，推行自己的計畫。

✡ 專業發展

我們在此提到的「專業發展」超越技能發展，進入全人發展的領域。全人發展包含工作的知識基礎、個人價值觀、自我意識、情緒智商，以及面對新認識的人、新情況與場所的適應能力。這是一種精神、概念和實務上的觀念，我們清楚感受到自己在更廣大世界中的定位，以及我們的行動和交流會如何在環境中產生漣漪效應。

「領導力」的確包含在內。不過，這並不只是指領導力的特定技能，也是關於如何學習成為領導者。

專業發展跟個人成長有關。人們在以下情況中會成長：

・情況促使他們創新、從事新事務。
・必須適應新環境。
・無法倚賴往常尋求支援的體制。
・受到挑戰，要做脫離自己舒適圈的事情。
・現有技能受考驗，必須適應不熟悉的情勢。
・失敗了。

生活與工作中有許多事情提供上述的成長機會，雖然不是全部，不過某些形式的志工服務絕對符合。

以下為我們研究中的一則實例：

瑞銀集團（UBS）與瑞士慈善協會（Swiss Charitable Association）合作「改變看法」計畫（Changing Sides）將近 20 年。這是 UBS 中階管理者的進階管理技能訓練計畫，參加者體驗為期一週的「外行人的社會支援角色」，地點包含學校、監獄、福利機構、精神病院以及年長者安養的阿茲海默症（Alzheimer）中心等等。這個計畫是

要「帶人走出他們的舒適圈」，最後報告他們的參加經驗和如何將經驗應用於管理工作，參加者需要回答的問題像是「服務瀕臨死亡的人時，何謂成功？」

管理者獲得機會從新互動中學習，他們對新環境很不熟悉，而且可能一開始會覺得很不自在。

上述體驗是正式管理訓練計畫的一部分，因此員工可能就不是自願參加了。不過，這項體驗涵蓋了一項關鍵特點——反思，這對安排專業發展的志工活動的人員來說，至關重要。

在此，反思的形式是經驗回顧以及經驗應用於管理的挑戰。想想看，單是回答這個問題，「服務瀕臨死亡的人時，何謂成功？」就得做多少思考。想想這樣的經驗——不只是提供服務，還有對經驗的反思，以及對問題的回應——會給你留下什麼影響。這會讓管理者用嶄新的角度，來看待他們在職業生涯中經常得做的尋常決定。

思考是經驗學習的關鍵要素，也一直是年輕人在服務學習上的必備要素之一。服務學習的要素包含準備、執行、反思、實踐反思結果。

多倫多了解價值（RealizedWorth，另一個將兩個字合併的組織名稱）諮詢顧問公司的克里斯‧賈維斯（Chris Jarvis, 2011），經營關於企業志工的部落格，內容總是有趣且富有挑戰性，他提醒我們「沒有反思就沒有益處」。

以下是另外一個實例，來自我早期的工作及記憶。

幾年前，位於倫敦的帝亞吉歐實行一項計畫，將他們的主管與非政府組織的主管「配對成組」，讓他們互相學習與輔導。此計畫的重要概念為「互相」。配對成一組的兩位主管，每年見面六到八次，針對長期策略議題以及當前的計畫與挑戰，雙方分享經驗與替代方案。

這個實例點出經驗的「相互性」。此計畫認同企業參與者可以學習非政府組織人員的經驗，在概念與規劃上讓環境更公平對等。

不過對雙方來說，部分的挑戰在於如何實際創造出這樣的環境。企業參與者要敞開心胸，向工作觀點不同的人士學習；非政府組織的參與者則是不論心情如何驚慌，都要與他們來自企業的夥伴進行這類對話。

以下是最後一則實例，同樣來自我們的國際企業研究。

SAP 重視「團隊建立活動」，目的在建立團隊，也在於有機會運用不同的方式、在辦公室以外的地方評估他們的「志工大使」（通常為表現與潛能位居前百分之十的員工）。計畫是由「主管主持人」發起，與企業社會責任人員合作，他們會提供運作細節的諮詢，並幫忙找到社區夥伴。他們也會幫主持人者做好準備，跟參與者進行反思與經驗回顧。

這個實例的重點在於主管參與。SAP 特意尋找「能快速執行成功」的員工，擔任公司的實地志工領導者，他們為志工活動提供所具備的能力、領導技能與可靠性。這些大使有機會在公司主管的監督之下表現自己，並接受評估，因此相關風險就超越了計畫本身成功與否。SAP 也充分重視反思與經驗回顧，公司會讓主管倡導者，而不是大使，做好準備並帶領這兩項活動。

SAP 同樣也強調人們不會因為已升到事業「高層」（或接近高層的地位）就停止成長。如同我們在第九章所提到的，社區參與可以同時是個人與專業生活中，重要且持續發展的一部分。

高階管理層的發展需求有所不同，生活的現實面侷限了他們的選擇。高階管理層的志工機會，除了象徵性的年度「服務日」，還要符合他們的興趣，以及善用他們技能與人脈的實際角色。這不只是企業志工的管理者所面對的挑戰，對企業內部的主管／專業發展的負責人來說，也是一項適度的挑戰。兩個領域的管理者值得發展夥伴關係。

◈ 幫助組織學習

為了本研究計畫，我非常希望採訪塔塔集團的其中一個原因，

是因為我從他們的出版物中讀到了一段敘述（Tata 2008）：

> 安排志願服務最大的收獲，是志工在社區了解深層議題後，帶回他們所學到的事情。關鍵重點是要淬練出這項學習資訊，並在整個組織中宣達。
>
> 協調者在這方面扮演重要角色，分享的故事不只包含志工所做的事情，還有志工在整個志願服務經驗中的學習。
>
> 有很多實例證明，志願服務可以影響公司營運的觀點或做法，這個學習對整個「永續性」概念來說至關重要。

在我們的研究中，僅有極少數公司能指出他們做了什麼刻意安排來學習員工的志工經驗，將學習帶入公司的主流行為，並在代表公司付諸實施，塔塔集團是其中之一。

這類學習有些可以稱為概括性背景知識，這類學習對企業可能不會有立即可見的效果。

舉例來說，西班牙電信的志願工投入課後活動，並支持公司拉丁美洲促進兒童發展計畫中（Proniño initiative）的教師與社工。志工見識到社區真實面以及教育體制下年輕人的發展實況。隨著時間推移，西班牙電信可以得到新洞見，有助於他們改善勞動力發展、招募與訓練的方法。

有些學習則可能對企業會有特定應用範圍。

富士通集團（**Fujitsu**）的一切從「富士通之道」（Fujitsu Way）開始，結合願景、價值觀、行動準則與規範，以及這些要素與企業政策連結的方法。富士通致力於「綠色 IT」，對創造繁榮、低碳的社會做出貢獻。志願服務是富士通員工體現那些理念的方法之一。對富士通而言，員工個人很重視志工活動，但更重要的是，「員工了解如何運用志工思維，創造環保產品，透過志願服務，員工會持有一種足以影響他們工作的特定觀點」。

其他實例：

- 輝瑞大藥廠發展各種方法，特意向全球健康夥伴（Global

Health Fellows）學習，同時了解夥伴觀察和學到的事情。一位事業部門主管在培訓期間向夥伴提出挑戰，要他們在這段時間內找出三件值得注意的事物，再向他回報並提出經驗反饋。

‧陶氏化學（**Dow**）至少有一個產品發展實例，是源自永續志工團（Sustainability Corps）某志工在肯亞的經驗。

‧在福特汽車公司，志工想出了行動餐廚的點子，回應沒有食物銀行或供食計畫地區的近期失業人民的食物需求。

‧渣打銀行把志工的故事分享給各分行，因為當地知識是業務成功的關鍵。

從48個訪問中，我們清楚了解到，向員工志工學習進而幫助企業，這類方法還停留在發展初期，這是尚未開發的重要資源，值得更多的關注。

企業的學習必須具備良好的概念、計畫與管理，以取得最大的投資回饋。

採取行動

以下是能讓企業學到最多的七種方法。

1.制訂清楚的管理政策，以利用志願服務建構企業對社區的知識。

2.要讓員工知道，企業希望學習他們的經驗，員工可以選擇分享經驗、見解與學習到的事情，並不是命令他們分享。

3.企業確認主要關心的議題，並創造機會讓員工擔任志工來處理這些議題。

4.制定機制與方法，從員工的社區參與中學習──焦點小組、經驗報告會議、服務心得報告、線上調查與員工部落格。

5.設法傳遞這些學習資訊給最需要的員工，對象可能是管理人員，也包含產品開發、溝通、行銷與外部關係等部門。

6.如果學習的目的是要影響企業政策或實務做法，企業要讓

擔任志工的員工知道這一點，使員工因為他們的分享受到重視而更積極投入。

　　7. 把派遣志工到接受企業金援的組織服務的機會，視為評估效益的一種方法，項目包含從該項援助中獲得的學習，以及其他的企業與社區利益。

SBV 是有意識地運用專業、工作與技
能於個人的志願服務。越來越多關於
SBV 的文章提及，跟那些假定不需要
特定技能、不需要專業技能的「傳統
志願服務」或「實際動手服務」相比，
SBV 是有所不同的。這個說法顯然曲
解了志願服務根本的意義。

Chapter 12

12 技能導向與跨國界志願服務

我們非常刻意地選用「跨國界志願服務」一詞，而不是可能聽起來更令人振奮，但意思卻有失精確的「國際企業志工」。

跨國界企業志工活動仍處於發展初期，相對來說，僅有少數企業在執行相關的重大計畫。這些計畫往往十分符合企業的商業利益、企業文化以及員工的特定技能。

兩種形式的企業志工，一種可回溯到此領域的源頭但已再度興起，另外一個是「最先進」、目前「最熱門」的形式。

本章將會探討技能導向的志願服務（Skills Based Volunteering, SBV）與跨國界志願服務。我們會檢視兩者的優點、潛力，以及限制兩者在這個領域中接受度和成長空間的種種威脅。

兩者有密切關聯，跨國界志願服務實際上一直是技能導向。我們知道企業不太可能支持其志工跨越國參與一日服務之類的活動，除非國界就在旁邊，並且容易跨越。因此，我們針對 SBV 的討論也大都適用於跨國界活動。

✡ 技能導向的志願服務

關於技能導向志願服務的沿革，基本上這類志願服務一開始就存在，總是有在做而現在有新發現，更新後整合納入現今企業志工的策略性方法。

一開始稱之為「借調人員」，不過過去的敘述方式到現在仍普遍適用：

> 各地的企業實際將其員工的技能、才能與時間，借給各種公家（政府）或私人（非政府組織）機構。員工個人有機會展現技能並學

習;企業與社區都受益於利用人才,創造更好的社會和自然環境。
(Allen et al. 1979)

如今,SBV 的支持者主張,這應該成為企業與其員工擔任志工
方式的核心。這些支持者提高了 SBV 的能見度,增加人們的興趣,
並導引出有關 SBV 效益的新知識。

SBV 同時也引發焦慮,有些企業認為 SBV 沒有完全滿足他們的
需求或員工的興趣,企業還可能需要做出超越他們準備程度的投資。
我們訪問的一間企業表示:「SBV 火車已經離站,我們沒有搭上車。」
但是,他們真的不確定自己該不該、想不想、能不能搭上車。

SBV 的確是具啟發性的實務做法,但光是因為 SBV 變成越來
越受注目的「最受歡迎實務做法」,就將其崇拜為「最佳實務做法」
是有危險的。

何謂 SBV?

SBV 是有意識地運用專業、工作與技能於個人的志願服務。越
來越多關於 SBV 的文章提及,跟那些假定不需要特定技能、不需要
專業技能的「傳統志願服務」或「實際動手服務」相比,SBV 是有
所不同的。這個說法顯然曲解了志願服務根本的意義。

這會給人一種印象,就是在今日「發現」SBV 之前,全世界
的志願服務只有給柵欄上油漆和種樹。我必須承認,這兩項工作
都需要真正的技術呢,只要看看我家花園的模樣就知道我沒那種
技術!

有些對 SBV 的敘述,把 SBV 限制在為接受服務的非政府組織
建立能力,這會侷限 SBV 技能的範圍。我們接下來會主張,這是一
項重大的策略性錯誤,因為這會縮限 SBV 對社區、志工與企業的潛
在好處,並可能削弱員工的支持。

澳洲的艾倫諮詢集團公司(Allen Consulting Group,與我本人
無關),2007 年為澳洲國民銀行準備的報告指出幾種「建立能力與
傳授技能的活動模式」。以下為基本模式:

・一次性計畫——簡單實例：協助主持規劃會議、教導如何改善使用社群媒體、傾聽問題並給予建議。

・規律的持續性承諾，允許志工付出短期時間——艾倫諮詢集團公司舉輔導為例，青年成就（Junior Achievement）也是一例；或是需要投入一次以上的情況，如管理非政府組織的策略規劃流程。

・參與非政府組織治理，加入董事會或類似組織。

・全職調任於非政府組織——暫時轉到非政府組織，負責某項工作或擔任某個職位，代替組織履行特定職務或完成重大專案。

這是志願服務嗎？

這個問題困擾了這個領域數十年。如果企業必須指派員工到非政府組織負責全職工作，並希望這位員工對其分派的任務有所熱忱（但可能沒有），這樣是「志願服務」嗎？

當然也可以說，在這個情況下，進行志願服務的是企業而非個人，這個論點出現很多年了。

另一方面，還是有可能改變態勢，開放機會讓員工自我推薦，接受調任或類似任務。企業可以讓員工知道有哪些計畫，以及完成計畫所需的技能，並確保參與其中並不會威脅到他們的員工地位。

我們將在第十六章更深入探討定義上的問題。

受歡迎的原因

現在對 SBV 的價值已有以下普遍共識：

・企業增加對特定問題影響力的一種方式。

・非政府組織與社區能力建立的一種資源。

・員工參與、發揮工作技能的一種方式。

・員工練習現有技能並學習新技能的一種機會。

IBM 企業公民部（Corporate Citizenship and Corporate Affairs）主任戴安・梅麗（Diane Melley）就告訴我們，他們提倡 SBV，「因為對社區與員工來說，SBV 是最有價值的活動」。

提出現實面

德勤倡導 SBV 可說是領先業界、頗具成效，實實在在的典範。有趣的是，德勤志工影響力報告（Deloitte Volunteer Impact Survey）指出，在面對 SBV 的普及化時，我們會遇到一些現實問題與限制。

在 2006 年研究中（Deloitte, 2006），德勤訪問了非政府組織的領導者與「白領階級」（辦公室和專業）的美國勞工。這兩個群體都認同，職場技能對非政府組織來說極為重要。近九成的非政府組織領導者極度或非常重視這些技能；七成七的受訪者同意，他們的組織可以從「專注於改善企業實務的企業志工活動」中受惠。

德勤 2009 年的調查也得出類似的結果，當他們問到，如果你能夠免費取得合約或諮詢資源，你是否能增加組織的社會影響力時，九成七受訪的非政府組織表示同意。

看起來是有行情的，不過……在同樣的 2006 年研究中：

· 超過六成受訪的非政府組織表示，他們並沒有跟任何提供志工的企業合作。

· 只有一成二的非政府組織「通常會讓任務符合特定職場技能」。

· 只有一成九的受訪志工表示，他們的職場技能是他們主要提供的志工服務。

以及 2009 年的研究中：

· 二成四的受訪非政府組織，並沒有計畫使用技能導向志工或是免費專業服務。

· 五成的企業捐贈者（擁有資金的一方）沒有以提供技術性志工的方式支持非政府組織。

為什麼報告結果會有所差異呢？ 2009 年的調查提供了一些有趣的答案。

第一個答案是令人難忘的一句話，「我要看到錢」。研究發現，非政府組織的首要支援考量就是財務支援。另一方面，雖然八成受訪的企業提供財務支援，只有一半是用於 SBV。

　　德勤（2009）也發現，「非營利組織與社團法人的能力及文化比較能勝任獻金的籌募及管理，而不是志工管理」。受訪的非政府組織志工管理者的經驗比募款對象來得少；幾乎有四分之一沒有專人負責管理志工。「超過一半（57%）的非營利組織表示，他們缺乏有效佈署大量志工所需的基礎架構」。

　　如果這是某個志願服務最先進國家的情況，世界其他地區的情況就好不到哪裡去了。

企業內部障礙

　　在我們與國際企業的訪談中，我們找到企業內部提升 SBV 數量的四道障礙。

　　1. 員工的興趣。「我的員工擔任志工的時候，並不想要使用他們的技能。他們想要種樹和進行其他一次性計畫」。這是在參與志願服務的企業中常見的情況。員工可能偏好發展與工作無關的新知識或新技能的活動，因為這會建立新社會連結，或者帶給他們個人滿足感——反而不想要使用他們的職場技能，或是不希望活動跟平日工作有任何關聯。

　　2. 資源需求。若要工作成效最佳並發揮最大影響力，SBV 必須具備某些形式的專屬個案管理，以利與非政府組織建立夥伴關係，後者將接受並管理志工、設定計畫、塑造特定機會、挑選與準備志工，以及確認承諾的工作能滿意完成。這會需要企業內部投資、外包給擔任中間者的非政府組織或顧問等重大投資，以至於較大型 SBV 計畫是許多企業望塵莫及的。請閱讀「澳洲國民銀行管理 SBV 的方法」，這是一個絕佳實例，證明可以如何透過建立非政府組織夥伴的能力來執行 SBV。

　　3. 時間限制。如果是在帶薪服務時間政策的框架下執行 SBV，可用的時間、及可以執行與完成的活動種類都會受到限制。

　　4. 規模限制。由於資源上的限制，SBV 機會可能只會提供給人數相對有限的員工。

　　我們想在此增加第五道障礙：**技能定義的限制**。企業很容易會馬上考慮到白領階級的員工，或許只有想到少部分的員工，因為他們具備的技能可以影響社區或非政府組織。

　　我們對於可應用技能的看法變得狹隘，有可能會縮小潛在志工的來源範圍，並限制員工可以擔任志工的整體參與。長期來看，這將會逐漸削弱員工對企業志工活動的支持，因為有太多員工被晾在旁邊當觀察者。

　　請仔細閱讀下方的「何謂技能？」。一邊閱讀，一邊反思你是如何思考公司能夠提供給非政府組織的可用技能。

　　某家企業的觀察是「我們還正在試著了解 SBV 模式」時，這並不表示 SBV 未來沒有高度發展潛力。不過這個確實強調企業面臨到的現實挑戰，也就是讓 SBV 成為廣泛執行的實務做法。

　　不幸的是，SBV 受到「大肆宣傳」和關注，實際上很可能出現的一種危險，就是企業會選擇把資源集中在 SBV 上，犧牲掉能讓更大範圍員工參與的其他志工活動。

何謂技能？

　　或者，更確切來說，什麼樣的員工技能可以影響社區？這些技能並不永遠是專業與技術性技能。請思考以下實例：

　　迪士尼深知所有技能都有可能嘉惠社區。他們可以想像動畫師幫忙教導兒童繪畫，或者他們的「才華」展現在社區活動上，或者主題樂園景觀設計師協助打造出漂亮的非政府組織場所。

　　萬豪國際飯店的志工活動大多符合其事業內容，在健全的環境下，提供避難所、食物和工作。不管是工程師擔任仁人家園（Habitat for Humanity）的志工，或是飯店經理擔任當地非營利組織的董事。萬豪志工所展現的技能，都跟他們每天工作運用的技能一樣。

　　C&A 店鋪的員工展現他們作為銷售人員的技能，幫忙安排

非政府組織衣物銷售與義賣市集，教導組織如何展示與管理商品，以及管理資金的方法。

現代汽車的前海軍陸戰隊員工，運用他們個人的潛水技能，清理河川以及從事救援活動。

損害保險日本興亞（**SOMPO**）有六成收入來自汽車保險，他們經營公司授權的汽車索賠與維修中心。這些中心的員工與 SOMPO 的員工時常一起從事志願服務，參與由負責公司志願服務業務的地球俱樂部（Chikyu Club）組織的輪椅維修計畫。

FedEx 技師使用其核心技能，為奧比斯（Orbis International）的「眼科飛機醫院」（Flying Eye Hospital）服務。

澳洲國民銀行管理 SBV 的方法

澳洲國民銀行（NAB）認為 SBV 會對服務的組織與志工有更大的影響。他們設定的目標是，2010 至 2011 年要有一成五的員工從事技能導向的志工服務，而當時在 2009 年至 2010 年間有 8% 的技能導向志工。澳洲國民銀行看出主要的挑戰在於使 SBV 成功的必要投資，特別是可以和非政府組織協商的員工，以了解他們的計畫範圍、管理服務配對，以及執行必要的後續追蹤與評估。

為了更有效地從事志願服務，澳洲國民銀行與澳洲志願者協會（Volunteering Australia）建立夥伴關係，這個協會是國家志工中心。他們共同設計工具，幫助非政府組織準備並管理技能導向的志工。他們的「建立技能志工服務角色」（Creating a Skilled Volunteering Role），帶領非政府組織一步步評估其需求、志工機會的定義和工作說明的準備。「技能登記簿」（Skills Register）支援這個程序，分類澳洲國民銀行員工的工作角色任務，確認員工提供的技能，以及使用適合社區團體的敘述表達。

「管理技能志工服務角色」幫助非政府組織準備訪問潛在的

志工、計畫介紹與訓練,並清楚表達希望的工作結果與重要進度里程碑。

非政府組織的障礙

無國界銀行(Bankers without Borders, BwB)為鄉村基金會(Grameen Foundation)的全球志工計畫。當香農・梅納德(Shannon Maynard)成為該計畫的主任時,她的目標是創立策略性、集中式的架構,透過這個平台讓技術性志工參與,取代現有的臨時性安排。

在兩年內,在領導企業夥伴摩根大通(J.P. Morgan)的重要支持之下,BwB 快速成長。他們有新的管理軟體,建立於 Salesforce.com 平台上;他們的資料庫中有將近 7,000 位志工;三個地區各有計畫主任;發展數個結構性企業夥伴關係;完成的計畫數量穩定增加。BwB 回應鄉村基金會的內部志工需求,並透過一系列的夥伴關係,服務世界各地的微型融資機構。

BwB 成功的故事

BwB 的香農・梅納德與泰勒・羅賓森(Taylor Robinson)以這個故事為例,告訴我們,他們是如何讓技能導向志工處理世界上最窮人民所面對的嚴重問題,即缺乏安全飲用水。

在摩根大通員工透過 BwB 的幫助之下,位於印度的達能共同基金(danone.communities)創立了加速提供偏遠窮人獲得安全飲用水的商業模式。

摩根大通的志工當時可以幫忙達能共同基金的專案和商業計畫。在孟買的一位投資銀行家,利用他在合併與收購的經驗,以及對當地經濟環境的認識,幫忙建立這項事業的架構。在這位銀行家的幫助之下,達能共同基金預期五年到六年內,會有四百多萬人將可用他們負擔得起的價格,取得安全飲用水。

達能共同基金發展的關鍵要素，是在非政府組織的志願服務中，所謂的「常見路障」作出回應。

BwB 的一份報告，巧妙題名為〈志工主義：舊觀念，新商業模式〉（Grameen, 2010），其中寫道：「最大的障礙並非直接跟志工本身有關，反而是跟主辦組織處理志工的心態與方法有關。」

他們指出非政府組織內有效志願務的八大路障。針對每道路障，他們發展出特定回應，亦即減輕路障阻礙的行動步驟：

- 認為志工是免費服務的錯誤觀念。
- 缺乏事前規劃。
- 計畫管理不良。
- 陡峭的志工學習曲線。
- 無法分派工作。
- 過去曾有糟糕的經驗。
- 非政府組織人員苦於找尋適當的志工。
- 沒有志工價值的可量化證明。

採取行動：如何回應 BwB 確認的路障？

請再看一次無國界銀行所確認的八道路障。

如果你是站在非政府組織的立場，問問自己這些路障是否真的存在。當你確認真的有路障時，考慮你可以採取的特定行動，以面對和解決障礙。這可能代表你要關注人員發展（同時包括他們對志工與志工管理技能的看法）、採用新政策與實務做法，以及投資於組織管理與建立夥伴關係。

如果你是站在企業的立場，問問自己跟志工夥伴是否正面臨到這些路障。如果確實如此，你可以勾勒出什麼可行方法，來面對這些問題？有可能需要開始敞開心胸，與非政府組織進行對話（不是要責備對方「你就是這裡做錯了」），協助他們發展並執行行動計畫，以移除阻止志工有效參與的障礙。

專業人士的反對

CDC 開發解決方案（CDC Development Solutions）的總裁兼執行長迪爾德麗‧懷特（Deirdre White）針對常見國際發展世界反對志工的情況提出有趣的觀點。她指出四個可能的抵制／反對來源（White, 2011）。

• 覺得「一分錢一分貨」，如果你不用有任何付出，那麼……。

• 相較於對支薪顧問的可控制程度，非政府組織害怕對志工的管理控制將會較少。

• 使用「公益旅行」來形容跨國界 SBV，因此會給人一種印象，就是「旅行第一，工作其次」。

• 「原本就不相信志工的動機」。

她以令人信服的方式，談到一直存在於志工世界的障礙，就是支薪專業人士對志工的抗拒。

我曾經領導過一項研究（Allen, 1992），探討為什麼有些非政府組織在志工參與上，會比其他組織更有成效，我們了解到這類抗拒是複雜的，而且常常深植於助人專業人士的訓練與心態。這是專業認同的問題。簡單來說，「大致未受訓練的志工，怎麼可能把我的工作做得跟我一樣好？」

這個問題的回答並不是「志工管理訓練」。這個問題攸關專業發展，以及在許多環境下的組織變革。

專業人士抗拒志工的問題，比我們可以在此討論的還要複雜許多。請閱讀以下方格，了解如何處理這個問題。

採取行動：準備好處理對志工的抗拒

以下為學習重點：

請注意你可能會遭遇到的抗拒，是來自跟你的技能導向志工最直接共事的專業人士。

如何回應？首先，請記得 BwB 所寫的：「最大的障礙並非

直接跟志工本身有關，反而是跟主辦組織處理志工的心態與方法有關。」重點是要讓志工對發生這樣情況的可能做好準備，並使他們了解這並不是他們個人的問題。

很多專業人士非常理解這個情況，我記得訪問過護士，他們在醫院值班過後，到社區醫療診所擔任志工。不管志工的工作對他們的專業地位或角色如何不具威脅，他們還是堅決反對讓志工進到病房做任何工作。

問問你的志工，如果有人跑到他們的工作場合去「幫助他們」，他們會做何感想？此外，如果即便他們反對，管理者還是想要促成，他們該如何處理這個情況呢？

第二，跟你的非政府組織夥伴事先討論這個問題。雙方協定最好的處理方法，志工可以如何自在地分享經驗，以及在解決這個問題時如何支援志工。

跨國界成功實例帶回故鄉

輝瑞大藥廠的主要 SBV 是其全球健康夥伴計畫。基於該計畫的成功，輝瑞在他們經營業務的社區中，展開團隊導向 SBV 的新試辦計畫。輝瑞期望藉此證明較短期計畫的價值，並使更多員工參與志願服務，與當地非政府組織共事。

以康乃狄克州的格羅頓（Groton, Connecticut）為例，輝瑞研究與發展中心有兩組六至七人團隊與當地醫療照護非政府組織合作，服務阿茲海默症病患與他們的家人。此計畫用來加強服務輸送，在為期三個月的過程中，每位成員承諾每週服務三至四小時。

負責當地社區關係的一名公司員工監督整個計畫，跟包含人力資源和研發代表的團隊合作，規畫參與方法，確認與挑選非政府組織夥伴和團隊成員。由一家中間組織、輝瑞和非政府組織共同制定計畫範圍，評估整體進度與成效。

◈ 跨國界志願服務

我們非常刻意地選用「跨國界志願服務」一詞，而不是可能聽起來更令人振奮，但意思卻有失精確的「國際企業志工」。

FSG 社會影響諮詢顧問（FSG Social Impact Advisors）的絕佳報告〈志願服務發揮影響力〉（Volunteering for Impact）中，將國際企業志工定義為活動，「讓員工參與企業總部所在國以外國家的服務計畫」。FSG 社會影響諮詢顧問描述了兩個模式：「當地服務」是企業總部所在國以外其他國家員工執行的志願服務，以及「跨國界服務」是「員工出國從事志工服務」。（Hills and Mahmud, 2007）

CDC 開發解決方案（CDC Development Solutions; Hurley, 2010）在其國際企業志工主義調查中，使用相同的基本方法，利用「國內」與「跨國界」（通常志工不會居住的地區）來定義志願服務。

如果上述區別沒有在討論中持續沿用，就會產生問題。舉例來說，宣稱「跨國界企業志工」是一種新模式沒有錯，因為確實處於剛開始階段。不過，針對「當地服務」或「國內」活動，剛剛的說法就不對了。

GCVC 研究的整個重點，確實是要強調全球企業志工的廣度與範疇，以及國際企業對發展全球志工活動的重大投資。儘管全球企業志工的發展「晚於」企業總部的國家計畫，但這些活動已經出現超過二十年了。

在 GCVC 研究的最終報告裡，我們誤用了「國際志願服務」一詞，而不是更準確的「跨國界」。嗯，是的，沒有人不會犯錯。

所以，我們要明確地說，本章談論的是「跨國界」企業志工，員工志工從他們居住的國家到另一個國家從事志願服務。

跨國界企業志工活動仍處於發展初期，相對來說，僅有少數企業在執行相關的重大計畫。這些計畫往往十分符合企業的商業利益、企業文化以及員工的特定技能。

IBM 的企業服務團（Corporate Service Corps）顯然是這個領域

的全球先驅，除了他們這個絕佳實例外，其他這類計畫的規模都相當小。因為旅行、生活、計畫管理和志工不在時，「職務代理」的高額費用，所以僅有少數員工可以參加。

　　因此，跨國界志願服務可能還是一項「利基」活動，具有高度潛在影響力，但範圍有所限制。

　　我們研究中有五間國際企業致力於打造重大、持續的跨國界計畫，包含 **BD**、陶氏化學、葛蘭素史克藥廠（**GSK**）、**IBM** 與輝瑞大藥廠。我們從他們的經驗當中，確認出七項共同特點。

　　1. **符合企業能力**。每個實例都很明顯符合企業的核心能力——IBM 藉由創新科技解決問題；BD、GSK、輝瑞各自運用他們在醫療照護上的專長；陶氏化學則提出 2015 年可持續發展計畫和人類元素（Human Element）計畫等定位。

　　2. **技能導向**。所有企業的計畫都明顯運用員工的專業技能與工作經驗。輝瑞讓整個公司具備醫療與商業專長的同事參與其中；IBM 不只有 IT 及其他事業部門的技能專才，還有主管專注於都市管理的問題上；陶氏化學員工的專長領域，包含 IT 發展、供應鏈科技、財務管理和策略規劃。

　　3. **專注問題**。輝瑞的全球健康夥伴計畫用來改善世界各地服務不足社區的醫療照護；IBM 的企業服務團目標是專注於「社區推動的經濟發展計畫」；BD 的志願者服務行（Volunteer Service Trips）與 GSK 的 PULSE 計畫目標是改善醫療照護系統；陶氏化學更廣泛針對重大的全球發展挑戰。企業鎖定問題後，可以明確定義計畫的範圍、吸引具備適當技能的志工、發揮企業內部的各種資源，以及與領域中的非政府組織建立長期夥伴關係。

　　4. **領導力與技能發展**。這類計畫顯然是在培養企業的未來領導者。GSK 的 PULSE 志工相信該計畫提供機會使用／發展六項重要的「GSK 行為」，特別是建立關係與彈性思考。IBM 將自家計畫視為「21 世紀商業的學習與創新實驗室」，有助於員工更加了解世界

現實層面的複雜性,以及跟多元文化團隊工作和領導團隊。陶氏化學計畫的其中兩個關鍵驅動力為員工參與,以及提供「獨特的領導力發展經驗」。計畫幾乎是以團隊為主,因為團隊吸引世界各地的員工,並提供在多元文化環境下工作的機會。

5. **過程嚴謹**。這些企業認真看待他們的計畫,並以高標準管理計畫。舉例來說,陶氏化學試辦了四項前導計畫,因為他們看到必須用策略性方法把適當的基礎設施安排到位,並讓計畫機制更有組織。

對志工來說,一開始是正式的申請與遴選過程,通常志工會激烈競爭有限的名額。每間企業都會有相當的事前準備,運用虛擬與親自會面的機會,讓志工分享知識和合作。企業也都有明確的政策,為計畫提供人力資源架構,誰負擔什麼費用、如何安排「職務代理」員工、志工的工作保護等等。

6. **夥伴關係**。沒有企業會說只靠自己就可以執行計畫。企業會密切合作的非政府組織夥伴,都是能證實自己有專長,並具備實際組織和管理跨國界志工計畫的廣泛經驗,從了解需求和挑選當地主辦者,到志工抵達時的文化訓練,以管理整個國內過程。

7. **學習**。跟此研究中所看到的任何其他類型計畫相比,企業在跨國界計畫上會更特意想學習員工志工的經驗。波士頓大學公共衛生學院(Boston University School of Public Health)針對輝瑞全球健康夥伴計畫的影響力,進行外界評價和年度報告,並評定夥伴的表現和能力建立的影響。IBM 跟哈佛商學院合作,後者擔任 IBM 的獨立評估人員,使 IBM 了解自家計畫對志工、服務的社區和企業的影響。IBM 期望部署後的兩個月,志工能「反思、學習和應用」,在企業內外評估與分享他們的經驗。

GSK 在志工回來六個月後,進行內部調查,學習志工對服務工作的看法,以及參與志願服務對他們的價值。BD 委派企業公民部研究在迦納的三年志工服務計畫。BD 的非政府組織夥伴在服務之行後會持續更新進度,志工也接受服務經驗回顧訪談。陶氏化學在

計畫結束後持續追蹤所服務非政府組織的情況，不只包含計畫目標本身是否達成，還有目標所代表的意涵，是否按照建議執行、成果增加、非政府組織獲得更多資金、改善服務輸送的品質？

其他模式

採訪的國際企業當中，有許多不同的跨國界志願服務。以下為四個模式。

西班牙電信的 Vacaciones Solidarias（團結服務假期）計畫讓世界各地的一百位員工，擔任公司每年促進兒童發展計畫的志工，對抗拉丁美洲的童工問題。西班牙電信每年從申請者當中挑選六百位志工，他們利用自己的假期時間，並負擔自己的伙食，公司則支付旅費、住宿和計畫費用。多達十個國家的非政府組織夥伴提出專案計畫。這個計畫是由在西班牙的員工提出想法，並直接發展而成。

美國航空（**AA**）可能會發現他們比大多數其他企業更容易從事跨國界志願服務，因為他們有立即可用的方法載送志工到不同國家。透過員工創立的國際航空親善大使組織（Airline Ambassadors International）與國際醫療之翼（Medical Wings International）這二個非政府組織，美國航空的志工可以組織和參與醫療任務、護送兒童到他們家鄉沒有的醫療中心，親自提供人道援助。為了因應天然災害，美國航空員工可以利用他們享有的旅行，優惠協助當地的非政府組織，待在國內的員工志工則安排募款活動，並收集實物資源。

禮來公司的心連心海外親善大使計畫（Connecting Hearts Abroad）提供兩百位員工一年兩個星期的有薪假，去參加非洲、亞洲、東歐和拉丁美洲的志願服務與文化洗禮之旅。禮來從世界各地營運處挑選志工，組成多功能、多國籍的團隊，並與跨文化解決方案（Cross Cultural Solutions）建立夥伴關係，提供機會「到公司外面，更加了解服用我們藥物的大眾」。

富士通持續專注於環境永續性，安排到婆羅洲（Borneo）的年度種植之旅。員工自行負擔費用，綜合運用公司的「志工假期」與

個人休假時間。在一萬名員工的財務貢獻之下,富士通建立了富士
通集團環保森林公園。

　　富士通的志工在婆羅州種植超過 37,500 棵幼苗。公司也提供在
日本的員工休假年計畫,讓他們可以參與政府舉辦青年海外協力隊
計畫(Japanese Overseas Cooperation Volunteers),並保證他們回來
後有工作。每年有一或二名員工參加此計畫。

⬡ 結語:創造「特別感」

　　人們會很容易喜歡上 SBV 與跨國界志願服務。

　　兩者皆具備合乎情理的道理,即影響力必須大於「傳統志願服
務」,因為這兩種志願服務模式跟企業的核心能力、員工的技能密
切吻合。

　　這兩種志願服務模式在企業內部創造出「特別感」,具備競爭
性、有異國風情,整個企業會因此引以為傲。此外,這兩者是媒體
友善的志願服務模式,可以創造出好故事,放到企業網站上很得體,
也容易讓媒體報導企業的善行。

　　不過,兩者都涉及密集資源,實際行動範圍因此受限,並有可
能將企業志工的「大帳篷」意象變得像是單一節目。

　　某些討論也曾利用這兩個模式來貶低企業「習慣」提供給大量
員工的「傳統志願服務」機會,這種對比其實有失公允。

　　這兩個模式,通常會表明目標是建立員工的技能與領導力,反
而有喧賓奪主之虞,忽略了服務的首要目標:服務社區。

　　這兩個模式的擁護者應該要認清,「大帳篷」會演變至今日面
貌自有其道理。企業、員工、社區各自都有極大的差異。我們需要
空間來包容各種方法,不需要為了推廣其中一兩種方法,就折損其
他方法的價值和吸引力。

PART 5

測量與評估

我們回顧與 48 家參與企業的訪談，
發現大部份所謂測量與評估的範圍都
相當有限、運用方式不一致，以及比
較單調等問題。標準做法往往是「我
們記錄做了什麼」而非「我們測量、
評量與評估」，因此可供學習與效法
的實例實在很有限。

Chapter 13

13 基礎篇

測量與評估不是一塊貧瘠的領域。不過這塊土地上的種子才剛開始萌芽，存活了下來，只是還沒開始蓬勃發展。假以時日，這些種子，可能會變成企業志工標準作業中，不可或缺的一部分。

測量與評估、資料、表現、影響

不論何時何地，只要企業志工計畫管理者一起開正式會議，或者喝咖啡聊天，他們最常討論的就是這些議題。

自有企業志工領域以來，人們對於如何測量、評估、實行企業志工就一直有不同意見。我們應該把哪些活動以及成果列入考量？我們要如何評論自己的表現？我們要如何評估自身計畫的影響力？

不過，儘管企業表示對於自身的社區參與都有所期望，渴望能表現出色，並對社區有影響力，但是真正投注必要的資源、衡量是否達成自我期許的企業卻是少數。

本章中，聚焦在測量的價值、目前實務做法、測量與評估在概念與實際層面上的障礙。我們也會探討現今收集志願服務基本資料的兩個方法，一種在美國通用，另一種則是以英國為基礎，但較普遍盛行於世界。最後，還會試著回答「用貨幣來衡量，志願服務值多少？」這個問題。

第十四章，我們會把焦點轉向如何評估自身志工活動的整體表現，探討兩套獨立的發展方針，據以衡量自身志工活動，以及收集資料的方法。

最後，在第十五章，會討論「聖盃」（終極目標），亦即評估執行的志工活動，有什麼樣的影響力。

⬡ 為何要測量？

「你必須要測量。即使一次一小步，你也必須測量，因為只要你開始測量，在某種程度上，別人就會開始理解和接受你。」

這句話出自賓州電力公司（PPL Corporation）經濟發展與社區事務（Economic Development and Community Affairs）主管唐伯‧恩哈德（Don Bernhard），他有豐富的社區事務經驗。這句話擷取自《測量揭密：決定企業社區參與的價值》（Measurement Demystified: Determining the Value of Corporate Community Involvement）一書（Rochlin, Coutsoukis and Carbone, 2001），該書由波士頓大學企業公民中心（Boston College Center for Corporate Citizenship）出版，是一本非常具有參考價值的刊物，也是中心職員以及美國生產力與品質中心（American Productivity and Quality Center）合作的心血結晶。在接下來的三章中，我們會常常提到這本書，內容可在以下網站提供線上閱讀 http://www.bcccc.net/index.cfm?fuseaction=document.showDocumentByID&Docu mentID=313. 。

企業生於數字、死於數字，數字是管理的通用語言，數字是透過測量而來的。上述這句話表達了一項重要事實。

縱貫本書，我們都在強調，企業必須把經營公司的嚴謹管理方法，運用在志願服務以及整個社區參與活動上。要做到這一點，測量就必須是所有志願活動不可少的一環。

我們將在第十五章中探討美國真實影響諮詢公司（True Impact consultancy）總裁法隆‧利維（Farron Levy, 2011）所使用的影響力評估模式，強調他的論點：測量是「使用企業語言來描繪社區參與活動，有助於爭取公司內部支持。」

利維補充兩點，說明為何測量很重要，這兩項原因同樣適用於所有企業功能：

‧ 測量可以協助企業改善志工活動成果，找出可以複製的成功做法，補強或刪除效果不彰的做法。

・測量提供數據，讓企業有計畫、決策以及資源分配的依據。

　　總而言之，測量對於社區參與以及企業的其他面向，都有同樣的好處。

◈ 因應現實面

　　對於此研究，我們有點訝異，不過更遺憾的是，我們被迫做出這樣的結論：

> 雖然人們認同評估績效、活動數量以及影響力的重要性，現在還是很少見持續投資於持續且一致的測量及評估方法。

　　我們回顧與 48 家參與企業的訪談，發現大部份所謂測量與評估的範圍都相當有限、運用方式不一致，以及比較單調等問題。標準做法往往是「我們記錄做了什麼」而非「我們測量、評量與評估」。因此，可供學習與效法的實例實在很有限。

　　針對這個情況，還有許多企業與受訪企業狀況相同。

　　全球報告倡議組織（Global Reporting Initiative,GRI 2008）與香港大學（University of Hong Kong）以及企業社會責任亞洲峰會（CSR Asia）共同合作一項研究，檢視隨機選取 72 家企業所提供的可持續性報告。

　　他們發現，約有一半的企業報告提供「社區服務與員工志工服務」的資料，而在這類報告中，又有一半沒有明確指出企業的施行方法、政策或者活動目標。研究報告提到：「……關於員工志工服務，重點似乎是放在計算服務過的機構數量，以及記錄員工參與（程度），卻沒有衡量參與活動對社區的影響。」

　　這項報告的結論是：「企業傾向進行『容易』呈現的報告，但未必是真正的重點……」

　　不同地區做報告的慣例也有耐人尋味的差異。在我們的隨機採樣中，76.9% 的亞洲企業以及 72.4% 的北美企業的報告中有「社區服務與員工志工服務」的紀錄，不過卻只有 38.9% 的歐洲企業有這樣的紀錄。

· 如何與時俱進

值得慶幸的是，就如我們以下將會討論到的，目前已有改善測量評估的努力，要將測量評估推向新紀元。我們會在本書中討論這些作為，與大家分享相關的基礎概念以及做法，並且試圖了解這些努力對於這個領域的影響。

遺憾的是，最直接可見與可取得的成果是來自美國與英國企業，而且參與研究的這些公司總部也不是設在歐洲或者北美洲。所以，他們對於測量所做出的努力並不是真正的全球化，而是帶有各個國家可能普遍存在的偏見。

雖然這樣說，我們還是要強調下列組織在此領域的重要領導地位，包括倫敦基準集團（London Benchmarking Group, LBG）以及負責經營的企業公民公司（Corporate Citizenship）、亮點協會（Points of Light Institute）以及波士頓大學企業公民中心（Boston College Center for Corporate Citizenship）。他們建立了最後可能成為全球工具與實務做法的發展基礎。

測量與評估不是一塊貧瘠的領域。不過這塊土地上的種子才剛開始萌芽，存活了下來，只是還沒開始蓬勃發展。假以時日，這些種子可能會變成我們所認為企業志工標準作業中不可或缺的一部分。

⬡ 測量的困難

為何企業的做法跟不上自己宣稱的理念？

測量會遇到概念／理念上以及實務上的障礙。理解這一切之後，我們就可以開始發展策略，跨過障礙。

測量的概念／理念障礙

· 志願服務過程複雜，有許多利害關係人、許多可能尺度、許多可能結果及影響。
· 志願服務通常涉及一些無法測量的無形資產。
· 用「數字」推動志願服務可能有阻力。

複雜度

巴西的 C & A 對於我們理解志願服務概念有重要貢獻。他們體認到志願服務過程的複雜度，其中一項就是「可以做到某些測量，不過這些測量無法忠實呈現計畫的價值所在。」

因此他們的目標是發展一套評估系統，不只是取得有關影響力的資料，而是要提供學習以及反思。

C&A 的志願計畫（Programa Voluntariado）協調者路易斯·科弗（Luiz Covo）這樣說：「確保重要的事情保持重要地位，次要的事情不喧賓奪主，這可不是一項無關緊要的任務。我們很常看到的是，次要事情變得重要，而原本重要的事情卻變成次要。」

對那些這麼想的人，他們的「寧靜禱告文」可能會是以下的新版本：

> 願我們所有人都能擁有智慧去分辨何者重要、何者次要，願這個智慧能夠轉化成慎選我們真正需要收集的資料，有別於超出我們想要或需要知道的範圍、只會成為負擔的資料。願我們能永遠遵循目標的指引，願我們的調查訪談夠簡短，願我們的問題能夠切中要點。

無形資產

《測量揭密》（Rochlin et al. 2001）一書的開頭，作者群就提到了企業社區參與，認為測量企業社區參與還必須考慮「無形資產：包含了關係、名聲以及責任等。企業在這些方面的表現到底要如何測量？」

無形資產的概念顯然也適用於志願服務。對華特迪士尼（**The Walt Disney Company**）以及美國航空（**American Airlines**）這樣的企業來說，他們志工活動的一項重點，就是幫助患有絕症孩童實現願望。在美國，員工化身為志工企業家時，甚至創立了小小奇蹟基金會 （Something mAAgic Foundation），支持以實現願望為宗旨的非政府組織。

不過，我們從與迪士尼的員工訪談中得知，他們很遺憾沒有一

把「開心尺」（Happy Meter）能如實測量出，達成一個心願或者有一位迪士尼角色來訪，會對孩童及他們家庭帶來什麼樣的影響。

這對於我們認為什麼資料具有效用，如何收集以及運用有效資料，會有深遠的影響。在討論影響評估時，我們會更深入探討這個部分。

阻力

在我們的研究中，發現許多企業都是以「數字」來帶動志願服務的發展。高層管理人員通常會設定志工參與要達成的高期望標準，包含了參與員工總人數、員工志工的整體比率以及整體志工時數等等。一家企業坦承，他們的「數字」與過去、或者是未來可能的表現關聯甚小，基本上是在相當薄弱的基礎上產生的——不過這些數字看起來還不錯。

> 懷疑論者認為人們全心關注「數字」，反而不專注於創新、志願服務對志工員工的價值、對公司的價值，以及受服務社區所能得到的好處。

這些企業有的是把「數字」放在經營核心，一切事務都需要經過計算、測量與評估。對這些企業來說，「數字」是他們安排工作的一項依據，不依「數字」行事，只會讓事情顯得不重要，因此也就不易在企業環境中被執行。

不過我們也發現，某些企業認為「達成數字目標」的方法讓人覺得不舒服，也不是那麼恰當。他們雖然認同測量的原理，對於長時間下來的績效變化也有興趣，卻也不認為「數字越大越好」是評估志願服務最適當的方法。

他們認為，人們全心關注著「數字」，反而不專注在創新、志願服務對志工員工的價值、對公司的價值，以及服務的社區所能得到的好處。

某些對測量抱持著懷疑態度的人，憂心這樣的方法會剝奪志工活動的「志願性」，這並不是展現企業承諾的方式。這些人認為，測量可能會增加員工從事「志工」的壓力，員工原本的熱誠可能會

被強迫感取代，到最後只會適得其反。

實際的障礙

　　有些實務上的障礙除了助長懷疑論外，也有可能實際妨礙有效測量。

測量的實際障礙	障礙的特徵
企業的低期望	・相較於其他企業功能，對於責信與績效的期望較低。 ・較不願意投資必要的人力與財力資源。 ・人們可以接受形式較軟性的「證明」。 ・比較不注重硬性資料，反而多仰賴趣聞軼事、觀察以及常識評估。 ・接受人們對自身志願服務的主觀經驗感受。 ・儘管與公司間維持良好關係對非政府組織來說關乎既得利益，但企業對非政府組織的回饋意見還是只看表面。
缺乏資訊收集系統	・沒有基本的資料收集系統，對於正在進行的志願服務的本質與範圍沒有真正了解。 ・整個企業系統中對於總部國家或者區域資料收集的期望較嚴苛。 ・對於企業社會責任、社區參與以及志願服務等方面的企業報告，缺乏一致且廣為接受的標準。 ・對於規定報告的態度自相矛盾。 ・資料收集缺少全球可接受的標準模式。 ・少有架構可供企業採用以確保全企業一致採行。
缺乏標準	・缺少普遍為人接受的全球標準，因此，也沒有客觀標準方法可以進行跨公司比較。

缺乏模式	· 缺乏全球共通資料收集的標準模式。 · 很少架構可供企業採用，確保全公司一致性。
全球／區域性差異	· 文化不同，不同地區對志願服務的理解也有所差異，因此不易發展共通的測量方法。 · 因為區域差異，各企業之間要制定與接受志願服務各個層面的定義，實屬不易。

「如果我們不知道要去哪裡……我們如何知道我們已經到了？」

這句話有許多不同版本，所以我們不知該歸功何人，不過顯然適用於有關測量與評估志工的各種努力。

《測量揭密》（Rochlin et al. 2001）的作者群說得最好：

「……在做之前就要開始。在實行一項新計畫前，要先設定你想達成的目標……創造以及測量價值過程中最重要的部分，是在設立策略、計畫以及活動的時候就已經開始了。」

用來判定成果的測量尺度，其核心概念就藏在當初對預設結果的定義中。

不過，我們不知道受訪公司的目標設定有多嚴謹。所以自然而然地，這個問題有點難問，就像「喔，對了，計畫開始前，你們有想清楚自己想要達成什麼嗎？」不過回答這個問題更難：「喔，我們沒有呢。我們就是埋頭苦幹，期待能有好成果。」

我們沒有看到很多埋頭苦幹的證據，不過卻有這種感覺，就是有些企業並沒有嚴謹地確認每項活動的各類利害關係人，進而定義與他們相關的預期成果。

這個過程有一部分是在確保同時兼顧對內、對外的目標。

對外目標是關於你想要有所作為的問題、議題或者是社區裡的目標團體。

對內目標是關於你想要在公司內達成的結果，可能是動員人數、員工志工運用現有工作技能的程度，或者學習並練習新技能的程度。

203

　　只要可以清楚、有自信地說出來，並且得到適度核可，「這就是我們在這個活動想要達成的事情」，就已經奠定了定義度量的基礎，可用以判定是否達成目標，以及確認該收集的資料。

⬡ 收集資料

　　大多數的人都會同意，收集志工活動的基本資料是個好主意：「誰在做什麼？用什麼方式？成果如何？」不過，要辦到並不是大家想得那麼簡單。

　　事實是，對於什麼資料該收集，全世界並沒有一致同意且接受的標準。沒錯，甚至連如何定義某些最基本資料的共識都沒有（例如哪些志工時數要計算）。

　　英國的倫敦基準集團（LBG）以及美國的亮點協會（POLI），正各自致力於標準化資料收集系統。兩個系統都是重要且正面的方法，有利於建立企業共通使用的單一架構。如果此領域要成熟發展，就必須有可以互相比較、可靠且一致的資料庫。

・倫敦基準集團（英國）

　　倫敦基準集團，也就是大家熟知的 LBG，創立於 1994 年，當初是為了因應企業對社區參與測量模式的需求而設立。發展至今，此集團已經成長為 120 多家公司組成的網絡。

　　雖然 LBG 正致力於發展可靠的「全球」工具，運用此工具的非英國企業仍只占明顯少數，僅佔總數的三成，使用企業來自歐洲、北美洲、中東以及亞太地區，只有少數使用者來自美國與亞洲。

　　LBG 是由總部在倫敦的企業公民諮詢公司（Corporate Citizenship consultancy）所設立管理。LBG 透過「指導小組」促成參與，職責是協助確保 LBG 模式的品質以及一致性。

　　LBG 的目標是提供測量金錢、時間以及對社區實物貢獻的普遍方法。根據企業公民共同創辦人大衛・洛根（David Logan）的說法，他們的模式「運用企業的概念和語言——輸出、輸入和影響——來

配合企業。這可以讓大眾了解企業到底做了些什麼,而不只看到企業所給的報告。」

企業可以使用此工具進行測量,並與團體中的其他企業進行標竿分析,全都依據相同定義。工具提供準確的內部數據與資料,也可以讓企業依照自己意願在外部使用。

以下是 LBG 如何處理志工服務的細節:

LBG 把「時間的貢獻」定義為「員工貢獻給社區組織或工活動的帶薪工時,對公司造成的成本負擔。」這包含了員工志工服務、借調、募款活動以及安排見習的監督工作。

管理 LBG 的企業公民諮詢公司資深顧問喬恩・勞埃德(Jon Lloyd)解釋,不管活動是不是由企業主導,LBG 把「在帶薪工時內進行的任何有益社區活動」都計算在內。他們的核心原則是,那段時間企業有支付員工薪水,而不考慮員工是否透過某種「彈性工時」安排來做這些事。

他們分開計算「槓桿時數」,就是在帶薪工時以外從事志工的時間,條件是「能夠證實員工是因為企業的支持,或者鼓勵而付出自己的時間。」不過「與公司無關,員工自發性的時間付出」就不算是公司的貢獻或槓桿時數。

如下所述,他們接著可以根據帶薪工時來計算企業志工活動的貨幣價值。不過他們不計算槓桿時數的貨幣價值。

・亮點協會(美國)

亮點協會的《員工志工計畫報告準則》(Employee Volunteer Program Reporting Standards)於 2006 年制定,2010 年修訂。目標是提供「員工志工計畫報告、測量與績效評比的一套標準化方法。」

這些是資料收集與紀錄的標準。他們想要建立一致性的標準,規範員工志工服務應該收集的資料以及收集方法。

這些不是企業自我測量的絕對標準。假使有足夠數量的企業採用這個架構,並且回報資料,這有可能會變成企業彼此參照評比的

資源。如果最後能跟其他研究結合，這些資料會有助於制定出績效的客觀標準。

關於報告標準的最新研究（在本書撰寫時，是 2011 年 8 月號），可以在以下網站查詢。http://www.pointsoflight.org/sites/default/files/2010- POLI-EVP-Reporting-Standards.pdf.

在此我們不重述整個詳細架構，不過我們想要請大家注意一些關鍵元素，它們對志工領域有潛在的重要性，所帶來的部分影響也是如此。

由於這個架構是來自美國，重要的是，我們要強調這個架構可能無法成為全球工具。本架構是在亮點 / 動手做網絡（Hands on Network）企業服務委員會（Corporate Service Council）建置完成的，參與成員幾乎都是國際企業，不過這些企業的總部都設在美國。他們是帶來了「跨國」觀點，但是我們並不清楚，他們是否真能提供建立全球工具所需要的多元「全球」觀點。

話說回來，重要的是我們要知道，POLI 以及其成員公司並未宣稱這是一項全球工具。沒錯，我們現在也還不清楚，那些美國企業願意或能夠在其系統上，運用這項工具到什麼程度。

附加定義

我們將焦點放在企業能有效控制的志工計畫上，它們的定義是：

員工志工計畫（EVP）是經過計畫與管理的活動，試圖激勵並促成員工在雇主領導下，有效從事志願服務。一般來說，EVPs 提供一套專為企業主設計，且具有架構的志工活動。

一項附加定義指出：「透過 EVPs 執行的志工活動，員工志工或者其他透過 EVP 的志工，必須回報企業相對支持的給薪服務時數。」

在實務上，這些定義可能太過侷限，就看實施時如何詮釋定義。舉例來說：

・志工團隊領導的計畫，由員工志工自己決定做什麼、怎麼做，

這類計畫是否符合這項定義？。

‧ 公司認定的志工計畫，是否有可能某些層面符合定義，某些則不符合？如果是這樣，我們是否清楚知道公司如何區分？

志工活動定義的另一部分是：志工活動必須「有益非營利組織」。

這樣的定義排除了所有沒透過非營利／非政府組織，或是沒與後者合作的活動。所以，舉例來說，如果員工志工在公司土地上種植、採收蔬菜，帶到附近低收入地區，直接分給居民，這樣似乎不能算是志工活動。

雖然對公司來說，與非政府組織合作十分合理，卻不是志願服務唯一的方式。在很多國家中，尤其是那些剛發展企業志工的國家，與非政府組織合作可能會受到不當限制，也許會排除員工進行的基層志願服務，特別是在非政府組織不發達或不存在的區域。

志工類別

這套標準對於區分不同類別員工志工十分有幫助，其分類方式大體來說是有效的：傳統、技能導向、免費專業服務與特邀志工（退休人士、家庭成員以及朋友）。

「傳統」一詞，在其他文章中可能有批評的意思，不過在這裡卻沒有，只是單純用來形容。技能導向與免費專業服務之間的區別是有幫助的。「特邀志工」類別還可加入客戶、顧客、廠商等對象。

資料收集與報告

須符合標準的資料收集有五大領域：外部夥伴組織、志工類型、志工活動類別、志工人口統計以及志工時數。

其中有詳盡的準則說明如何計算時數，區別「企業支付」與「非企業支付」，還有志工活動是在上班或下班時間進行。

尺度

報告準則的一項關鍵要素是使用資料訂出 EVP 計畫的尺度。其中有許多不同尺度，對於用來制定尺度的計算方式也有詳細描述。

大部分的建議方法都相當直接了當：員工志工的比率、各類型志工數量相較於整體志工總數的比率，企業支付與非企業支付志工活動比率。

成效如何？

企業若要施行這套標準，需要真正投入相當時間與精力。對許多企業來說，這表示要大幅改變內部報告系統。對其他企業來說，這代表得制定新系統，如果目的是收集美國以外地區的營運資料時，更是如此。

收集並回報規格標準化的資料十分值得。在制定或許可行的架構這方面，亮點協會做得還不錯，預計 2011 年底就能完成實際可用的報告工具。

屆時重擔會落在 30 幾家企業肩上，據說他們承諾使用此方法，以證明這種層級的資料收集對他們來說夠重要，值得他們做必要投資。

⬡ 企業服務值多少？

如 LBG 一樣使用企業的概念以及語言，最終得面對一個問題，就是如何將志工時數訂出最合適的價格？現在普遍使用的是「工資替代」。以下是可能或已實施做法的簡介。

• 整體國家計算（美國、韓國、英格蘭）

美國

至少自 1990 年起，提倡美國志願部門以及慈善事業的全國性非政府組織獨立部門（Independent Sector），計算並公布志願服務的貨幣價值。在美國，獨立部門的資料也廣為人所接受、引用與使用。

2010 年志願服務每小時值 21.36 美元。

這個數字是根據美國政府統計數據中，所有生產性、非管理職的非農業民營企業員工平均時薪，加上預估一成二的其他福利計算

出來的。

我們要留意這裡使用的基本資料有所限制，這點很要緊。資料沒有涵蓋任何公務人員，也沒有算入管理者或專業技能者的貢獻。

獨立部門也提供各州的平均志願服務價值。2009 年志願服務價值從最低蒙大拿（Montana）的每小時 14.89 美元，到最高紐約的每小時 27.17 美元。

更多資料請參考 www.independentsector.org/volunteer_time.

韓國

在韓國也做過同樣的計算，使用韓國中央銀行（Korean Central Bank）發布的年度各職業（不包含農漁業）平均薪資數據，計算結果大約為每小時 10 美元。

英格蘭

英格蘭志工服務協會（Volunteering England）建議兩種計算志願服務價值的類似方法。第一種方法是計算英格蘭全職員工時薪平均毛額（2008 年數字是 13.90 英鎊），第二種方法使用當地薪資，這些數據都來自國家統計局（Office for National Statistics）。

• 企業內部計算

正如《LBG 指導手冊》（企業公民, 2008）裡所述，LBG 試著「建立一個可以準確反映公司員工在帶薪工時內，活躍參與社區活動的真實成本。」

他們建議使用公司人力資源部的資料或是其年度報告，來計算整個公司的平均時薪。如果無法取得資料，建議使用國家統計局的全國數據。

• 以技能為導向的計算

真實影響諮詢公司與獨立部門同樣使用美國勞工統計局（U.S. Bureau of Labor Statistics）的資料，只不過使用的是特定活動的價值。法隆‧利維（Farron Levy,2011）寫道，針對不同活動給予不同

貨幣價值,「有助於志工管理者深入了解,企業運用志工時數為組織創造價值的成效如何。」

與個別公司合作時,利維以及同事使用內部公司資料計算不同活動的價值。他強調,「除非個人當志工時是提供專業服務,否則個人薪資或向一般客戶的收費,都與計算志工服務的價值無關。」

必須根據已完成工作的價值來計算,而不是取決於志工的職業。

他們還更進一步精修計算標準,以確保在衡量免費專業服務時,能計算在開放市場中,非政府組織取得該服務可能需要的正確金額。所使用的假設是,非政府組織取得相同服務時,通常不會支付商業行情價。

亮點協會創造了志願服務經濟影響計算器(Economic Impact of Volunteering Calculator)這項好用工具,同樣也使用勞工統計局的特定活動價值資料。

計算器使用方式很簡單,有下拉式列表與搜尋工具可找到特定職業與/或技能。一旦選定項目,就會顯示該項目每小時時薪加上一成二附加福利的數字,再輸入志工時數即可完成計算。

因此,志工提供社區圖書館 50 小時文書支援每小時價值 12.19 美元,或者總價 609 美元。志工提供圖書館法律服務時,則是每小時價值 59.55 美元,或者總價 2,977 美元。

計算器網址:http://www.handsonnetwork.org/tools/volunteercalculator。

· 國際勞工組織(The International Labour Organization)

約翰·霍普金斯大學公民社會研究中心(Center for Civil Society Studies at Johns Hopkins University)主任萊斯特·薩拉蒙(Lester Salamon)在推動與執行測量志願部門與志工服務的方法上,領導全球。薩拉蒙與同事透過與國際勞工組織(International Labour Organization, ILO)以及國際技術專家團隊(International Technical Experts Group)合作,一同寫成《ILO 志工工作測量手冊》(ILO

Manual on the Measurement of Volunteer Work）。

　　該測量手冊呼籲全世界所有的國家統計機構，透過常態性的勞動力或者其他家戶調查，測量志願服務的數量以及經濟價值。假使個別國家採用手冊的方法，就能產生可以比對的志願服務相關資料。

　　讓全世界都採用 ILO 手冊是一場長期抗戰。欲知更多相關國際聯合計畫，請上 www.ccss. jhu.edu 網頁，找尋「國際志工測量計畫」（Global Volunteer Measurement Project）。手冊可於 http://ccss.jhu.edu/publications-findings?did=136 以及 http://www.ilo. org/stat/Publications/lang--en/WCMS_162119/index.htm. 網站線上閱讀。

　　ILO 方法是根據各個志工回報確實完成的工作，評估經濟價值。

　　企業志工的一項有趣轉折，是必須將私人時間與工作時間內的志願服務分開計算。因為國家勞工統計機構已經計算工時價值，如果加上志工類別的時間，就會重複計算。

　　這並沒有減少「上班時間」志願服務的重要性，也不代表沒有記錄進去。這純粹只是根據技術規則，必須歸到不同類別。

⬡ 結語：有待克服的挑戰

　　加拿大的志工與非營利管理顧問琳達‧格雷芙（Linda Graff, 2009）說，我們以上所述的「薪資替代方法」，「只是給出針對員工志願工作時數，組織未支付的等值金額，這與實際的工作價值無關。」

　　她主張，「所有志工工作評價模式都必須考量到，志工工作產生的好處並不是單向性，而是多向性，許多人以及組織都能由志願服務行動中得到好處。」

　　服務於真實影響的利維（2011）也抱持同樣看法。他寫道，「要了解完整的經濟效益，我們就得觀察志願服務對於非營利組織以及其受益者產生的結果，以及帶動經濟效應的程度，這點……就傳統的志願服務主義而言，往往是不切實際。」

回想一下，我們先前討論過志工服務的無形資產，那些不可能量化的好處以及影響。

香港瑞銀集團（UBS）的大衛‧博伊德托馬斯（David Boyd-Thomas）在寫給我的一封電子郵件中描述得十分恰當：「你要怎麼衡量一位心靈導師對一名中學生的價值？」

不管是非政府組織、公家機關或者是個人，這些所謂的「消費者」要如何衡量他們接受志工服務的價值？

企業或者是第三方觀察人，如何將這類主觀價值放入報告中？

我們要如何確定，計算出的貨幣價值，不會淪為企業內部以及對外報導的主導觀點，讓人以為志工服務的價值就是如此？

毫無疑問地，測量與評估將會成為企業持續支持志願服務不可或缺的一環。制定合適的系統，闡明系統有用並建立系統支持，依然是有待克服的挑戰。

績效指標的重點是，不要設計太僵化
或不自然的標準。我們不相信有絕對
且客觀的量化測量方法，也不相信嚴
格的評判就一定有助於改善績效。

Chapter 14

14 績效評估

績效指標是一種期許，一種架構，讓企業可以隨著時間追求成長與改進。績效指標是一個測試企業目前發展程度的方法，並且可以依此設立新的發展目標以及營運策略。

紐約市 80 年代的市長郭德華（Ed Koch）以在街頭攔下居民詢問：「我做得如何？」而聞名，他將此做為評估政績的一種方法。

就衡量他人對他政績的看法來看，至少他這部分沒做錯。

不過他卻忽略──或許是隱藏在公眾目光之外──這些回應的評估標準為何。

要成功評估績效，需要收集資料的方法，以及一些評估基準。

本章會提出兩者兼備的兩項工具，可評估企業志工活動的績效。為了完全公開起見，請注意我與其中一項工具，亦即企業志工計畫績效指標（Performance Indicators for Corporate Volunteering Programs）有個人利害關係，因為我參與共同開發此項工具。

這兩項工具有許多共同點，但是針對績效效能提供不同觀點，強烈建議你都嘗試看看。

⬡ 企業志工計畫績效指標

績效指標（The Performance Indicators, PIs）是 2003 年出現於巴西，當時莫妮卡‧加利亞諾（Monica Galiano）與我合作一項創新活動，要在巴西工業重地米納斯吉拉斯州（Minas Gerais）推廣企業志工。那時我們聽到來自當地企業、巴西其他地區、美國以及全世界共同的心聲：「幫我們測量我們的計畫品質。」

我們的目標是提供一個直接且容易使用的工具，讓公司可以看到自己志工計畫的優點以及需要改進之處。

我們與巴西 14 家企業合作發展，並且測試初版績效指標，利用他們的專業以補足我們自身的經驗，確保我們做出能讓企業實際使用的順手工具。自那時起，美國當地企業便提供我們資料，我們也持續預先檢視績效指標在全世界的應用狀況。

我們能在巴西開始發展績效指標，這點反映出，即使在當時，對於企業社會責任與社區參與的期待已在世界各地迅速興起，企業志工日益成為廣受大眾接受的一種回應方式。

績效指標也見證了巴西企業志工的迅速與創新發展，巴西是世界第五大國，現在也是全球志工服務的領導者之一。

自那時起，我們就持續相信，「世界級」企業志工的基本原則是全球相通的，全球成功企業的基本原則也是如此。因此，我們希望績效指標對全世界的企業都有重要價值。

・ **從希望到現實面**

在分享之前，要先跟大家說一件重要的事：其實我們大部分的期望都沒能實現。績效指標在巴西實行效果最為顯著，同時有一些企業在其他國家測試此方法。我們認為績效指標應用受限的原因具有啟發作用，也希望對從事測量的人士能有參考價值。

第一點，我們設計了線上工具，讓企業可以自行調整接收內部意見的範圍。因此理論上來說，他們可以邀請每個員工給予回饋。不過更實際的做法是，企業能接觸到各組織層級的領導者，包含領導當地志工活動的員工志工，或者只是接觸那些負責管理志工活動的實際作業團隊。這個工具可以使用於企業所有階層，從整體全球評估到個別單位評估都可使用。

我們發現，要確切實行這樣的調查方法，對許多公司來講非常困難，因為公司必須先取得特殊許可。個資保護法讓企業無法提供相關人士的電子郵件地址，對員工來說，連結公司外的線上調查系統也很難，諸如此類的事情都增加了調查的困難度。

第二點，我們設計績效指標是為了給予公司回饋，使他們了解

公司內部對於計畫本身、執行、實施志工活動的看法。希望假以時日，我們可以建立足夠的資料使公司能互相比較參考。

實際上，我們發現企業不願意，或是不能為運用績效指標投入所需的準備工作。許多企業藉由活動後的回饋，得知計畫的施行成果，他們覺得這樣就夠了。企業對於整體效果等較廣義的問題，則興趣缺缺。

這有可能是因為使用績效指標需要時間的關係。企業需要投注管理時間來設立系統，決定調查對象，進行內部宣導等等。這些都要花時間，完成一項調查可能會花上半個小時（我們感到最驚訝的是，許多受訪者做調查時都會半途而廢）。

要從績效指標資料得出有意義的結論，也需要時間。績效指標的模式，需要公司內志工業務負責人處理資料，探討資料結果與公司有何關聯之處，找出最需要改善的公司弱點，針對弱點訂定優先順序，進而一一處理、建立行動計畫，實行改善工作。

因此，要將績效指標使用得當並不是那麼簡單。績效指標不是我們在暢銷雜誌、報紙、或網站上所看到的自我改進快速調查，績效指標需要投注時間。

也有一派說法是，也許企業不是真的想知道他們的表現如何，至少對於必須從整個公司獲取詳細意見的評量來看是如此。

當然就公司實際層面來說，根據標準評估績效，並沒有衡量企業志工活動的成果/產出或影響力來得重要。

第三點，我們沒有投注足夠心力於提倡績效指標。我們的運作模式有缺點，就個人或者整體來說，我們沒有時間或資產來推動績效指標，特別是因為身為獨立諮詢師，我們沒有組織基礎讓績效指標更有公信力，也沒有企業團體參與或者提供財務支持，無力投入行銷並維持其發展。

- **模式**

第八章中提到的六項概念是績效指標的起點。

這六項「要素」是績效指標架構中最廣泛的組成元素，績效指

標架構也與這六項概念有直接關係，這六個概念描述了我們認為的企業志工活動成功關鍵，工具的剩餘部分也是由這些概念發展而成。

---

60 分測量尺度

最明確的績效測量尺度。

每項指標有五分尺度，清楚顯示該指標的到位程度。

12 項指標

幫助企業判定是否具備所需「要素」。

測量企業內部各項「指標」的到位程度。

6 項要素

根據各項要素的測量尺度、指標以及整體表現資料進行評估，得知公司內部這六項要素的到位程度。

因此，為了要完成績效指標，使用者要回答 60 個問題，指出測量結果是否：

- 普遍來說不符合公司真實狀況。
- 呈現大部份情況，不過仍有改善空間。
- 完全呈現真實狀況。

績效指標的重點是，不要設計太僵化或不自然的標準。沒錯，我們不相信有絕對且客觀的量化測量方法，也不相信嚴格的評判就一定有助於改善績效。

其實，績效指標是一種期許，一種架構，讓企業可以隨著時間追求成長與改進。績效指標是一個測試企業目前發展程度的方法，並且可以依此設立新的發展目標以及營運策略。

• 六項要素

以下是六項要素的內容。你在閱讀時，反思一下你的公司對照這個標準的表現如何。你的公司做到什麼程度？

I. 領導承諾以及正向的整體組織環境

企業體認到，肩負社會責任，是企業整體成功的關鍵要素。企業承諾致力於企業社會責任，視之為經營事業的部分策略。因為企業認知到員工是企業最重要的一項資產，也承諾鼓勵員工，使員工活躍參與他們的社區事務，企業各階層領袖更協助創造出高度重視員工社區志工服務的環境。

II. 達成高績效的政策架構

企業將員工有效參與社區所需的政策、流程與架構準備就緒。全公司的員工受到鼓勵，參加適合企業單位與社區的各階段計畫、執行與評估活動。

III. 與社區建立穩固的夥伴關係

企業與社區建立穩固的夥伴關係——不管是基層組織、非營利組織、或者是政府機關——確認社區的優先考量，確保企業將志工資源重點放在這些優先考量上。夥伴關係可以增進夥伴能力，協助夥伴做更多工作，並且服務更多人。企業也努力確保，在訂定與計畫工作時，企業夥伴有相同發言權。

IV. 為影響力、長期發展與創新而管理

企業管理員工志工活動的方式是要能發揮最大影響力，鼓勵與刺激創新，創造永續性的計畫。企業將經營核心事業的嚴謹標準運用於志工活動。

V. 從行動中學習

卓越以及高影響力的基礎在於企業致力於積極從經驗中學習，將新發展的知識運用在活動上，以求持續進步。大部份企業收集員工志工活動的特質、範圍、結果資料，為誰提供了多少服務等等，經過分析，資料轉化為知識，協助改善工作的各個面向。

真正優秀的企業會採取重要行動，投資於正式評估方法，以展現員工志工活動的影響力。企業透過活動前後評估，可以追蹤活動

成果所帶來的改變，像是服務對象與組織產生的改變，以及社區整體、公司內部和參與員工的改變。

VI. 領導企業與社區

「假使志願服務對員工、企業以及社區有好處，那麼對他人也會有好處。」這是一位企業領袖概括論述，為何他的企業會擔任活躍領導者角色，擴大推廣志工服務到整個企業界與社區。

真正的世界級企業體認到，不論在企業團體或者是經營企業的社區內，他們都必須負責擔任志願服務的領導角色。

・讓績效指標為你效力

在 2010 年，我們制訂了「短期」績效指標，促進績效指標的應用，包括了 9 項指標以及 27 項測量尺度。

你可以在附錄 B 找到績效指標。影印附錄 B，騰出一段空閒時間，坐在舒適、安靜的環境裡，根據附錄 B 看看你的企業表現如何。

附錄 B 隨後的表格中，我們詳明如何在小團隊中使用績效指標。

與本書剛開頭提到的方式相同，這是一個「創造時刻以及刺激對話」的方法。績效指標著重的不是死板板的數據資料，重要的是你如何解讀資料的意義，以及你決定如何將意義運用在改進志工活動。

▶ 領導團隊使用績效指標 ◀

我們認為使用績效指標最有成效的方法之一，就是由直接負責領導企業志工活動的團隊使用，讓最專業以及觀點最全面的人士做出集體自我評估。

一旦大家都做完績效指標，就把團隊聚在一起，互相比較結果，找出相似及相異處，質詢彼此的假設與評價。在做出共同評價時，列出支持評價的重要證據——正面以及負面都要列出來。

針對每項指標以及測量尺度提出這些問題：

・我們對項目打的分數是否滿意？

這個問題問的是，你重視的是什麼。

有些人認為在滿分為 6 的指標中得到 3 分就已經滿足。

有些人即使得到 5 分，還是會想著怎麼提高分數！

了解你的「自我要求程度」可以幫助你決定哪個部分是努力改進的重點。

- 提升項目的評價或者分數，對我們來說有多重要？

這個問題事關你的優先考量。

這裡要考慮的重要因素是自身企業以及工作環境的「當前現實面」。提升特定分數對企業來說是否重要？每項指標與測量尺度是否符合企業現況？

舉例說明：在 GCVC 研究訪問裡，我們發現某家企業對志工活動發展投注甚多，不過經過考量後，該企業刻意不加入像 GCVC 的團體，也沒有擔任「企業志工領袖」這樣明顯的角色。他們認為必須先使自身活動就位，再來著重外部活動。因此「企業與社區領袖」指標現在對他們來說不重要。

- 我們要如何提高分數？

這個問題與戰略與戰術有關。是否有你可以「輕鬆贏」的做法，亦即用最少的投資獲得最大的報酬？流程是否可改進？對相對低分的原因提出分析，改進的特定步驟為何？

- 可能會需要什麼樣的人力、財務或其他資源？

這個問題探討的是投資。實行新方法或改進方法的直接成本為何？

要投入多少成本才能得到批准？首先要考量時間成本，發展宣傳理念、接洽必須爭取支持的對象，這些都會花時間，還要考量從事這些活動所損失的機會成本等等。

什麼是隱含成本？也就是，一開始某件事的成本不會太高，不過如果需要其他人多做額外的事，影響擴及整個公

司時成本就會很高，包括時間/金錢與可能面臨的計畫支持度會減低。

值得努力嗎？這有賴你的判斷。每個項目的可接受報酬不盡相同。

· 我們該如何進行進一步的動作？

這個問題探討，為了進步你必須發展什麼行動計畫。

◇ BCCCC 繪製員工志願服務的成功地圖

波士頓大學企業公民中心（Boston College Center for Corporate Citizenship, BCCCC）於 2009 年出版貝亞·波嘉蘭多（Bea Boccalandro）所寫《繪製員工志願服務的成功地圖》（Map- ping Success in Employee Volunteering）一書，波嘉蘭多是學校教職員，也是獨立諮詢師。在那本書中她提到六種做法，也可以說是「產生社區以及企業影響力」的「驅動力」。（Boccalandro 2009.）

你可以在波士頓大學企業公民中心網站，www.bcccc.net，找到線上報告，搜尋研究區。

該報告把我們稱為企業志工的用「員工志願服務與付出計畫」一詞來形容，或者使用縮寫 EVGPs。

六項「效能驅動力」為：

· 有效目標配置——高效能 EVGPs 的組織架構可有效支持社會目標和非營利夥伴。

· 策略企業定位——高效能 EVGPs 的內部定位有助於企業成功。

· 充足投資——高效能 EVGPs 獲得相當於類似範圍商業活動所需的公司資源。

· 參與文化——高效能 EVGPs 因企業廣泛促進與鼓勵員工社區參與而受益。

· 強力參與——高效能 EVGPs 具的員工參與程度夠有意義。

· 可後續改善的評估——高效能 EVGPs 追蹤志工活動，自行

負責成果目標，實行證據導向的改善方法。

根據報告，這些驅動力都是由「波士頓大學企業公民中心與其他組織相關研究及其他資訊的完整探討」所得出。這些方法因此被視為「擁有完整證據顯示相關的社區和企業影響力」。

波嘉蘭多提到的驅動力經過十幾位「該領域的專家」檢視，專家們也對照所謂的企業志工「唯一現存的效能測量方法」來做測試：「以員工志工服務為全部或部分依據的獎勵計畫」。這些獎勵辦法是由亮點協會、會議委員會（Conference Board）以及美國商會提供（the U.S. Chamber of Commerce）。

所有財富世界 500 強企業皆受邀參加自評調查，使用根據這些驅動力而設計的線上工具。針對每項驅動力都有一系列指標，每項指標都有至少一個調查問題。因此，能夠看到參與自評的企業在每項指標的達成率為何，所有 203 家的參與企業也都針對驅動力給予意見回饋。

你心裡一定越來越好奇結果如何，我們就不賣關子，直接告訴你調查成果。有低於四成的參與企業達成任何一項驅動力指標，達成率最高的指標（38%）為策略企業定位；達成率最低的指標（6%）為強力參與，其次則是充足投資（13%）。

此研究本身彰顯了驅動力的三個重要限制。首先，缺乏企業志工計畫效果的相關資料，有了這些資料才能對產生效果的原因有初步概念。第二點，「驅動力是一種標準，企業卻不是」，也就是說，不是每項驅動力都適用於衡量所有企業。

最後要說的是，此研究一開始的假設為，志工計畫能「受益於標準化的全公司政策、流程、方法以及系統等等支援所有企業單位的基本功能。」

正如我們在 GCVC 研究中發現，這種假設可能不符合實際情況。我們發現，許多企業對整個企業內志願服務該如何組織、支援以及籌措資源方面缺乏一貫的期望。根據回報，我們得知執行有嚴重缺點，亦即整個企業回報系統的不足或者缺乏。

・我們的評估

整體來說，驅動力以及其指標都於理有據。可以將整套工具拆開，檢討批評各項元素，特別是針對每項指標所問的問題，正如績效指標也可以如此處理。不過即便如此，這些概念仍然有說服力。舉例來說，擁有「充足投資」與具備合適的企業支持文化就很重要。

我們有三項顧慮值得在此討論。

首先，這當然很明顯是為美國公司設計的工具，原先也沒設想過會在其他國家使用，這樣的立意並沒有錯，只不過會限制此工具對世界其他地方的實用性。

雖然這些財富 500 強公司可能在全球都有業務，也是以獎勵計畫倡導企業志工這三間組織的會員，即便如此，這些公司的志工活動並不保證就有世界觀。

舉例來說，我們觀察 IAVE 全球企業志工會議後發現，談到「國際計畫」時，有總部不在美國的企業參與的討論，就和只有美國企業在場的討論顯著不同。

第二點，企業沒有機會評估自己在某項指標的表現如何，問題的回答根本只有「是」與「否」。如果只在部分時間或地點做部分事情的企業該如何回答？活動的頻率以及幅度要到達什麼程度，才能夠回答「是」？假使沒有在整個企業內實施，是否就代表「否定」的答案？就企業志工在企業實行的現況來看，這些問題可能不會有絕對的答案。

第三點，「充足投資」以及「強力參與」等指標讓我們很困擾，因為這兩項指標的走向是制定量化「標準」，這可能不太適用，特別是在全球層級更是如此。讓我們把這兩項指標分開稍作討論。

充足投資的指標有：（1）每位員工補助 30 美元經費，不算入薪水以及慈善捐助；（2）至少有一位全職專業員工專門從事志工活動，每一萬名員工，至少有兩名員工負責管理志工計畫，不過不負責組織活動。

　　在制定這些標準的過程中，採用了美國企業職場訓練經費的可取得資料。這裏的概念是，訓練與志願服務雖然不同，兩者之間還是「夠相似」，即使他們無法做任何實質比較。訓練與志工服務都是要員工參與「對企業、員工都有好處」的活動。

　　因此，結論是，員工志工服務每小時要公司花費 3.8 美元，乘上預計的每年每位員工 8 小時志工服務時數，得到的是總數 30 美元，人員編制的計算標準也是採取大致相同方法。

　　接受調查的企業對這些標準反應不是很好，因為實際上沒有一家企業符合標準，會有這種反應也是在意料之中。此報告對這些標準的辯護是，它們呈現的是「研究建議的必要投資規模」。

　　我們希望未來修訂時，會考慮檢視企業目前的計畫人員編制，並且和他們主觀認定的志工活動成效做比較。

　　就「強力參與」來看，該研究呼籲至少五成員工參與（8% 的受訪公司達成），平均每年每位員工服務時數 8 小時（5% 受訪企業達成）。

　　我們要重申，我們認為這些標準的背後邏輯並不完美。五成參與率只是要強調「研究顯示多數……參與……是為員工帶來有意義效益的充分條件。」不過此研究沒有詳述也沒有舉證，因此我們也無法作出評估。

　　比起對企業以及企業整體的好處來說，此方法似乎顯示了創造「有意義的員工利益」更為重要。我們可以從數百家企業的經驗清楚得知，不需要大多數員工參與，也能對社區產生重大影響。少數員工從事組織良好、資源適足的計畫，並且著重於特定社區需求，其影響力會勝過數千名員工像例行公事般，從事一整天的勞力雜務。

　　每年每位員工 8 小時志工時數的計算根據，是研究中提到：「要產生對員工有意義的效益，需要每年至少兩天的志工活動。」暫且先不深入追究的話，我們還是認為這是有道理的，「本質上對員工有正面意義的事情，在合理的限度下，做越多對人越有益。」

　　下一步就是堅定主張，專業導向的志工服務，對非營利組織較有幫助，這種志願服務型態不是要幾小時就能完成。好吧，不過還是要說，重要的不只是志工的服務時數，安排任務所需投注的員工時間有可能也是其中關鍵。

　　這兩者結合，就成為每名員工每年服務 16 小時的標準，以五成的參與率計算，時間就減半成為每年 8 小時。

・這個重要嗎？

　　這裡所提到的問題令人憂慮，有兩個重要原因。

　　首先，研究中提及的「標準」有可能具有特別效力，這是有危險的。基於前面提到的種種原因，我們不認為這些標準具有效力。特別是在未加謹慎檢視的情況下，扭曲這些標準的原意並不恰當。

　　第二點，這些標準的「美國特性」，降低了他們在全球規模上的實用性。運用這些計算方式，訂定參與程度的期望值並不恰當，這就像是，採用南韓企業自述九成以上員工，都當志工的經驗為參考值一樣不恰當，因為從企業、社會文化與實務上來看，這對世界上絕大部份其他企業沒多大用處。

・讓驅動力為你效力

　　雖然提出了許多問題，我們還是認為這項工具為企業志工活動提供了有用觀點。企業使用這項工具並根據它給予回饋意見，以及本書提及的許多工具與資源，是志工領域進步的持續發展過程中，重要參與方法。

　　「效用驅動力調查標竿評比工具」（Drivers of Effectiveness Survey Benchmarking Tool）可於 www. volunteerbenchmark.com. 線上使用。大家可免費使用此工具，使用者可獲得工具產出的報告。波嘉蘭多告訴我們，到 2011 年夏天為止，共有超過 300 家企業使用這個工具。

開始行動

・由附錄 B 的績效指標開始，親自完成附錄 B，反思一下你認為自己從中學到什麼。

・如果你覺得績效指標有用，影印此附錄交給公司內負責志願服務的團隊。請團隊成員完成填寫，收集後進行共同分析，確認你認為可採取的改善績效行動步驟。

・試著上網使用驅動力效用調查標竿分析工具。完成使用後，如有機會檢視報告，思考報告對你的價值，找出與他人分享報告的最好方式。

・「驅動力調查」另一種有趣的調整做法，就是與你的團隊一同完成此調查，記錄大家對每項問題一致認同的答案。如果某些項目有很大的意見分歧，花點必要的時間，討論彼此之間的不同意見，以及為何會有這些分歧。

✦ 結語：設定標準 VS. 兼容創新

發展績效指標的個人經驗，以及分析波士頓大學企業公民中心的「驅動力工具」，皆提到了兩項關鍵問題。

・志工領域是否需要客觀「標準」，讓企業可以測量自己？

・是否有可能發展出這樣的「標準」？特別是從適用全球的角度來看？

這樣的標準，可能涵蓋波嘉蘭多試圖設定的標準，像是計算企業該花多少經費在志工活動上，管理人員的編制規模，以及怎樣算是理想的參與率。

設定標準面臨的主要問題，是決定應該使用哪些公司經驗作為計算的基準。獎勵計畫必然會有某些程度的主觀判斷，不然，計畫就不需要評委小組，只要員工來評估與計算得分就夠了。

這裡出現一個有趣的問題，這些獎勵計畫，是否願意運用過去

獲獎企業根據經驗制定的測量尺度，作為未來獎勵的標準。也就是說，他們是否會認可員工參與少於五成的企業，或者每位員工提撥經費較低的企業。

發展任何真正有效力、且好用的全球工具，這種想法似乎不切實際，因為企業間以及國家間實在有太多的差異。

這種標準也破壞了在全球研究中發現「大帳篷」的真正好處。大帳篷的美，就在於它的多樣化，人們與機構找尋適合自己程度的興趣、承諾與投資，多樣化也兼容創意以及創新。

「標準」的崛起，有把企業區分高低優劣之虞，假設這麼做，長期下來，將會改變現今企業志工多樣化的寶貴現況。

教導孩童時，我們要相信，有了幫助，
這些孩童能夠學得更多。栽種樹木
時，我們要相信，種植夠多的樹，可
以減緩氣候變遷。拜訪長者時，我們
要相信，正在幫助長者維持獨立自主
的生活，讓他們感覺自己受到重視。

Chapter 15

15 評估影響力

她分享了實習的經驗後，還告訴我她在政府機關從事自己很喜歡的工作。其實我對她一點印象都沒有，甚至連她在之前那個機構服務過的模糊記憶都沒有。沒想到，我曾經對別人帶來連我自己都不知道的影響，若非她來信致謝，我根本不會知道這件事。

「地點，地點，還是地點。」

如果詢問房地產銷售經紀人，銷售房產最重要的三個因素是什麼，最標準的答案就是上面那句話。

也許聽起來有點可疑，不過真實情況是，地點較差的豪華住宅，價值比不上地點絕佳的樸實房屋。想必，地點普通的樸實房屋一定很不好賣，因為它的條件正好夾在兩個極端的中間。

說到企業志工領域，其實有句朗朗上口的新真言。

「影響力，影響力，影響力。」

推動企業志工的力量，顯然越來越必須在──企業志工處理的問題、滿足的需求、服務的社區、或者目標群眾身上，產生具有可證實、可量化的影響力。

人們渴望擁有影響力──假設都是正面影響──的原因何來？以下是三種可能動機。

首先，渴望有影響力是人的天性。我們想要相信自己對他人是有價值的，我們可以做出具有價值的事情，並且「改變」世界。

當然，這同樣也適用於志工生涯。教導孩童時，我們要相信，有了幫助，這些孩童能夠學得更多。栽種樹木時，我們要相信，種植夠多的樹，可以減緩氣候變遷。拜訪長者時，我們要相信，正在

幫助長者維持獨立自主的生活，讓他們感覺自己受到重視。

第二點，我們對自己仰賴的社會制度功能已幻想破滅，所以要求更好的監督方式，也因此產生了更多的測量評估方法。如果我們知道學校無法給孩子未來就業所需的適當教育，不安全的食品能夠混過安檢系統，「奇蹟藥」其實無法拯救生命，當面臨這些制度性失敗——無論是政府機關、商業或者非政府組織——我們就有足夠理由要求改變，並且認為藉由測量影響力可以改變現況。

第三點，像比爾‧蓋茲（Bill Gates）一樣的超級富豪、新興慈善家樹立了榜樣，他們承諾捐贈自己大部份的財產，還說服全球其他億萬富翁也做出同樣的承諾。

正如《經濟學人》（The Economist ,2011a）在一篇有關慈善家的文章中提到：「現代慈善家通常都是白手起家，所以習慣把事情做好……他們衡量成功的方式，不是看自己付出了多少，而是看自己在慈善事業的投資報酬率，能夠拯救或改善多少人的生活。」

2011 年出版的三本書，其書名反映出慈善事業對影響力的重視正在逐漸扎根：《理性大躍進：在資源缺乏時代發揮成效》（馬力歐‧馬力諾）（Leap of Reason: Managing to Outcomes in an Era of Scarcity, Mario Marino）；《聰明付出：有成效的慈善行為》（托馬斯‧蒂爾尼和喬爾‧弗萊什曼）（Give Smart: Philanthropy that Gets Results, Thomas Tierney and Joel Fleishman）；《不只是捐贈：捐贈者改變世界的六種方式》（萊斯利‧克拉奇菲爾德，約翰‧卡尼亞與馬克‧克雷默）（Do More than Give: The Six Practices of Donors Who Change the World, Leslie Crutchfield, John Kania and Mark Kramer）。

你可別被誤導，我們不是要大家唱反調，那麼做就太可笑了。

影響力是一件好事，大家都很渴望具有影響力，事實上它正是關鍵。正如同馬力歐‧馬力諾（2011）所寫：「大幅改善集體影響力的時候到了，就是現在，我們最需要影響力！」

不過，倒是要給大家一點提醒。

對社會產生影響力並不容易，測量影響力也不容易，但事實是，我們不一定能測量影響力。影響力的預期目標不是都很容易達成共識，某人想造成的影響對他人來說，可能只是浪費時間，這種衝突來自各自不同的優先考量。

以下幾點值得深思：

1. 我們無法知道志願服務的所有影響，以及量化它

許多志願服務的情況，是志工直接服務他們認為「需要幫助」者。假使工作能充分聚焦，目標設定好，測量方法也有，也許真的能夠衡量志工是否有達成目標，想要的改變是否真的發生。

不過，要如何衡量這些工作對「需要幫助」的人，或是志工本身所有影響？假使我們靜下來思考，過去在生命中曾經幫助過我們的人，他們的幫助很明顯嗎？能測量嗎？還是那些幫助屬於比較潛移默化的影響與鼓勵，只不過是在我們需要時關心我們？

我曾收過一位女士寄來的電子郵件，幾年前她在我擔任主管的機構裡實習。她來信向我致謝，因為我支持、鼓勵並且幫助她。她分享了實習的經驗後，還告訴我她在政府機關從事自己很喜歡的工作。其實我對她一點印象都沒有，甚至連她之前在哪個機構服務過的模糊記憶都沒有。沒想到，我曾經對別人帶來連我自己都不知道的影響，若非她來信致謝，我根本不會知道這件事。

還記得前面我們提到迪士尼跟美國航空的例子嗎？實現孩子的願望，對孩子來說意義為何？世界上並沒有一把「開心尺」，可以用來衡量志願活動對孩子、家庭、甚至志工帶來什麼影響。

我們知道有影響，不過無法測量它。儘管如此，無法測量影響力，並不會減少志願工作的真正價值。

不過，這表示可以透過說故事的方式，展現生活中許多面向的影響力。寄電子郵件給我的女士，告訴我她的故事，以及對她的影響。我不需要寄給她一份調查表，也不需比較她與近年來和我共事的人有何差異反應，更不需分析資料，因為她的故事就是數據。

世上也許沒有一把「開心尺」，不過如果有的話，上面的刻度會因為人們訴說的故事而移動。

故事賦予我們的生命、工作以及整個世界意義，我們不能小看故事的力量。

的確，我在研究中探討，為何有些非政府組織在鼓勵志工參與方面，比他人更成功（Allen, 1992），高效能組織的一項關鍵特性，正是志工的貢獻──不管是過去或現在──會透過故事，在支薪員工以及志工間流傳分享。

社群媒體越來越無所不在，讓每個人都可以分享自己的故事，誰都可以聽取或閱讀這些故事。企業面臨的挑戰，是找出最好的方式，鼓勵企業志工和服務受惠者，說出並分享他們想說的故事。

2. 太著重測量，可能使工作受限

喬治・索羅斯（George Soros）令人想不到他其實是一位活躍的國際慈善家，他就認為大眾太重視量化成果。他告訴來訪的《慈善記事》（Chronicle of Philanthropy,Preston 2011）：「堅持測量成果是錯誤的做法，（捐贈者）太常扭曲目標，結果連成果都受到扭曲。」

對索羅斯來說，最冒險、成功機率最低的計畫，可能是最重要的計畫，因此，這樣的信念致使他捐贈時採取不斷嘗試錯誤的方法。

作為對比，該文章也引述了索羅斯的朋友、企業主管彼得・路易斯（Peter Lewis）的談話：「我會執著於看到捐款達成我捐贈的所有目的，所以我也關心支持的組織如何運作。喬治不像我那麼關心這些事情，他比較關心理念及大眾。」

志願服務的世界裡，渴望可測量的結果，是否會讓我們只做實際可測量的活動？是否會讓我們只摘那些「伸手可得的果實」，那些可以「快速草率」測量的計畫？

企業希望志願服務可以增加品牌價值，這種渴望很正常，也可以理解，我們是否會更傾向採用「較安全」的計畫，成果容易測量或許比較可能有正面成果？

舉例來說，我們會對災難做出立即應變嗎？我們會正確計算並公佈提供了多少金錢、食物、物資嗎？一旦媒體對災難初期的關注退燒，還有艱辛的重建工作有所斬獲後，可測量的成果變得更不可得，我們會因此轉移我們的焦點嗎？

我們會逃避新理念、創新想法、還未證實的解決方法，只因為它們可能會降低我們得到可測量結果的機會？

3. 我們會如何處理失敗？

不是所有的事情都會成功，我們可以預料到的是，我們的成功以及失敗都會記錄在測量結果上。

我們有準備好面對失敗嗎？更重要的是，公司、領導者、志工準備好如何面對失敗嗎？當資料清楚顯示我們並沒有達成任何事情，更不要說達成原本的目標時，我們要怎麼做？

對那些管理企業志工計畫的人來說，答案可能就在於，對於計畫以及自身在公司的地位有多少安全感。我們能夠承擔失敗嗎？還是覺得自己已經在公司的邊緣地帶，根本不容許失敗？

不過，這不代表不應該測量，這只是提醒我們，必須有心理準備，面對預料之外的結果，這些結果有時可能會削弱已作投資的合理性。

這也支持我們的論點，就是必須用企業管理的同樣標準，來管理志願服務。我們清楚明白，不是每一次商業投資、每一項新產品或新服務、每一次收購或合併都會成功，成功的企業承認失敗，並且從中學習。

從某些角度來看，我們必須從「研究發展」的脈絡，看待志願服務，像是創造理念，以及社會創新的實驗，是給員工機會去找尋、嘗試，為社區帶來有意義的改變。這代表一定得有容許失敗的空間，我們不是要故意失敗，而是不要因為怕失敗，而只做安全的事。

4. 產生影響力與測量影響力，都需要投資

計畫測量——不管是簡單計算投入與產出，或是評估影響力

——早在志願工作執行之前，在活動初期構想時就已經開始進行。計畫測量也需要嚴謹的管理方法，來訂出最終目標、定義可測量目標、決定測量什麼、如何測量等等。

要組織計畫，讓計畫儘可能產生影響，我們必須促成穩健的夥伴關係，志工必須做好有效的工作準備、徹底執行計畫，也必須分配足夠資源，以支持志工計畫。

這一切都需要管理團隊及執行人員投入時間，也需要投資金錢。

我們確實需要在測量志願工作上投資更多，並且真正從中學習，制定並維繫合適的資料收集系統；我們必須投入時間分析、解讀資料。當然，免不了要撰寫報告、與管理者諮商、決定未來的活動項目。

需要投資不是逃避評估的理由，不過，我們必須認知到投資這個事實，並且據此擬定計畫。一開始就要決定什麼內容及程度的評估，會符合企業需求，假設在一般情況下，無法投資於嚴謹的前置與後置評估法，那麼就需要知道，這些沒做的評估能為我們想要、需要、能夠接受的志願工作影響力，帶來什麼樣的啟示。

5. 反正，這可能不實用

《慈善記事》（Chronicle of Philanthropy）中有一個發人省思的觀點，哈德遜研究所布萊德利慈善與公民更新中心（Hudson Institute's Bradley Center for Philanthropy and Civil Renewal）主任威廉·施布拉（William Schambra, 2011）尖銳地批評，資助者日益要求做更多測量，而大部分測量是遭到濫用。

施布拉指出，測量慈善事業並不是新鮮事，實際上可以追溯到20世紀初期，不過那時候實施的測量，「對於做事情的方式，顯然並沒有什麼可測量的影響力，所以過了一整個世紀後，現在談到測量影響力，就好像才剛發現這個概念似的。」

現今非政府組織肩負重擔，必須回應多個來自基金會以及政府測量系統，還必須適應新方法出現時，常會造成的系統變化。

　　更糟的是，施布拉認為所有收集的資料通常效用不大。資料通常不是由相似計畫匯總而成；捐贈者常忽略資料，因為他們必須聚焦在下一輪的捐贈項目，而不是過去的項目；這些資料很少用來決定未來的捐獻。

　　施布拉談到，所謂的「測量黃金標準」，應該要有隨機對照組，他說：「對大多認真的社會介入方案來說，嚴謹的實驗性測試，不僅產生道德問題、價格還很昂貴，而且測驗成果要很久才能取得，那時對決策已經沒有幫助。」

　　施布拉認為，要解決這樣的問題，答案就在捐贈者（或者是我們討論的企業志工管理者）與非政府組織都能夠接受的「簡單一致，對使用者友善的系統」。

⬡ 績效差距

　　透過全球企業的研究中發現，雖然企業想要評估自身志工活動的影響力，對評估也表示興趣，卻少有企業真正有所行動。訪問的48 家企業中，僅有少數企業真正做了一些有影響意義的評估工作。

　　這些公司並非特例，正如第十三章提到全球報告倡議組織（Global Reporting Initiative, 2008）的一項研究發現：

　　企業通常聚焦在回報社區相關活動的績效，較不注重企業活動對民眾以及環境帶來了哪些改變或好處。

　　因此，我們也較難勾勒出企業對社區的整體影響力。

　　以下引述此研究的部份結論：

　　我們清楚知道，測量企業對社區的影響力並非易事。

　　企業發現測量自身影響力非常困難。回報對活動的付出以及績效較為容易，評估投資社區後，所造成的改變就難得多了。對企業會有幫助的是，用比較系統化的方法評估社區投資的影響力，所運用的工具，要能測量長期下來發生的正面或負面變化。

⬡ 不同的觀點

　　我拜訪孟買塔塔集團（Tata Group）的阿南特・納德凱尼（Anant Nadkarni）時，他與我分享了一個有趣的觀點，就是為何公認價值與實際表現會有所差距。阿南特是企業集團持續發展（Group Corporate Sustainability）的副總裁，也是塔塔社區倡議委員會（Tata Council for Community Initiative, TCCI）的秘書處負責人。塔塔社區倡議委員會幫助塔塔集團內的一百多家公司及員工，參與社區事務。

　　我在印度的時候正好是典型的炎熱 12 月，即便有來自德里的國際志工協會同事英迪拉・達斯古普塔（Indira Dasgupta）的陪伴與計程車司機的幫助，要找到阿南特的辦公室還是一項挑戰，我們終於在穿過四條擁擠的街道後，找到了他的辦公室。塔塔社區倡議委員會並不是在閃耀的辦公大樓裡，而是置身於繁忙商業區中，一棟相當不起眼的建築物二樓。

　　阿南特熱情歡迎我們，並且立即說明支撐著塔塔文化的歷史與哲學，我們在第九章已有說明。他花了好幾個小時解說，偶爾有電話或者訪客時，才打斷他的談話，阿南特更不吝惜分享經過長期職涯歷練後的見解。

　　雖然我很仔細地做筆記，當我把自己認為正確的紀錄寄給阿南特時，他還是很好心地把它改寫得更完整。對於企業在影響力評估方面所面臨的挑戰，以下是他的看法：

　　企業知道每季或每年的成果，也比較不重視影響力。影響力不是
　　「商業」語言可以形容，與長期人類福祉和價值比較有關係。志
　　工的天性比較是自我鞭策、主動積極的，並且注重最終結果，所
　　以志工往往會有長期視野。

　　志工願意等待較遙遠的未來，企業執行長通常不會有志工那樣整
　　體性的觀點。

　　接著他提出評估志願服務影響力的五個關鍵領域：

　　・志願服務是否創造了創新文化？

- 創新是否能持續，亦即是否對人類福祉有益？
- 這種創新是否對社會價值觀有改革般的變化？
- 志願服務是否能激起民眾的熱情、天賦與技能？
- 志願服務是否增進了企業名聲？

塔塔集團評估自身的社區計畫包羅廣泛，並不只限於員工志願計畫，大部分評估是運用個案研究法，作為社會發展計畫報告的正式格式。個案研究法包含收集背景資料、描述活動、紀錄結果資料，不過更重要的是，個案研究法是一個說故事、省思、分析的架構，也是「分享學習重點，以及到底有什麼可以激勵大家願意繼續投入：人們最終有什麼改變、你看到了什麼改變（Tata Group 2010）」。

塔塔的個案格式，從原本的期望成長為「塔塔集團旗下公司用相同的方式了解、紀錄許多人為的成就與故事，透過具有共識的統一規格，用三到四頁的故事篇幅，描述一個理念或一組類似理念。」遵循「塔塔」精神，阿南特同意我們在下列方塊中，與讀者分享統一格式的架構。

該段文字的結語，與我們對「啟發性實務做法」的理念相符：「總而言之，整體經驗應該啟發他人，深思你的理念。」

塔塔個案研究格式

- 描述觸發計畫的狀況或問題：一開始必須先簡略描述，某特定構想的演變過程及原因，驅動力為何？計畫的目的是為了解決哪些特定需求與顧慮，例如健康、教育、婦女、孩童問題等。
- 描述企業界能做出的重大貢獻：為何塔塔集團要投入？塔塔集團可帶來哪些能力？解決社會議題，需要什麼創新與突破？
- 描述關鍵社區／利害關係人：以過程／傳統／習慣等來看，要讓理念成功實現，需要有那些重大改變？
- 概述實際行動與數據：特定策略、進度表或工作計畫為何？為促使志工計畫有效實行，需要什麼特殊安排或流程？有哪

些人從事服務？針對那些人類福祉指標等。

　　‧展現活動如何累積資本或建立價值，不管是人力、社會、自然，還是經濟等的資本或價值。提供高畫素的具體成果相片，例如火爐、沼氣發電廠等。

　　‧描述最終成就：提供計畫過程的監控細節，以及社區如何解決衝突，提出未來的社會經濟目標、對員工的期待，以這些資訊為基礎，提出更能持續運作的行動模式，此行動模式對集團中其他公司有何幫助？是否為服務對象建立永續生計模式？如何締結同盟以及夥伴關係？

　　‧分享所學，以及計畫中使人興奮、持續向前的亮點：人們最後有什麼改變，你看到什麼改變？列出你在過程中犯的錯誤，以及計畫面臨的主要挑戰。

　　‧描述管理階層承諾要做的事，如何導入持續進步的作業循環。對資訊、經驗、知識的分析，整合提供自己的看法。這裡必須要引述執行長、資深經理、相關主管的一句話，搭配計畫相關照片。最重要的是，整個志工經驗，應該要能啟發他人思考你的理念。

⬡ 啟發性實務做法

　　我們的確在研究中發現，某些十分強而有力的影響力評估實例，足以稱為「啟發性實務做法」。

　　舉例來說，在塔塔諮詢服務公司（**Tata Consultancy Services**）裡，員工志工針對特定計畫設計影響力評估方法，透過馬伊翠員工協會執行。通常要設計這種評估方法，必須先調查計畫認定的「受惠社區」，活動前後都必須做調查，了解活動對社區帶來什麼改變。

　　輝瑞大藥廠在影響力評估方面，明顯領先業界。自 2003 年起，輝瑞與波士頓大學全球健康發展中心（Boston University's Center for

Global Health & Development）合作，依據輝瑞指派的特定專業發展目標為基準，評估輝瑞志工在全球健康夥伴計畫（Global Health Fellows program）的績效，以及評估此計畫的社會影響力。輝瑞評估使用的一整套工具以及測量方法，皆可供其他企業採用以及調整，用以評估他們的跨國界志工活動。

第十二章提到，最後研究報告描述了輝瑞等五間公司的跨國界志工活動，這些公司的確也都積極從事評估與學習。

巴西的匯豐銀行正在發展一套多面向方法，用以評估自身的志工計畫：

• 測量付出、成果。

• 非政府組織夥伴或計畫直接受益人的觀感，計畫成果為受益人帶來的改變，例如：「孩童現在的書寫能力更好。」

• 計畫前調查員工志工，確認他們認為自己在參與過程中，可以增進哪些技能，計畫後調查是否真有所進步。

• 詢問員工意見，像是過程中會做什麼調整，讓計畫更有效。

• 設定每項計畫目的與目標的指標，決定是否達成了目的與目標。如果要成功發展與實行所有這些方法，關鍵是擬定明確直接的指標，以及相關問題，這樣可以更容易收集到資料。

◇ 學著喜愛你的非政府組織夥伴以及他們的測量方法

匯豐銀行採用非政府組織夥伴的觀點，這點與其他企業的方法相似。通用電氣（GE）的志工主管保羅·博弈克（Paul Bueker）告訴我們，企業相信影響力評估「是與非政府組織關係自然發展的一部份，我們承諾幫助非政府組織達成任務。」因此，非政府組織夥伴使用的測量方法，通用電氣認為也適用於自身志工計畫。

摩托羅拉（Motorola）一向喜歡使用已證實的模式做評估，因為摩托羅拉認為從頭開始並不符合成本效益，他們希望夥伴能夠起帶頭作用。舉例來說，摩托羅拉與第一機器人（First Robotics）合作，媒合志工工程師、科學家與中學生，第一機器人也與研究機構、大

學合作，找出這些活動影響學生學業表現與職業選擇的證據。

摩托羅拉基金會資助美國女童軍（Girl Scouts of America）和婦女與資訊科技國家中心（National Center for Women and IT）合作，研究女孩的非正式資訊科技，與科學教育方面，最有希望的學習方法。為了找出實際可行的作法，摩托羅拉就可確保，投資於計畫的志工以及金錢，會有真正影響力。

陶氏化學（Dow）則重視志願服務後非政府組織夥伴的改變成果，視之為自身工作影響力的有效參考。他們可能會問，類似於建立非政府組織能力志工計畫的問題：志工建議的改變，是否採用？實施後的結果？提供的服務或者生產是否增加？是否募到更多資金？是否更能擴大活動規模？

請注意，企業不是在要求非政府組織評估志工工作。相反的，是要對合作夥伴培養足夠的尊重以及信任，如此一來，企業可以自在地使用非政府組織的測量方法，用來評估以及描述自身的志工工作。

同時，這也代表關於接受經證實有效模式的代理資料。在摩托羅拉的案例中，已有研究證實對女孩來說，非正式科學與資訊科技教育的有效方式是什麼。複製這些方式，有可能會有同樣正面的成果，因為這些方式已經證實。

不需要一再重複相同的研究，相反地，企業可將注意力放在精確複製已證實有效的做法，確認非政府組織夥伴有能力、知識與技巧可以完成工作，並且確認志工都有受到適當的訓練與管理。

這也表示，需要對公司說明並證實，非政府組織測量方法，以及代理資料的有效性。

・評估影響力的模式

以下是評估影響力的兩種模式，兩者似乎都有極大的「表面有效性」，也就是說，他們十分合理。

第一個評估模式，由倫敦基準集團（London Benchmarking Group, LBG）開發，第十三章也討論過，倫敦基準集團不只注重投

入與產出，還重視長期的活動好處，他們給予詳盡的描述資料，不過不一定會量化活動效益。

第二種評估模式由真實影響諮詢公司（True Impact LLC）的法隆・利維（Farron Levy）開發，利維使用與第一種有些相似的方法，不過更直接試圖以貨幣價值，計算企業志工對企業營收的貢獻。

兩種模式皆提供概念性以及實際的方法，讓評估影響力變成較實際可行的做法。

⬡ 倫敦基準集團

倫敦基準集團模式運作方式的一個絕佳案例，已呈現在本書的尚比亞 BD 志工計畫個案研究中，這個計畫，後來發展成為一持續系列的志願者服務行（Volunteer Service Trips）。BD 與天主教醫療任務理事會（Catholic Medical Mission Board, CMMB）合作，有十名來自全球的 BD 員工到尚比亞五個工作地點，進行為期兩週的活動。

該份個案研究（未標明日期）由總部設在倫敦的企業公民諮詢公司（Corporate Citizenship consultancy）撰寫，企業公民諮詢中心也是倫敦基準集團的創辦者，以及持續經營者。

此評估模式可快速概述為：

> 倫敦基準集團的目標是針對計畫的整體貢獻（輸入），這些貢獻對社區以及企業的效益（輸出），最後探索計畫長期的好處或「影響力」。此模式藉由比較「輸入」（我們的貢獻）與「輸出」（達成效益）的比例，提供衡量計畫成效的方法。

倫敦基準集團將輸入分類為金錢、時間（在這裡表示志工時間）、實物（物資）以及管理成本。每項成本皆經過量化，準確知道付出的金錢，捐贈的物資皆標示「合理的市場價值」，時間也經過「保守估計」。至於志工時間，計算的方法是「BD 企業相關工作水準的平均薪資估算值」。

輸出項目包含槓桿效率、社區效益（當地以及全球）與企業效益。槓桿效率是「企業的倡議或參與為活動或計畫直接吸引到的額

外資源」。倫敦基準集團在結論中提到:「顯示企業貢獻可以作為增加社區計畫資源的催化劑。」

關於 BD 員工募款的案例:企業運用關係從其他企業募得物資;非政府組織夥伴則貢獻相當的計畫管理時間,整體槓桿效率價值,幾乎達輸入價值的二成五。

倫敦基準集團將社區效益,分為當地以及全球效益,雖然這些效益沒經過量化測量,倫敦基準集團針對這些效益做了豐富與詳細的描述,所以其價值似乎很清楚明顯。

就當地來說,實驗流程與計畫都有改善,員工也受到訓練。當地居民團體負責建造新建築,翻修現存設施,也獲得新的工具與技能,來完成自己的工作。志工建造了兩座新的焚化爐、一座新的實驗室以及其他設施等。

其中最重要的是,倫敦基準集團所稱的「槓桿效益」,亦即完成工作的長期漣漪效應。舉例來說,因為社區裡的醫院現在有設備較完善、管理較完備的實驗室,他們比較可能得到新贊助,並且符合政府補助資格。

就全球層面來說,除了計畫目標的明顯進展外,還可以描述計畫對天主教醫療任務理事會(CMMB)的特定效益,包括與 BD 的夥伴關係更強健;決定採用新方法吸引企業志工參與計畫,長期任務的參與人員範圍擴大,不再單純是醫療保健專業人員;增加可信度以及可見度,都對募款有所幫助。

對 BD 的效益並未經過量化,不過也有詳細描述。大部分的效益都集中在志工身上,這點並不令人意外。在訪談中,志工談到計畫如何改變他們的「人生觀」,給予他們機會發展及練習新技能,提升公司士氣,堅定員工留在公司的承諾。

很重要的是,志工認為計畫給他們:「一種直接體驗,認識到開發中國家的醫療保健需求……了解到普通民眾面臨的真實挑戰、優先考量以及需求……,這些都會直接影響到企業透過銷售適當市

場產品，來回應需求的能力。」

從更廣泛的角度來看，還會給人一種感覺，就是志工計畫用所有員工看到的實際方式，讓企業實現「幫助所有人過著健康生活」的使命。BD 與非政府組織合作，協助發展 BD 的內部計畫管理能力，因此增進能力來實行未來計畫。志工計畫也是吸引外界目光的媒介，使外界注意到企業的使命，以及企業對社會的貢獻。

最後，倫敦基準集團考量到長期影響力。也許不可避免地，影響力是模式中最不容易測量、最靠臆測的部分。倫敦基準集團承認，「在大多數的案例中，民眾需要時間才能感受到影響力，而且影響力也很難測量。」

因此，倫敦基準集團用計畫的成果來預測「潛在影響力」，要注意到的是，從與志工及天主教醫療任務理事會的訪談中，我們發現有些影響力已經算是落實，不過「其他人則覺得有必要做更廣泛的影響力評估。」倫敦基準集團條列出的潛在影響力似乎可行、合理，不過當然不保證會實現。

想知道更多倫敦基準集團資料，請上他們的網站：www.lbg-online.net/。

✶ 真實影響

美國真實影響諮詢公司總裁法隆・利維與亮點協會合作，發展非常創新的工具，讓企業可以用來計算志願活動的投資報酬率。

他們的工具，是我們看過最接近以合邏輯、可論證的方式，用以量化企業志工商業價值。藉由與企業共同發展、初期展示整套工具的使用方法，他們建立了工具的可信度與支持度。他們提供的是一切俱足的方法，包含完整回報機制以及標竿評比機會，如此減低了企業所需要的投資，提高了可獲得的價值。

真實影響諮詢公司與亮點協會的合作，是基於企業活動在推動「社會」目標的同時，也會產生可測量的商業價值，並且直接有助於達成商業目標、影響企業收益。

不過利維（2010）提出，大部份企業覺得測量付出與成果就夠了，並未採取行動來測量商業價值，因此沒有把「商業」活動的管理標準運用在社區參與上。

真實影響諮詢公司的方法，是基於三個核心原則。

第一點：「聚焦企業收益」。特定的社區參與活動，對增加營收、或是減少成本，有什麼程度的幫助？同樣地，對企業來說，他們提供的服務，如何轉化成對受益人的貨幣價值？

第二點：「必要時使用代理資料」。有什麼現存的資料可以用於價值計算？舉例來說，如果活動可以為企業製造媒體曝光機會，目前每次曝光的設定價值為何？已經存在、廣為人所接受，或者可以通過「有根據的猜測」這項考驗的資料，就沒有必要再重新計算。

第三點：「盡早規劃測量作業」。規劃評估作業的時間點，是在活動初期的規畫階段，不適合在活動已經實施一半或完成時。這必須成為整體實施計畫中不可或缺的一部分，要認清整個過程中需要採行什麼步驟，以便確保有效實施評估。

運用核心三原則的運作模式，共分為四個步驟：

- 確認測量活動，涉及的公司內部以及外部利害關係人。
- 確認活動對三方面的影響：

  活動：亦即對每個利害關係人增加（成本）或減少（好處）的工作。

  成果：活動的可能結果，正面與負面都要計算。

  看法：對公司名譽或者品牌資產的潛在影響，正面與負面都要計算。

- 決定財務底線效應，從執行計畫的成本、實際實現的成果，到對於他人觀點的認定影響力。
- 運用實際或者代理資料計算財務成果。

使用此模式，必須先承認代理資料的正當性，並接受現存活動對商業目標有所貢獻的合理性。

因此，舉例來說，假使一項現存活動能增加企業信譽，讓人們覺得企業是就業的好去處，那麼我們就可以說，那項活動幫助企業吸引新員工，接著我們就可以使用現存招募成本資料來計算，該活動如何協助減少招募成本。

此方法也能用來計算活動對社區產生效益的價值為何。所以，舉個直接的例子來說，假使計畫改善失業成年人的就業準備技能，就能使用代理資料，評估這項好處的經濟、社會的連漪效應。對企業來說，計畫產生的價值，是整體價值中密不可分的一部分。

所以，此方法要如何應用在企業志工上？

2008 到 2009 年間，真實影響諮詢公司與亮點協會（POLI）合作「員工志願計畫投資報酬率測量研究」（Employee Volunteer Program ROI（Return on Investment）Measurement Study）。該研究演變成一項持續的服務，亮點協會的成員以及非成員企業都能使用志願投資報酬追蹤器（Volunteerism ROI Tracker），該工具著重在產生成果與影響的資料。

該工具要求企業提供志工管理系統中，已完成活動的單周或雙周報告，並且提供志願員工的電子郵件地址。真實影響諮詢公司／亮點協會接著直接傳送一份線上調查，給志工以及志工服務的組織，分析作答完畢的調查表，並且提供企業一份調查結果報告。

調查目的是確認志工活動，對各領域商業目標，像是銷售、招募、風險管理、技能發展、員工工作滿意度、員工對特定志願計畫滿意度等，有哪些主觀認定的貢獻。

根據真實影響諮詢公司的網站（2011），這些報告是為了「量化志願活動的商業與社會影響力……；以匿名方式標竿評比……相較於其他機構的績效；包含改善志願活動的建議方法。」

想要知道更多請上 http:// www.trueimpact.com/measuring-volunteerism。

⬡ 結語：企業的挑戰

第十三章的開頭，就概述第十三到十五章會探討測量以及評估的議題。我們把測量影響力稱為「聖盃」，這也是大家最想知道、最受重視，以及可能最難測量的項目。

本章開頭提到，渴望知道志願活動是否產生影響力，是人的本性。我們想要相信自己對他人具有價值，對自身工作有其價值，以及能夠藉此「改變」世界。

現在，到了本章結尾，正如我們已經為企業志工「大帳篷」理念中，所內含的多元價值做辯護，看來也必須擁護影響力評估方法的多元價值。

了解志願服務影響力有很多方式，可以從其他志工分享的故事、從志工服務的機構、從接受服務的人身上得知。我們看到影響力反映在非政府組織夥伴的測量方法上，把這種影響力投射到公司內，並且設計方法來計算其經濟價值。投資測驗前後模式，以判定影響力是否真的實現。

很明顯地，依據目標以及需求測量準確度的不同，這些方法適用的時間及空間也各自不同。

不過，這些方法沒有哪一種是不適當或觀念錯誤的。企業的挑戰，就是決定哪種方法最適合企業需求，最符合企業現況。

PART 6

反思與預測

關於個人志工經驗的故事，幾乎總是
會有某種版本的「我的收穫比付出更
多」，這絕不是偶然。這不僅是事實，
還是有利的事實，因為這成為一項促
使人付出更多的動機。

Chapter 16

16 六大挑戰

> 我們應該要重新定義「策略性」概念，讓人能理解，建立全面性志工活動是一種策略思維——仿照我們的「大帳篷」概念——提供所有員工各種機會，讓他們能在不同的時間內，用不同的方式參與。

這世界上有大量關於企業志工的「好消息」，這點從全球企業志工研究計畫已經得知，這也是我們試著透過本書傳遞給讀者的觀念。

但我們也得知，有一些消息對企業志工不怎麼有利，在本書中也已提到。

企業志工的價值固然受到大眾認可，其公認的價值與現實的投資情況之間，仍有一段差距。企業志工是一項動態、不斷演進的活動，塑造其樣貌的力量，主要還是來自公司內部，以及在公司之上、那股塑造公司的力量。

讓我們回過來探討企業志工領域，所面臨的明確挑戰。以下是我挑選的主題：

- 這真的是志工服務嗎？
- 存在於企業志工界之公認的價值，與現實的投資情況之間的差距。
- 每個人都要做嗎——或是只有部分人需要？
- 缺乏向全球學習的動力。
- 跨文化管理。
- 企業志工的批評者在何處？

本章主旨在於討論以上的疑問。

✦ 這真的是志工服務嗎？

第五章的結尾，我講了自己在大學的故事，有一晚我跟一群領導志工計畫的同學坐下來，討論著我們做事的動機，以及感到不安的原因，因為領悟到「我們在幫助別人自助的同時，也是在幫助自己」。

四十年前，討論志工從服務中「獲得」什麼，被視為是不適當的。當然，那是像鴕鳥一樣把頭埋進砂子裡、不願面對事實的思考方式。

事實上，我們所有人在參與每件事時，都能獲得一些價值——即便我們明知該行動方案並不高明，也超過我們能力所及。我們做的志工服務，與其他的活動並無不同——我們投資，也明白投資會有報酬。

人們研究、討論、分析、讚美，以及批評參與志願服務的動機，已經有數十年之久。幸運的是，對於我們多數人來說，志工付出時間、體力以及才能來服務，是否能得到回報，這個問題在許久之前已有肯定的答覆。

對某些人來說，他們參與志願服務，是要回應宗教上的「感召」，或滿足自己的責任感，或是在生活中達成自己的期望，或是達成家人設定的期望（見第九章關於執行長參與志願服務的討論）。對其他人而言，這是能在社會上建立新關係，是獲取新知的一種方式，能學習新技能，接觸能引介工作的人，發展一項興趣……族繁不及備載。

關於個人志工經驗的故事，幾乎總是會有某種版本的「我的收穫比付出更多」，這絕不是偶然。這不僅是事實，還是有利的事實，因為這成為一項促使人付出更多的動機。

什麼時候才不算是志工服務？我們就從一般人接受的志願服務定義開始說起。

為了社會或他人利益而做，出於個人自由意志，不期待立即的金錢報酬，是一項有意義的工作。

當然，是什麼賦予了志工的工作意義，對其他人來說，什麼才是有益，大家對這兩者很有可能會意見分歧。後者特別會是個問題，尤其是當志願服務是用來支持各式各樣的宗旨，或公共政策立場時。不論某人是否同意某個公共政策立場，志願服務就是志願服務，也需要受到如此的認可及尊重。

我們很清楚知道，如果「志工」從工作中直接收取酬勞，或者工作是別人強迫或要求的，這就不是志願服務──這整個觀念，也可延伸適用於企業志工。

・如果員工在上班時間內，某個時段不用上班，而去參與志工服務，並且薪水照領，這樣他們算是志工嗎？

・如果員工參與社區活動，是團隊建立這類公司，並要求參加的活動，這樣他們算是志工嗎？

・如果員工「參與志願服務」，只是因為他們以為不這麼做，就會危及在公司的地位，這樣他們算是志工嗎？

如果他們不是志工，那他們是什麼？

還有……有人在乎嗎？

我們會一一討論這些項目。

帶薪服務時間

很久以前，就有人不斷討論這個議題。最極端的立場是，他們「是領錢去做志工」。比較中庸的定位是，他們「獲得了彈性工時的好處」。

事實上，多數的帶薪服務時間政策都相對受限。在我們訪談的全球企業中，大部分提供正式帶薪服務時間的公司，都設定為每年兩天。許多公司就直接表示，這會依據各國國情、各業務單位，以及每位主管的考量不同而有所差異。舉兩個例子，**IBM** 與**渣打國際商業銀行**就都明確提供了員工參與志願服務的「彈性時間（flex time）」。

還有，之後會從包容性的角度來討論這點──並非每位員工都

能使用帶薪服務時間，原因可能是他們的工作性質，或是公司政策發展尚未擴大到涵蓋他們。

多年來，關於帶薪服務時間的非官方證據似乎暗示著，使用帶薪服務時間的員工，時常要事後補完工作時數——不管是早到晚退，或工作更認真一些。許多主管的確表示，使用帶薪服務時間參與志願服務的員工，通常在公司的生產力最高。

常理思考讓我們很難大力主張，使用兩天帶薪服務時間的員工，不需要用額外的工時，及更高的生產力等任何方式，歸還這兩天。

我的意見是——帶薪服務時間不能跟領薪水做志工混為一談。使用帶薪服務時間的人是在做志願服務，這是一項有意識的選擇，而且他們很有可能會用正式或非正式的彈性時間，再投入志願服務。

強迫參加

我們比較難合理化這種行為。中小學及大專院校都會要求學生完成一定時數的「社區服務」，這不表示學生就算是志工。在法庭上，因為輕微犯行罪行而站在法官面前的人，需要從事一定時數的「社區服務」當作懲戒，他們也不算是志工。

用同樣的邏輯來看，被要求參與社區的員工不算是志工。更確切的說，他們做的也是一種社區服務。

在老闆命令下，專業人士沒有選擇地提供免費專業服務；員工被要求參與社區服務的活動，列為公司的一種團隊建立體驗等，也都算是類似情況。

沉默逼迫

以外界觀點來看，當有公司告訴他們有九成以上的員工參與志願服務時，我們多數人會直覺認為他們一定是被逼的。我不太確定，因為我幾乎無法想像，有這麼多人願意參與其中——或者是我誤解了他們生活的國家文化，也誤解了他們的公司文化。

同樣的問題，也存在於工作職場上的募款活動。這些人真的是慷慨解囊，還是因為主管要完成上司交付的命令？

公司的管理階層為志願服務設定了一個特定的目標人數，這能創造出符合期待的健康氛圍嗎？或者說，這是一種微妙複雜的強迫手法？

同樣重要的一點是，不回應這些期待或不受強迫的人，他們會發生什麼事？既然我們在全球企業都沒聽說過，有不做志工的員工遭到大批逐出門戶，看來我們可以有把握地說，即使有反彈，應該都還算是溫和。

我的意見是——合乎中道，不偏左右。一切都要視情況而定，一切都是觀感問題。如果你覺得受壓迫，誰有資格跟你說那不是呢？然而，從大部分情況來看，對於志願服務的期待並不是強迫政策。還有，如果真的是——那好，請回去看上一段「強迫的參與」。

如果他們都不是志工，那他們是什麼？

回到第一章，當我們在定義「企業志工」時，談到「員工社區參與」，將這個構想歸功於倫敦企業公民諮詢中心，該機構是這個領域內始終如一的高素質「思想領袖」。這個架構幾乎涵蓋了所有可以想到關於「企業志工」的內涵。

我倒是很樂於贊同，員工參與社區時的角色並不是當「志工」，而是做「社區服務」，這類角色與志工都可以列入更廣泛的「員工社區參與」領域。

然而，從這樣概念化的考量，以及明確界定「企業志工」，到找出一個關於志願服務的「純粹」定義，這中間還有好長一段路要

走。正如我們下一章會討論到,這麼做看似不切實際,而且很多尚未深入該領域的人可能不會接受。

有人在乎嗎?當然有。貝亞‧波嘉蘭多(Bea Boccalandro)是波士頓學院企業公民中心的教職員,也是一名獨立諮詢師,她在2011年寫給德國企業公民中心(Centrum für Corporate Citizenship Deutschland)的報告中,主張說「策略性」企業志工活動的出現,是在破壞「真實的志工服務」基礎。

「商業利益或許是高效能員工志工計畫的一項正字標記」,她寫道,「但這也是對真正志願服務概念的公然侮辱。」她認為策略性員工志願服務,用三種方式削減了真正志願服務的崇高信條——利他、自願以及個人。

波嘉蘭多認為:「商業不適合作真正志願服務的主人」,並且據此提出解決之道,就是把「員工志願服務」概念重塑為「員工社區參與」。

對我來說,這根本誤解了志願服務的真實面。在本章開頭,我們就討論過,志願服務對員工不是沒有好處的,而且通常是有意規畫或事先期許的好處。

即便是德蕾莎修女也相信,自己做的事是上帝的感召,因此她是透過對自己有回報的方式,來實踐自己的信仰。

假如我們真要從全世界所有志工行列當中,剔除那些不是明顯利他的——也就懷抱對他人的無私關懷——我們大概只剩屈指可數的志工。

接受志工服務的非政府組織或社區,是否在乎這些人是「真心奉獻的志工」還是「收錢的志工」,或是在公司工作派任下長期借調到他們單位的?

很可能他們比較在乎的是,志工把事情做得很好,符合他們的期待,而這群人也提升了當下或長期的運作能力,達成組織任務。

務實考量,往往壓倒純粹理想。

那麼，最終的受益者又是如何呢？最簡單的方式，就是你想像有一群人接受某種形式的教育、公共或是社會服務。

我曾經在一位強力擁護志願服務的男士手下做事，他很喜歡告訴別人一個故事，他去參訪學校，校方告訴他志工們的工作，就是幫助學生提升閱讀技巧。他問一名學生為什麼喜歡跟志工家教一起學習，學生回答：「因為他在這裡是自己想來，不是因為領了錢。」

我老是用這個例子消遣我爸，他曾是學校的教師與行政人員。這名學生說的也許沒錯，以他的情況，志工是比老師更有教學熱忱，不過，這並不表示所有的志工都比專業助人者更有熱忱、技術更高，或更有效能。志工是輔助的角色，不能取代正職人員。

的確，比起領薪的專業助人者，不支薪的志工能帶來不同的動機、觀念以及技能。這些志工時常會有跟學生一對一教學的奢侈條件，而不用同時應付很多學生。這一切都會為服務對象帶來價值。

但一位「道地」的志工，真的就比一名「不那麼道地」的志工，更可能帶來這一切價值嗎？

生命太過短暫，以至我們無暇為這些事情畫出嚴謹的分界線。

貝亞·波嘉蘭多主張，「策略性」企業志工服務，正在破壞「傳統」志願服務形式，這一點是正確的。然而，解決之道並非重新定義概念、重新命名這個領域，並將「純粹的志願服務」從工作場所中移除。

恰恰相反的是，我們應該要重新定義「策略性」概念，讓人能理解，建立全面性志工活動是一種策略思維——仿照我們的「大帳篷」概念——提供所有的員工各種機會，讓他們能在不同的時間內，用不同的方式參與。

◇ 公認的價值與實際投資之間的差距

這個主題在本書中不斷出現，如同在研究計畫中最後的報告一樣：極少數公司會期待用同樣嚴謹的商業活動標準，來經營志願服務。

更糟糕的是，這種投資上的落差，是來自於高分貝宣揚志願服務對公司的價值。

如果執行長到處演講，說志願服務「是不錯的附加物，會讓人們對公司的印象加分，但不會真的有什麼商業價值」，那麼，對大部份的管理層來說，志願服務的投資水平，相較於期望水平，就不會這麼糟。

如果不付出這麼多努力來打造「企業面理由」、設計各種方法來加以證明，就沒有人會擔心志願服務管理是完善還是悽慘，資金是適足還是短缺。

然而，公司對內對外已經聲明了志願服務的價值，已經清楚、公開地表明理由，為何企業對志願服務所需要的管理及支援上的投資還是不普遍？

簡單的答案是，因為那些事情不是企業「普遍」會做的。有些企業投資大型的訓練以及發展計畫，有些則否。有些企業擴充環境友善的設備，有些則否；有些企業嚴謹管理企業社會責任政策與計畫，如同管理他們的核心業務——大致是因為他們認為那是公司核心業務的一部分——有些則否。

一個比較憤世嫉俗的答案是，那些公開聲明志願服務價值的企業，根本言不由衷。而我們希望那不是真的。

比較不憤世嫉俗的答案是，志願服務在公司裡，就像企業社會責任的許多面向一樣，都是處於邊緣地位。公司有志願服務「是不錯」，但不是必要——有進展但還沒到位。

普遍來說，企業志工是存活下來，但未必是蓬勃發展。

公司少量投資於志工服務，卻能從中獲得龐大的回報。員工普遍來說也樂於參加；他們對公司形象有加分作用；他們在網站或年度志工報告上看起來都很棒；執行長以及其他高階主管都喜歡每年花一天的時間「捲起袖子來服務」。

公司以更嚴謹的方式管理志工服務，也投資更多，是否就會獲

得更高的報酬呢？

許多公司顯然相信這一套。世界的龍頭公司——像是 IBM、西班牙電信公司、三星集團、優比速公司、C&A 公司、淡水河谷公司、塔塔集團、渣打國際商業銀行、禮來公司、福特汽車公司、通用電氣、卡夫食品、輝瑞大藥廠、SK 集團、澳洲國民銀行——他們認同自己公司的志工活動對社區、員工以及公司本身的整體價值。他們不只認同其價值，還做出必要投資使其具體實現。

有一家企業裁掉全球總部將近四成的員工，而我在數個月後造訪這家企業。我走過漫長、黑暗、空蕩蕩的走廊，到了一間小型會議室，與兩名社區關係部門的員工見面。

當我問他們，在公司大規模「瘦身」之際，他們是如何決定要維持員工志工計畫的，他們立刻回答：「我們虧欠留下來員工的，比離開的員工還多。」

從各種合理的定義來看，他們的志工計畫是處在公司邊緣地帶。但在當時，對於公司以及曾經待過的員工來說，它具有嶄新的價值——我們也不難想像，對於流失這麼多工作而大受震撼的社區來說，志工計畫也帶來嶄新的價值。

令人難過的是，現實情況來說，企業對於經營企業志工的期待遠遠不及其核心商務。結果是限制了志願服務的成效，任其徘徊在邊緣地帶，並且失去相當部分的潛在價值。

◈ 每個人都要做嗎？或是只有部分人需要？

在某種意義上來說，這個議題也與公認價值和現實投資情況的差距有關。我們可以用這段話來表達：「如果志願服務真有我們所宣傳、相信的好處，不就應該讓所有員工都有機會獲得這些好處嗎，如此一來更可擴大對社區及企業的影響力？」

然而，在很多企業之中，不是所有員工都有機會接觸志願服務，尤其是現在最具策略性、最具影響力的專業導向志願服務（Skills Based Volunteering, SBV）。在德勤 2008 年的人力資源專業人士調

查中，有九成一的人認同其價值，卻只有一成三的企業提供員工專業導向的志願服務機會，培養員工領導技能。他們報告說：「絕大部分的志工服務機會，都是為了發展領導能力與技能以及經營能力。」

在第十二章，我們問到：「何為技能？」，列舉了幾家企業，他們有多種方式可了解員工有那些技能可以在社區中發揮。

優比速公司就是一個極佳的例子，請閱讀下面方塊的內容。

▶ 優比速的經驗 ◀

他們公司的司機、安全專業人員以及其他優比速人（UPSers），用自己的時間擔任志工，教導年輕人與新手駕駛優比速道路駕駛安全行為準則（UPS Road Code^{SM} safe driving course）。在美國，優比速公司在美國男孩女孩俱樂部（Boys and Girls Clubs of America）的參與地點推行這些計畫。在加拿大與歐洲，優比速人負責教導優比速道路駕駛安全行為準則，之後會擴張到亞太地區。

同時，為了反映出品牌的「物流」重點，優比速也用多支柱系統發展出一套人道援助計畫，協助遭破壞的社區。優比速貢獻了智能資本、科技以及大規模全球網絡的供應鏈資源，幫助非政府組織、政府以及聯合國機構調度援助物資，克服危機時期最令人頭痛的一大挑戰。

優比速的人道援助計畫還有一個核心要素，就是「急難救援團」：參與過志工服務的優比速人，受訓後成為「人道物流救難員」，公司會派他們去受災害破壞的社區。

在美國，優比速與美國紅十字會合作，設立優比速物流救難特攻隊（UPS Logistics Action Team）作為回應單位。在國際上，優比速則與荷蘭的天遞公司、科威特的亞致力物流公司，以及丹麥的快桅公司三家物流同業合作。

> 他們一同成立了物流緊急團隊來支持世界糧食計畫署（World Food Programme, WFP）以及聯合國全球物流集（UN Global Logistics Cluster）。本團隊遍佈世界各地，隨時準備聽世界糧食計畫署命令出動，任務通常是針對天然災害影響逾 50 萬人的情況。
>
> 對優比速來說，所有的技能都要受到認同、尊重，並應用在救援工作上。 ▶▶

各式各樣的公司都致力於確保自己的計畫具有包容性。我們來看幾個例子。

當卡夫食品在籌辦美味大不同週時，他們承認生產線的員工一刻都走不開，無法像坐辦公室的員工一樣參與其中。所以公司提供這些員工夜間服務以及周末服務的選擇，也為他們提供回家動手做計畫（take-home project），讓他們跟家人一起完成——編製羊毛毯子、組裝與裝飾食物籃以及製作問候卡片。

同樣地，萬豪國際飯店（**Marriott**）有時會在自家飯店提供服務計畫，讓無法從工作現場抽身的員工，可以用輪班方式參加服務。

輝瑞大藥廠（**Pfizer**）承認其全球健康夥伴計畫（Global Health Fellows program）雖有高影響力，但僅限於少數員工，所以輝瑞目前積極發展一個全面性的計畫，希望最終能提供機會給所有員工，讓他們以各種不同的方式參與志願服務。

有些企業擴大參與的做法，是讓員工在公司志工活動中擔任領導者的角色。

以志工領導志工的概念，其歷史就跟志工領域一樣久遠，以利惠公司（Levi Strauss）的社區參與團隊算是先鋒。今日，通用電氣公司是公認的領袖，在全球 50 多個國家創立了 200 多個志工委員會，以確保志願服務由當地推動，這種安排反映著通用電器旗下各事業單位之間的龐大差異，員工參與的方式也因此各有不同。

淡水河谷公司（**Vale**）在 2004 年發布了公司的招牌志工活動，

名為「Voluntarios Vale」，該活動在巴西 40 個城市中建立了 28 個
員工參與委員會，包括礦業、交通設施以及其他生產線的運作。委
員會的成員來自公司各階層的員工。在 2010 年，他們著手進行了
400 項計畫。

　　參與志願服務的個別員工，本身就是確保計畫具有包容性的關
鍵資產。安盛企業（**AXA**）的全球系統中，「超級志工」在公司「心
動就要行動（Hearts in Action）」活動中擔任專案經理，負責籌畫以
及調動志工。在 **Timberland** 公司則有全球管家（Global Stewards）
計畫，讓員工承諾擔任任期兩年的單位聯絡人。思愛普軟體公司
（**SAP**）擁有超過 250 名志工大使（Volunteer Ambassadors）的聯
絡網，他們在 39 個國家中領導 350 項全球服務月（Global Month of
Service）計畫。瑞銀集團（**UBS**）在倫敦發動了一個「倡導者網絡」，
讓志工鼓勵其他員工一起參加。

　　這些都是非常具有啟發性的實務做法，值得大家注意，也值得
大家適度調整後使用，或直接採用。

⬡ 缺乏向全球學習的動力

　　研究過程中，我們從許多人身上學到很多關於企業志工的知識
──共有 48 家全球企業參與；有 26 個「合作組織」跟我們分享新知；
還有我們訪談過的學術機構、新聞記者、顧問人員，以及我們探討
的研究、書籍及文章。

　　結果令人敬佩，我們被全世界有關企業志工的龐大知識量震懾
住了。

　　但結果也令人失望，因為人們向全球學習的動力尚遠遠不足。

實際上的障礙

　　英文固然是公認的國際商業語言，世界上還有人用很多其他種
語言進行大量的商業活動、研究、倡議以及報告。語言隔閡相當現
實，也難以突破。

認知上的隔閡

從一些人的對話中，可以聽出弦外之音：「我們能從他們身上學到什麼？」這個「他們」，通常是指地球另一邊或在其他國家的企業。這些人認為，那些企業不像他們自己的公司這麼先進——或者是因為那些企業太過先進，所以情況太過複雜，不是他們所能想像的。

資源分配上的隔閡

即使在今日由網際網路驅動的世界，要以真正全球都可存取的方式來收集資料、理解資料、並分享來自全球的資料、經驗以及知識，也是一件花錢的事。

利己主義的隔閡

本書中，我們不只一次討論企業志工這個小型產業，成員包含非政府組織、學者、顧問，以及在企業志工服務周邊成長的其他團體。不論他們是否承認彼此的競爭關係，企業志工的「空間」只能容納這麼多人。每一方都在想，如何為自己的目標企業聽眾「增值」，卻似乎沒有把共同合作這件事視為「增值」的方法之一。

階級上的隔閡

我們經常認為，只有透過同儕、正式的媒介或組織過的活動，才能有所學習。在巴西，V2V 通信技術是一項新興的替代方案。這是一種創新社會網絡，促進志工彼此直接聯繫，鼓勵志工在計畫上一起合作，支持其他志工以及從他人身上學習。對公司來說，這個技術不只為各公司創造了客製化與品牌化的社會網絡環境，同時也提供一個管道讓志工可以跨公司連繫。

這當然對他們很有幫助，但是單一國家或地區內的企業聚在一起討論「國際計畫」，並不能算是全球規模的學習。來自不同國家、身在不同文化、處於不同參考框架、活在不同現實面的人，他們聚在一起分享經驗、問題與創新思維，這才會有全球學習力。

　　這是國際志工協會的全球企業志工委員會，以及會員國的根本精神，全球的企業都在尋找機會共聚一堂，互相學習與彼此支持。

　　如果我們的研究沒有說服我們什麼，至少它讓我們相信，向全球學習的過程必須要加速並穩定成長，為的是造福——沒錯，我們要再說一次——社區、志工與企業。

◇ 跨文化經營

　　在我們的研究中最難的層面，或許就是設法理解，在企業營運必須面對的全球文化中，企業如何管理許多不同文化下的志工計畫。

　　不論是廣義的志願服務或特別針對企業志工，我們並不打算、也沒有能力制定一份目錄手冊，來說明這些文化差異對志願服務在理解、認知或實踐層面上的影響。

　　的確，這樣的目錄頂多只會像是一般指南，說明企業在特定的國家或地區中可能遇到什麼情況。這世界是如此多樣化，甚至在同一個國家，人們對於志願服務的態度與方法也有可能是南轅北轍。

　　此外，在同一國家內的不同企業，也會有很不同的經驗。舉例來說，有些企業告訴我們，他們在中國、印度、俄羅斯的志工計畫強而有力，其他企業卻告訴我們，他們公司在這三個國家中，不可能推動志願服務。

　　當然我們有聽過一些例子，是我們曾經面臨的挑戰。有一家企業告訴我們，他們曾計畫在某個國家使用制式志工宣傳活動，直到有人指出該活動有使用刀叉進食的形象，然而當地居民卻不使用刀叉。另一家企業告訴我們，志工活動與相關材料使用公司常用的配色規格，但是卻與該國的慣用顏色有所牴觸。經由這兩個例子，企業因地制宜做了修改後，實施狀況就能變得良好。

　　老實說，對某些企業來講，這倒是不成問題。有些企業想當然爾，認為自己的志工計畫是「一種規格全體適用」的方式，再依照地區或國家領導風格做適當調整。其他企業認為，他們的整體做法是「非常去中心化（decentralized）」的，所以只須遵照一般指導原

則，志願服務就能適合每一種文化而自然發展。

有些企業表示，他們會關心如何學習文化差異並設法經營。當他們進入一個全新、不熟悉的市場時，他們會特別關注處理此事的手法。

從過去的訪談以及資料研讀中，我們擬定了應對挑戰的九項準則。

1. **敞開心胸接受差異**。正如卡夫食品公司的朱利安‧琴告訴我們：「要用不同的角度思考、用全球的角度思考，而不是用國家的角度思考。」看似簡單，但是實踐起來可不容易。

我們所有人都要克服自身固有的偏見，以及我們對世界觀感的內在限制。我們聽過、看過世上許多不同地區、不同事物的概述，有許多似乎是刻板印象。最重要的是，不要對文化差異作價值判斷。如何在視覺形象中，讓男人與女人適當共同呈現，就是一個極好的範例。

這世界上有許多真實存在的文化差異，我們要學習理解並接納差異，而非加以批判。

2. **尋求公司內部幫助**。有誰了解某個國家或地區的情況？員工之中有本地人嗎？誰曾在那裡工作過？誰負責在那裏經營業務？這些人都能對一般文化議題提供見解。

3. **尋求公司外部幫助**。花幾分鐘的時間上網，得到關於某個國家的資訊會多到無法吸收。但是搜尋「（某國國家或地區的）志願服務」可以幫助你取得一些普遍的知識，也能幫助你界定需要探索的關鍵問題。

線上搜尋也能幫助你找到某一國家中的全球企業清單。請找出最有可能正在進行志工服務的企業，並且聯絡他們。大部分的企業會很樂意分享他們所知道的一切，或是安排你聯繫該國的企業主管。在你現有的非政府組織夥伴中，看看他們是否在你關注的國家中推動志願服務，請他們協助提供意見或資訊。

4. **尋求國內的幫助**。如果你在當地有認識的人，請求他們協助

你找當地員工來擔任「內部顧問」——甚至他們可以成為第一批當地的志工領導者。除此之外，你還需要找到服務商業社群的當地非政府組織或資源組織。如果狀況許可的話，可以考慮進行焦點團體訪談，針對什麼行得通、什麼行不通蒐集重要洞見與回饋。

5. 由下而上的計畫。當企業進入新市場時，必須花時間在該國推動適合當地的計畫，不要只把國外計畫像空投一般丟到該國。主動分享自己的期待、公司政策、運作框架以及模式是一回事。當這一切要轉化為某項認定的指令，要求完成特定的活動，還要用一種特定方式完成時，又是另一回事了。

6. 事先確認。不論何「事」，如果是指新文化或不同文化中的志願服務，請務必與當地人士確認。避免尷尬的情況、挫折或變更的花費，例如翻譯後行不通的標語、不適當的圖像，以及文字內容傳達的訊息不良，或使用的顏色有問題。不要放掉事前檢查與徵詢反應的機會。

7. 仔細聆聽回饋。回饋分成幾種形式：有些是透過調查與正式的回饋機制產生；有些回饋會反映在參與程度上；有些回饋則藏在故事中，或藏在未講明的故事中。以上這些都具有其價值。邀請別人回饋，以及尋求他人幫助我們分析並應用回饋時，都要開放、直接並且心存感激。

8. 保持靈活彈性。我們很難態度僵化，又同時能夠彈性回應差異。你可以堅持用你的方式進行，然後不斷對抗這些阻力。你也可以保持心態開放、靈活，調整適應這些差異。靈活不表示就得降低你的期待水準，而是要因應現實作調整。

9. 追蹤記錄你所學習的事物。你可以開始在公司有制度地分享你的全球經驗，以及你從中學習到的事物，透過一些管道在公司內分享給需要知道的同事。如果不介意的話，也可以與其他企業分享經驗，當作是你對這個領域發展的一部分貢獻。

我們可能同時成為別人的好朋友，與友善的批評者嗎？

❖ 批評者在哪裡？

我們之前討論過的「小型產業」就非常寫實。在全世界各地都可能找到這類企業以外的組織以及個人，他們的工作就是推廣、研究以及支持企業志工。這些組織很多都是已獲肯定的，推廣一般志願服務的龍頭組織。

這些組織也可能是會被企業界徵召收買的團體。這些組織能夠擁護企業志工，提供企業服務（通常會收取會費或服務費），接受企業贊助會議、研究、出版品，同時又能為推動企業志工的非政府組織權益發聲嗎？這些組織的董事會或諮詢委員會成員，可以有企業會員——與企業保持距離，還要不帶感情地進行評估，有必要的話，還要批評企業哪些事有做到，哪些事沒做到？

對企業志工的某些面向質疑，尤其是可能會對企業志工的觀點對組織或其非政府組織利害關係人造成困擾時，可以這麼做嗎？

我們有可能同時成為好朋友與友善的批評者嗎？

你大概很難反咬那隻餵你食物的手。

如果這個領域要進步，一定要有啦啦隊，也一定要有批評者；要有虔誠信徒，也要有懷疑論者。並非所有的新聞都是好消息——但還是得報導，如此所有的人才能接受挑戰、重新評估，有所學習。

我們需要的是了解，並接受此觀念的企業——願意提供財務支持，會要求並捍衛獨立意見的企業，即使在過程中自己的手可能被咬疼。

在企業社會責任、慈善事業，以及保護整個志願服務部門的這些方面，企業界對獨立意見的支持是已經存在的事實。現在企業志工界也需要這種支持。

「志願服務」一詞在全世界很多地方
帶有正面意涵。志願服務讓人覺得是
對的事,具有正面形象。在全球,人
們視它為社區中不斷成長的正面力
量。我懷疑有多少公司或志工會「自
願」放棄使用志願服務。

Chapter 17

17 未來可能發生的十二件事

四十年來,「企業志工」此一幅員廣闊的運動,目前已經成為全球志工社區的主要力量,帶來領導力、資源以及能見度。

強健的志願服務工作帶來更健康的社區,環境更適合經營生意,讓員工安居樂業。

未來會發生什麼事?

正如美國老歌所唱:「世事難料,該來的就會來(Qué será, será. What will be, will be.)。」

儘管世事難料,我們仍要探討有可能——甚至極有可能——出現的十二項發展,將在未來五到十年內決定我們目前稱為「企業志工」的特色。

◇ 理解力不斷進化——但「大帳篷」繼續生存

正如我在前一章提過,向來不斷有人爭論說,某些企業志工服務的觀點在於,是否為「真正的」志工服務。的確,我的專題論文研究的出發點是「社區服務在執行長生活中的角色」,而非「志願服務的角色」,一大部分原因是我們很難把「真正」的志願服務,與他們必須要做的工作職掌區分開來。

然而另一項實情是,我當時無法選擇——現在也是如此——隨機挑選一批執行長,然後發現他們全部參與志工服務。我當時在找的是致力於志願服務的執行長。他們就像其他團體,有些人參加志願服務,有些人沒有。我選擇那些有參加志願服務的執行長。

所以,如果將參與社區活動視為一項必要的工作,那麼只有一

些執行長選擇擔任這個角色。如此看來,他們會參與活動,至少有一部分是出於自願。的確,我訪談過的幾名執行長,甚至覺得他們的董事會也很好奇,如此投入志願服務,同時還能做好其餘的工作,是怎麼辦到的?

我同意我們對員工社區參與的理解會不斷演變,也同意我們對於倫敦企業公民諮詢中心稱為「員工社區參與」這件事的討論方式會不斷演變。

以我個人來說,我想像「個人志願服務」到「企業志工服務」之間是一條連續帶,其中遍布著各種不同形式的參與。

個人 ◄---------------------------------► 企業
志願服務 ◄-------------------------------► 志工服務

對我來說,沒有受到公司支持的個人志願服務是在最左端。在最右端,我會定為「規定參加」的活動,比方說,在公司要求的專業發展與團隊建立活動中,安插志願服務內容。

帶薪服務時間政策比較像是位於連續帶的中間,公司支持員工利用個人時間參與志願服務歸類為左邊,公司指派的免費專業服務與借調歸類為右邊。

我不像貝亞・波嘉蘭多(2011),我不相信「策略性員工參與」與「志願服務」(不管你用什麼詞修飾——純粹、正當、傳統)無法並存,我不認為這兩者會互相排斥。其實,我相信這兩者已經並存,而且可能、也將會一起繁榮發展,我們稱為「大帳篷」的企業志工將會生存下去。

我也相信「策略性員工參與」與「員工志工服務」這兩個詞彙會一直沿用下去,不論純粹主義者、理論主義者,甚至是某些實用主義者贊成與否。

為什麼?因為「志願服務」一詞在全世界很多地方帶有正面意涵。志願服務讓人覺得是對的事,具有正面形象。在全球,人們視它為社區中不斷成長的正面力量。我懷疑有多少公司或志工會「自

願」放棄使用志願服務。

⬡ 因應天災人禍擴大參與範圍

　　儘管全球不盡然天災人禍頻傳，但在全球資訊交流全年無休的傳播影響下，卻會讓人有這種感覺。全球企業也提高警覺，因為他們知道全球有許多人直接或間接受到災害影響。許多企業擁有特殊技能與資源，能加入救難行列。大部分的企業得面對員工的期待，這不只來自災區國家，更來自全體公司，他們期待企業會提供員工機會前往協助。

　　在這方面，企業在全球、地區、國家企業，甚至當地層級進行協同規劃的時機已臻成熟。部分企業的確擁有特定、直接相關的技能與資源，能與從事回應和重建工作的非政府組織與多邊機構，發展出招牌夥伴關係。

　　不過大部分的企業必須在與其他人合作時，才能做出最佳貢獻。事前規劃、準備、參加預防性活動，以及清楚誰該做什麼——這些都至關重要。如同個別企業會有自己的緊急應變計畫，位置相鄰企業形成的企業聯盟也可以這麼做。這類合作活動可由不同公司輪流主導。有些員工可能受訓支援緊急應變——正如美國紅十字會在美國實施的「未雨綢繆」（Ready When The Time Comes）計畫——有些企業則會參加長期的重建活動。

　　對這些企業來說，挑戰在於如何長久維持承諾。像海地這樣的國家，緊急災情已被社會復原的長期掙扎所取代，媒體也將世人目光轉向其他地區的危機，接下來怎麼辦？這對志願服務來說，是很好的發展機會，不只針對第一時間救援，也針對持續的投入，企業可以就責任分攤達成明確共識。

⬡ 消費者參與

　　在第六章，我們引述了艾德曼國際公關公司全球消費者調查的研究（Edelman, 2010），結果顯示有七成一的消費者認為「公司品

牌與消費者一起努力，可以做更多慈事義舉」，另外有六成三的消費者「想要公司品牌能讓他們更容易帶來正向改變。」

我們相信企業會很認真看待消費者的期待，因此會看見越來越多的企業，提供消費者機會參與企業的實際志工活動。

SK 集團領導陽光計畫與 T-together 計畫，為企業的既有及潛在消費者提供機會，讓他們透過企業推動，以及自我創立的活動參與志願服務，這個部分我們已在第六章提過。

現代汽車快樂動起來全球青年志工計畫（Happy Move Global Youth Volunteer Program），雖然不是針對現在的消費者，卻肯定是連結了潛在消費者。該計畫在 2008 年開始，每年都有 1000 名韓國大學學生以志工身分參加，到參與計畫的非政府組織服務，地點包含印度、中國、巴西、捷克共和國、斯洛伐克與土耳其等現代汽車設有工廠的國家，以及匈牙利和泰國。每 20 名志工，會有一名現代汽車員工擔任他們的小組長。現代汽車支付計畫的所有開銷。

星巴克鼓勵夥伴們（員工）在志工活動中廣邀消費者、朋友與家人。他們在宣傳活動中，呼籲消費者承諾參與志工服務的時數。

隨著「千禧世代」發揮他們身為消費者的影響力，這股趨勢可能會延續下去。企業將會認清一件事，不只千禧世代族群，而是廣大消費者都願意用新的方式參與社區。

⬡ 理念領導

在第八章，我們概述了四種企業志工模式──注重商業、社會服務、社會發展以及人類發展。如果我們有辦法測量這四種模式的活動數量，根據我們能取得的證據來看，很可能大部分活動會是落在社會服務這一區塊，幫助人們改善即時需要。社會服務能夠打動許多志工，是在回應社區優先要務上，可以充分理解且通常沒有爭議性。

當企業越發專注在特定問題或議題上時，他們將面臨越來越多的壓力，因為外界會要求他們更積極解決立即性問題。這也是為何企業領袖除了將志工送進學校之外，還會關心教育改革。這也是為

何技能導向的志工，會與非政府組織和公家機構合作，改變他們完成工作的方式，建立工作能力。這也是為何企業志工要參與公共宣導與教育活動，因為預防勝於治療。

當企業認知到，透過志工活動和廣泛企業社會責任的政策及實務，問題之所以出現或延宕無解，原因可能是政府的作為或無作為、政府政策、資源分配及管理、甚至是貪汙，這會導致某些企業選擇投入公共政策領域。

全球許多地方，企業在各社會領域中都有直接或潛在的龐大影響力。當然，大部分企業時常將這樣的影響力，用於改善企業財務。

我們不太可能看到企業動員員工，拿著反對政府標語上街——至少不會是正式活動，員工也不會穿著由企業提供、印有企業標誌的 T 恤上街。

但很有可能看到，來自企業內部（員工）以及外界（非政府組織、消費者）的期待形成壓力，引導越來越多企業深入挖掘問題核心，了解原因後採取行動，從根本及制度面上改變。這些改變也包含設法影響公共政策，作法如同企業關注與自身利益直接關聯的議題。

✡ 廣伸觸角，涵蓋更廣的範圍

曾經有一段時間，大約 25 到 30 年前，美國企業為他們的退休員工設計特定志工計畫，但這種案例在現今並不多見。我們從研究中得知，日益普遍的做法是企業會邀請退休員工及其他離職員工、目前員工的家人與朋友、甚至是消費者參加志工活動。

企業似乎刻意擴大涵蓋員工的範圍。以美國為例，我們有好幾次聽到，企業將觸角延伸到企業內部的「同好團體」——以性別、種族、民族、性取向為基礎的員工團體——吸引員工參加志願服務，或讓員工發展符合自身興趣、優先考量事務的志工服務機會。

我們在第十六章討論過，志工服務的包容性是一項主要挑戰，目前有了令人感到希望的跡象。我們相信在接下來十年內，尋覓適合所有員工——不只是給坐辦公室的或專業人士這類角色——的志

工服務，將會成為標準做法。勞動人口確實對此有強烈期待，認為這種發展勢不可擋。

◈ 跨企業合作

跨企業的外部合作與企業內部更大包容性有密切關聯。我們在前面提到，企業面對天災人禍的應變準備及實際作為，是跨企業外部合作很重要的契機。這樣的合作也可能成為例行作業。

ENGAGE 組織在這方面領先全球，他們正透過 12 個歐洲城市、6 個非歐洲城市以及土耳其與葡萄牙的國家企業志工委員會，發展跨企業的企業志工協同活動模式。

ENGAGE 組織的基地設於倫敦社區商業協會，以一套獨特的模式，聚集重點城市的企業與強大的非政府組織夥伴，來發展協同式志工服務活動。每項計畫都是由當地機構負責設計及籌款，通常同時會有當地與全球企業參與其中。該模式充分發揮各自的力量，提供企業機會學習其他企業，並且吸引之前未曾參與的企業加入。

私部門志願者協會（Özel Sektör Gönüllüleri Derneği，土耳其語）是 2002 年在土耳其成立的企業志工協會，現在擁有超過 50 家當地企業與全球企業成員。該協會透過三種方式支援企業：規劃企業志工服務計畫、協助企業與非政府組織建立合作關係，為企業設計合作活動。他們的 ENGAGE 計畫包括企業參與小學生的教育活動，主題為全球暖化以及回收的重要性。他們也發展了一套強大的獎勵計畫，年度申請過程有明訂清楚的獎勵標準，藉此幫助所有企業改善績效。

GRACE 組織於 2002 年在葡萄牙成立，宗旨是推廣社會責任企業倡議，現在擁有 60 多個當地企業與全球企業成員。他們為企業籌畫了名為「G.I.R.O.」的年度服務日，作為「具有影響力的介入措施……以改善實體環境」。該組織的 ENGAGE 計畫是將志工與年輕人配對成一組，由志工個人幫助年輕人發展職業技能。

在拉丁美洲，非政府組織擔任領導角色，聚集不同企業，讓他

們在高度優先考量的議題上共同合作。

‧ 位於哥倫比亞的 Fundacion El Cinco 基金會，聚集幾家企業的志工一同合作，幫助小農轉型為鄉村企業家。

‧ 智利的 Pro Bono Foundation 基金會召集了 30 多家企業的律師，請他們透過提供企業建言、法律協助以及法定代表服務，為資源有限的個人、高風險部門或團體提供伸張司法正義的管道。

‧ 智利的 Accion RSE 組織是 ENGAGE 組織的一部分，邀集了十家企業服務附近的貧困區。

‧ 薩爾瓦多的 Glasswing International 組織、阿根廷的 Fundacion Compromiso 基金會以及哥倫比亞的 Fundacion Dividendo 基金會等三個組織，目前正在籌畫聯合企業志工活動。

「協同合作（Collaboration）」這個詞很有趣。它其中一個意思，也是最常見的用法，會伴隨以下的句子出現：「朝共同目標一起努力」，或是相同主題的其他說法。

另一個意思是「與敵人合作」。

當我在工作坊或演講中說提及此事時，台下不免有人會心一笑，有人點頭，他們了解我在說什麼。我們太常看到，非政府組織與企業雙方，只有在面對外界壓力時才會合作──例如捐款機構規定的條件之一，是要有兩個非政府組織合作。

很有趣的是，負責企業志工服務的經理坦承，在他們的領域中少有「與敵人合作」的競爭意味。因此，他們可以很放心地一起在當地及全國性「企業志工委員會」合作，也能共同主辦聯合服務日。他們能在非政府組織理事會上共事，也共同主辦研究與示範計畫──我們的研究計畫就是一例──共同學習，共享功勞。

我依然記得大約在 25 年前，總部均設立於德克薩斯州休士頓的艾克森美孚石油公司（**Exxon**）與美國殼牌石油公司（**Shell USA**），聯合領導了一項高能見度的活動，使得推動志願服務的企業數量遽增，也強化當地志工中心的功能，使他們更能支持逐漸擴

大的網絡,以及強化非政府組織與企業有效合作的能力。他們對社區、志願服務的共同承諾,讓他們超越了彼此之間的敵意,轉為對共同目標的有效合作行動。

在未來,我們會看見企業更積極尋找自己的供應鏈廠商、商業消費者以及策略商業夥伴,邀請他們一同參與服務——從企業現有的志願服務開始,到最後聯合規畫以及共同負責活動。當地和國家的「企業志工委員會」會激增,越來越多企業將加入聯合計畫,運用各自的長處參與,以提高效率、降低管理成本,並帶來更大的影響力。將來會有越來越多企業在無國界銀行(Bankers without Borders)之類的計畫框架下,執行志願服務,並讓企業員工有效參與。

⬡ 公司內部更加分權

在全球化與本土化之間的這種首要緊張關係,也會出現在企業志工服務中,緊張程度將不亞於在企業其他部分或整體社會層面。

湯瑪斯・費德曼(2000)將之描述為「發展與繁榮的驅動力」以及「保留認同感與傳統的渴望」之間的一種緊張關係。

我們訪談過一些企業志工經理,其中有一位說得更實際:「當地人知道當地的需求。」

我們不斷聽到這個主題用種種不同方式表達。例如,儘管越來愈多人傾向聚焦在少數特定優先考量上,討論時又說要平衡,需要有大量彈性,讓區域、國家與當地的企業管理者可以回應「離家較近的優先考量事務。」於是,有些「焦點」的涵蓋範圍變得如此寬廣,幾乎每一種志工服務都能適用。

瑞銀集團的執行模式,是由區域性工作團隊負責推動,並領導社區事務與志願服務。該模式讓他們體會到,文化、社區與員工期待、參與機會在每個區域、每個城市都不同。

塔塔集團建構了一個無所不包的框架,讓 100 多家企業制定屬於自己的志工服務與社區參與方式。他們以強調互相分享經驗與學習的方式,將彼此緊緊串連。

　　我們也看見一些正在崛起的模式，未來可能成為全球企業志工活動的主導模式：

　　・人們有意識地創造並維持的一個環境，是高度重視志願服務，並且營造出一種肯定、非強迫性的志工參與期望。

　　・寬廣的政策框架。

　　・集中管理的知識與資源結構（按照塔塔集團的社區倡議委員會與 IBM 的隨需應變志工社群）。

　　・各式各樣的全球活動，有些是規定參加（服務月、服務週、服務日），有些則像是招牌計畫，參與服務是一種選擇而不是規定。

　　・管理分權化，逐漸由員工主導。

　　這一切都會緊密串連成一個虛擬社群，並且有投注資源於制定一套清楚的報告、分享與互相學習流程。

◇ 社區參與團隊，由員工推動

　　這是一種類似「回到未來」電影情節的期待。在早期的志願服務領域裡，不管用什麼詞來稱呼，「社區參與團隊」都是企業志工活動的共通要素。

　　在許多案例中，社區參與團隊有責任確認社區需求、設定優先考量、規劃特定活動、招募志工以及執行計畫，這些都在員工的上班時間與私人時間內完成。企業對社區參與團隊的支持，各種程度都有，而社區參與團隊通常是企業的志願服務支柱。

　　我們在第十六章討論過，個人志工與團隊志工在公司中扮演主要領導角色。透過充分發揮志工的承諾與活力，企業可大幅擴增全公司創造與維繫志願服務的能力。在缺乏正式人員編制來支持志願服務的企業中，他們就顯得特別重要。

◇ 更強健的非政府組織夥伴關係

　　從非政府組織被當作企業志工服務中必須容忍的參與者，至今我們已經有了長足進展。至少有越來越多人稱他們是「夥伴」。儘

管事實上的關係不能算是夥伴，但很清楚的是，非政府組織在企業志工策略與操作面上的重要性非同小可。同樣地，企業承認自己有責任建立夥伴關係的能力，也要負擔在夥伴關係中，非政府組織的開銷。

　　這種趨勢會持續發展。夥伴關係會變得更強壯。越來越多企業會相信，在給予和教導非政府組織夥伴時，也能從他們身上有所獲得與學習。

　　為了達到這個目標，非政府組織也必須提升自身表現。他們需要對自己能提供什麼有信心，要做到「友善志工」，並且要承擔責任，雙方才能有彼此互惠與長期發展。

⬡ 更有效運用科技

　　我們在研究中有一項驚人發現，就是大部分的企業只使用一般的科技來推廣與支持他們的志工服務，即便可能在事業營運、行銷與消費者關係上廣泛使用科技時也是如此。

　　這大概是缺乏適當資源的結果。舉例來說，許多企業對於外部軟體廠商的限制與缺乏回應感到挫折，因為他們是抱著「非政府組織的心態」做事，沒能配合企業的需要與真實狀況。有幾個案例顯示，企業會因此發展自己的系統與內部的入口網頁。然而，這樣做會消耗龐大資金與時間，因為需要更強力的行政主管支持。

　　對某些企業而言，可取得性（Accessibility）是相當重要的議題。舉例來說，生產線員工在工作場合使用電腦的機會較為受限，或是無法使用。某些企業認為，線上工具是為了企業需求而開發，而不是方便員工使用，因此不鼓勵使用線上工具。

　　某些企業中，員工在公司使用社交工具時會遇到實際障礙，因為上班時間內公司電腦系統上不准使用。

　　與此同時，參與志工服務的企業逐漸累積動能，強化並擴張了科技的效能以及創新用途，來支持自家企業的志工服務——讓員工與志工輕鬆使用、提供增加志願服務影響力的工具，讓科技成為執

行志工服務的載具管道。

有些企業就是極佳的範例，他們發展全新的線上工具來支持員工志工服務——主要透過入口網站，有多國語言介面，也包括資源工具，提供員工一定程度的社交媒體功能，讓他們交換經驗與想法。

在未來五年內會出現更多這樣的例子，越來越多企業會克服實務與政策上的障礙，有效使用科技支持志願服務。

⬡ 向全球學習的動力

現在還沒有發生，但是以後一定會，這是必然的趨勢。

我們還要克服很重要的關卡，其中之一是相當重要的語言障礙。我們必須妥善考量收集、調查以及組織資訊的方式，才能使資訊變成有用的知識，而非隨機抽取的資料。必須考慮到企業社會責任與志工服務的文化觀點差異。我們必須共同努力維持全球觀點，是報告而非判斷，這是維持企業志工的「大帳篷」觀點。

最重要的是克服個人與組織的障礙，從他人身上學習，特別是向不同文化與不同現實環境的人學習。

上述這一切都需要領導與投資，以及願意跨越國界和組織內各自為政的心態。這也是為何對國際志工協會的全球志企業志工委員會來說，這是一項最佳倡議：全世界各地的全球企業，就其企業志工業務貢獻出獨特的全球觀點。

⬡ 志願服務的領導力

我們在第八章提到的邁向卓越的基本關鍵，其中一點如下：

領導型企業會超越自我，為志願服務提供在地、國家、甚至是國際性的領導力，邀集利害關係人，並帶領更多企業積極參與其社區服務。

這段話揭示的景象是，一直以來都有企業願意、甚至渴望擔任這種能見度高、激勵型的領導角色。他們在這領域致力於吸引其他企業加入，設立企業志工委員會，建立國家企業志工服務網絡。就是這

些公司，催生了國際志工協會的全球企業志工委員會並領導其運作。

在這同一批企業當中，有許多在企業圈外也不斷努力，領導更廣泛的「志工社區」成長，內容包羅萬象，從最複雜的國際非政府組織到最具草根性的活動，都是要動員人們回應人類、社會以及環境問題，建立健康、安全與永續的環境。

四十年來，「企業志工」此一幅員廣闊的運動，目前已經成為全球志工社區的主要力量，帶來領導力、資源以及能見度。

我們將面臨的挑戰是，如何在擴大承諾與領導、吸引新企業加入時，還能維持有長期發展的領導力。我們太常聽到，企業對這個廣義角色的承諾，都是取決於某人的領導力。「當某人退休時，企業會怎麼做？」這類顧慮並不算少見。我們要從公司內外持續努力，在志工服務領導力上建立制度性的承諾。

優先考量必須是，說服企業在新興市場中承擔起領導角色，一如他們在自己母國國內會有的擔當。在多數情況下，由於當地提倡與支持志願服務的基礎架構不健全或大致不存在，這些企業的影響力會益發彰顯。

建立強健、活躍的志工活動，使其成為企業所在國家或社區的一項特色，這點與企業的長遠最佳利益相符。強健的志願服務工作帶來更健康的社區，環境更適合經營生意，讓員工安居樂業。

這項訊息應該要傳達給全世界的企業。他們的承諾不能夠侷限於企業自己的系統，需要更廣泛地領導志願服務，協助推動創新，建立卓越的全球志工社區。

PART 6

反思與預測

「企業志工」未來發展的整體目標，
是確保每位員工有機會以某種服務形
式參與社區。

Chapter 18

18 撐起大帳篷，滾動大時代

　　當我為本書做總結時，我反覆問自己，有哪一個概念是我很想在此提出，特別吸引大家注意，以確保讀者在創造自己的專屬時刻時，能在這個議題上與自己對話，或與他人對話。

　　在本書最後，我已經清楚這個概念是什麼了。

　　「企業志工」的未來發展，不在於重新定義概念，讓「真正的志願服務」概念與「策略性志願服務」脫鉤。

　　相反地，需要重新定義的，是我們目前對「策略性」一詞的用法。

　　「策略性（Strategic）」的定義是「與策略有關、符合其特徵、或與其本質相符」。而「策略（strategy）」的定義是「用以達成主要或整體目標的行動計畫或政策。」

　　如果我們的整體目標，是儘可能讓很多員工能參與高能見度的活動，那麼，全球服務日的「策略」成分就不低於技能導向志工或跨國界志工，這兩項是目前「策略性企業志工服務」的範例。

　　如果我們的整體目標，是確保每位員工有機會以某種服務形式參與社區，那麼，「大帳篷」方法作為一種全面性計畫，底下包含許多不同參與方式，就是具有「策略性」。

　　如果我們的整體目標，是充分發揮員工純熟的專業知識與技術技能，進而在特定議題上發揮極度專注的影響力，那麼，技能導向志工（或許借調也算是）可能會是適當的「策略性」解決方案。

　　「策略性企業志工」這個詞使用太頻繁，衍生了一種優越感與分離感，如果不加以控制，可能會貶低其他同樣有效，且符合公司目標的「策略性」解決方案之價值。

　　「大帳篷」出現是基於一個理由——因為志工服務與社區服務機會的多樣性，正好符合全球商業界現實、期待、目標與需求的多樣性。讓馬戲團繼續表演吧！

Bibliography

參考文獻

A

Allen Consulting Group (2007). Global Trends in Skills-Based Volunteering. Melbourne: The Allen Consulting Group.

Allen, K. (1992). Changing the Paradigm: The First Report. Washington DC: Points of Light Foundation.

Allen, K. (1996). The Role and Meaning of Community Service in the Lives of CEOs of Major Corporations. Washington DC: George Washington University. Dissertation.

Allen, K., I. Chapin, S. Keller and D. Hill (1979). Volunteers from the Workplace. Washington DC: National Center for Voluntary Action.

Austin, J.E. (2000). The Collaboration Challenge: How Nonprofits and Business Succeed through Strategic Alliances. San Francisco: Jossey-Bass.

B

Berger, I.E., P. Cunningham and M.E. Drumwright (2007). "Mainstreaming Corporate Social Responsibility: Developing Markets for Virtue." California Management Review, 49.

Boccalandro, B. (2009). Mapping Success in Employee Volunteering. Chestnut Hill: Boston College Center for Corporate Citizenship.

Boccalandro, B. (2011). The End of Employee Volunteering: A Necessary Step to Substantive Employee Engagement in the Community. Berlin: Centrum für Corporate Citizenship Deutschland.

Boorstin, D. (1965). The Americans: The National Experience. New York: Vintage Books.

Brewis, G. (2004). Beyond banking: Lessons from an impact evaluation of employee volunteering at Barclays Bank. Voluntary Action 6:3.

Business in the Community (2011). Workwell. http://www.bitc.org.uk/ workplace/health_and_wellbeing/.

Business in the Community and Doughty Centre for Corporate Responsibility (2011). The Business Case for being a Responsible Business. Cranfield: Cranfield University School of Management.

C

Carroll, A.B. (1999). "Corporate Social Responsibility: Evolution of a Definitional Construct." Business and Society, 38:3, September 1999

Carroll, A.B. and Shabana, K.M. (2010). The business case for corporate social responsibility: A review of the concepts, research and practice. International Journal of Management Reviews.

Carroll, A.B. and Shabana, K.M. (2011). The Business Case for Corporate Social Responsibility. Washington DC: The Conference Board.

Corporate Citizenship (undated). Walking the Talk: A Case Study of the BD Employee Volunteer Partnership Program in Zambia. London: Corporate Citizenship. Available at http://www.corporate-citizenship.com.

Corporate Citizenship (2008). LBG Guidance Manual. Available online at http://www.lbg-online.net/media/5595/lbg_guidance_manual_vol_1_inputs.pdf.

Corporate Citizenship (2010). Measuring the benefits of Employee Community Engagement. London: 2010. Available at http://www.bitc.org.uk/resources/publications/measuring_benefits.html.

Corporation for National and Community Service, Office of Research and Policy Development. (2007). The Health Benefits of Volunteering: A Review of the Recent Research. Washington DC: Corporation for National and Community Service. Available online at http://www.nationalservice.gov/about/volunteering/benefits.asp.

D

Dalberg Global Development Advisors (2007). Business guide to partnering with NGOs and the United Nations: Executive Summary. Available at "http://www.dalberg.com" www.dalberg.com.

Deloitte LLP (2004). 2004 Deloitte Volunteer IMPACT Survey. Available online at http://www.deloitte.com/view/en_US/us/Services/additional-services/chinese-services-group/039d899a961fb110VgnVCM100000ba42f00aRCRD.htm.

Deloitte LLP (2005). 2005 Deloitte Volunteer IMPACT Survey. Available online at http://www.csrwire.com/press_releases/21890-Deloitte-Volunteer-IMPACT-Survey-Reveals-Link-Between-Volunteering-and-Professional-Success.

Deloitte LLP (2006). 2006 Deloitte Volunteer IMPACT Survey. Available online at http://www.deloitte.com/view/en_US/us/About/Community-Involvement/207a526bd32fb110VgnVCM100000ba42f00aRCRD.htm.

Deloitte LLP (2007). 2007 Deloitte Volunteer IMPACT Survey. Available online at http://www.handsonnetwork.org/files/resources/Deloitte_impact_survey07.pdf.

Deloitte LLP (2008). 2008 Deloitte Volunteer IMPACT Survey. Available online at http://www.deloitte.com/assets/Dcom-UnitedStates/Local%20Assets/Documents/us_comminv_VolunteerIMPACT080425.pdf.

Deloitte LLP (2009). 2009 Deloitte Volunteer IMPACT Survey. Available online at http://www.deloitte.com/view/en_US/us/About/Community-Involvement/7651773b93912210VgnVCM100000ba42f00aRCRD.htm.

Deloitte LLP (2011). 2011 Deloitte Volunteer IMPACT Survey. Available online at http://www.deloitte.com/view/en_US/us/About/Community-Involvement/volunteerism/impact-day/f98eec97e6650310VgnVCM2000001b56f00aRCRD.htm.

de Tocqueville, A. (1835). Democracy in America. Available online at http://xroads.virginia.edu/~HYPER/DETOC/home.html.

Drucker, P. (1974). "Management's New Role – The Price of Success." In Kahn, H. (Ed.), The Future of the Corporation. New York: Mason and Lipscomb, New York.

Drucker, P. F. (1984). The new meaning of corporate social responsibility. California Management Review, 26.

E

Edelman (2010). Citizens Engage! Edelman goodpurpose® Study 2010. Available online at http://www.edelman.com/insights/special/GoodPurpose2010globalPPT_WEBversion.pdf.

Ellis, S. J. and K. H. Noyes (1978). Philadelphia: By the People: A History of Americans as Volunteers, Energize.

F

Foresight Mental Capital and Wellbeing Project (2008). Final Project Report. London: The Government Office for Science.

Friedman, M. (1970). The Social Responsibility of Business is to Increase its Profits. The New York Times Magazine, September 13, 1970.

Friedman, T. (2000). The Lexus and the Olive Tree. New York: Anchor Books. New York.

Furrer, O., Egri, C.P., Ralston, D.A., Danis, W., Reynaud, E., Naoumova, I., Molteni. M., Starkus, A., Darder, F.L., Dabic, M. & Furrer-Perrinjaquet, A. (2010). "http://faculty-staff.ou.edu/R/David.A.Ralston-1/23.pdf" Attitudes toward corporate responsibilities in Western Europe and in Central and East Europe. Management International Review, 50.

G

Graff, L. L. (2009). Reconceptualizing The Value Of Volunteer Work. Available at "http://www.lindagraff.ca"

Grameen Foundation (2010). Volunteerism: An Old Concept, A New Business Model for Scaling Microfinance and Technology-for-Development Solutions. Washington DC: Grameen Foundation.

GRI (Global Reporting Initiative) (2008). Reporting on Community Impacts: A survey conducted by the Global Reporting Initiative, the University of Hong Kong and CSR Asia. Available at "http://www.globalreporting.org"

Gruen, W. (1964). Adult personality: An empirical study of Erikson's theory of ego development. In Neugarten, B.L., Personality on Middle and Late Life: Empirical Studies. New York: Atherton Press.

H

Hills, G. and A. Mahmud (2009). Volunteering for Impact: Best Practices in International Corporate Volunteering. FSG Social Impact Advisors. Available online at http://www.fsg.org/tabid/191/ArticleId/81/Default.aspx?srpush=true.

Hurley, S. (2010). PowerPoint Presentation to the International Corporate Volunteerism Workshop: Learning from the Practitioners, April 21, 2010, Washington DC.

I

IBM (2009). 2009 Corporate Responsibility Report. Available online at http://www.ibm.com/ibm/responsibility/IBM_CorpResp_2009.pdf.

International Labour Office (2011). Manual on the Measurement of Volunteer Work. Geneva: International Labour Organization.

J

Jaques E. (1989). Requisite Organization. Arlington VA: Cason Hall & Co. Publishers.

Jarvis, Chris (2011). http://realizedworth.blogspot.com/.

K

Kolb, D. (1984). Experiential learning: Experience as the source of learning and development. Englewood Cliffs, N.J.: Prentice Hall.

Kraft Foods (2011). http://www.kraftfoodscompany.com/about/community-involvement/delicious_difference_week.aspx.

Kurucz, E., B. Colbert and D. Wheeler (2008). "The Business Case for Corporate Social Responsibility." In Crane, A., A. McWilliams, D. Matten, J. Moon and D. Siegel (eds.), The Oxford Handbook of Corporate Social Responsibility. Oxford: Oxford University Press.

L

Lenkowsky, L. (2011). "Robert Payton's Legacy: How to Educate Nonprofit Leaders." The Chronicle of Philanthropy. June 2, 2011.

Levinson, D.J. with Darrow, C.N., Klein, E.B., Levinson, M.H. and McKee, B. (1978). The Seasons of a Man's Life. New York: Alfred A. Knopf.

Levy, F. (2010). "Measuring Volunteerism: Practical Techniques for Corporate Managers." PowerPoint presentation to the Global Corporate Volunteer Council at their meeting in New York City, June 27, 2010 and November 15, 2011.

Levy, F. (2011). Email correspondence with the author. August 24, 2011.

Linowitz, S. (1976). The social responsibility of the business leader. In Glover, J.D. and Simon, G.A. (Eds.), Chief Executive's Handbook. Homewood IL: Dow Jones-Irwin, Inc.

Luks, A. and P. Payne (2001). The Healing Power of Doing Good – The Health and Spiritual Benefits of Helping Others. New York: iUniverse.com.

M

Margolis, J.D., H.A. Elfenbein, H. Anger and J.P. Walsh (2009). "Does It Pay to Be Good...And Does It Matter? A Meta-Analysis of the Relationship between Corporate Social and Financial Performance" as cited in Smith, K. V. (2011). "Don't ask 'why?'... ask 'why not?' From the Director. Website of Boston College Center for Corporate Citizenship, "http://www.bccc. net"

McCartney, C. (2006). Volunteering for a Successful Business. Horsham: Roffey Park Institute. Available online at http://www.roffeypark.com/ whatweoffer/Research/reports/Pages/VolunteeringforaSuccessfulBusiness. aspx.

Morino, M. (2011). Leap of Reason: Managing to Outcomes in an Era of Scarcity. Washington DC: Venture Philanthropy Partners. Available online at http://www.vppartners.org/leapofreason/getit.

Murray, S. (2007). "Corporate citizenship: More than the sum of the parts." FT.com, July 5, 2007.

N

Neugarten, B.L. (1968). "Adult personality: Toward a psychology of the life cycle." In Neugarten, B.L. (Ed.), Middle Age and Aging. Chicago: University of Chicago Press.

Nixon, R. (1969). Statement about the National Program for Voluntary Action. November 4, 1969. Available online through The American Presidency Project. http://www.presidency.ucsb.edu/ws/index. php?pid=2305#axzz1Ru69Ws2Y.

P

Peterson, D. K. (2004). "Benefits of Participation in Corporate Volunteer Programs: Employees' Perceptions." Personnel Review, 33:6.

Porter, M.E. and M.R. Kramer (2006). "Strategy & Society: The Link Between Competitive Advantage and Corporate Social Responsibility." Harvard

Business Review, December 2006.

Porter, M.E. and M.R. Kramer (2011). "Creating Shared Value." Harvard Business Review, January-February 2011.

Preston, C. (2011). "Soros Says Donors Who Measure Results Are on a 'False Track.'" Chronicle on Philanthropy, May 19, 2011.

R

Ramasamy, Bala, Matthew C. H. Yeung and Alan K.M. Au (2010). "Consumer Support for Corporate Social Responsibility (CSR): The Role of Religion and Values." Journal of Business Ethics, 91:6172.

Reed and TimeBank Survey (2001). IRS Employment Trends 737, October 2001

Rochlin, S., P. Coutsoukis and L. Carbone (2001). Measurement Demystified: Determining the Value of Corporate Community Involvement. Chestnut Hill: Boston College Center for Corporate Citizenship.

S

Santayana, G. The Life of Reason. Originally published in 1905. Available online at "http://www.gutenberg.org"

Schambra, W. (2011). "Measuring the Outcome of Grants Just Gets in the Way of Real Results." The Chronicle of Philanthropy, February 10, 2011.

Shakespeare, W. (c1597). Romeo and Juliet. Available online at http://shakespeare.mit.edu/romeo_juliet/full.html.

Smith, K. V. (2011). "Don't ask 'why?'... ask 'why not?' From the Director. Website of Boston College Center for Corporate Citizenship, "http://www.bccc.net"

T

Tata Group (2008). Tata Council for Community Initiatives. Mumbai: Tata Sons Limited & Tata Services Limited.

Tata Group (2010). A Journey Towards and Ideal. Mumbai: Tata Council for Community Initiatives.

The Economist (2008). "Just Good Business." The Economist, January 17, 2008.

The Economist (2009). "A Stress Test for Good Intentions." The Economist, May 16, 2009.

The Economist (2010a). "Profiting from Non-profits." The Economist, July 15, 2010.

The Economist (2010b). "Companies Aren't Charities." The Economist, October 23, 2010.

The Economist (2011a). "They Work for Us." Page 20 of special section "A Special Report on Global Leaders." The Economist, January 22, 2011.

The Economist (2011b). "Milton Friedman Goes on Tour." The Economist, January 29, 2011.

U

United Health Care and Volunteer Match (2010). "Volunteering and Your Health: How Giving Back Benefits Everyone." Fact Sheet drawn from the Do Good. Live Well. Survey. http://cuvolunteer.org/downloads/VolunteerMatch%20survey%20findings.pdf.

V

Vaill, P. (1989). Managing as a Performing Art. San Francisco: Jossey-Bass Publishers.

Vaillant, G.E. (1977). Adaptation to Life. Boston: Little, Brown and Company.

Visser, W. (2008). "Corporate Social Responsibility in Developing Countries." In Crane, A., A. McWilliams, D. Matten, J. Moon and D. Siegel (eds.), The Oxford Handbook of Corporate Social Responsibility. Oxford: Oxford University Press.

Vizza, C., K. Allen and S. Keller (1986). A New Competitive Edge: Volunteers from the Workplace. Washington DC: VOLUNTEER: The National Center.

Volunteering Australia (2007). Staff recruitment, retention, satisfaction and productivity: the effects of employee volunteering programs. Volunteering Australia Research Bulletin, March 2007.

W

Walker, G. (2011). Businesses in Northern Ireland know its better to give than to receive. Posted on "http://www.businessfirstonline.biz" on May 23, 2011.

Warren, R. P. (1961). The Legacy of the Civil War: Meditations on the Centennial. New York: Random House.

White, D. (2011). "The Misconceptions of Skills-Based Volunteerism." Blog posted on August 22, 2011 at http://www.cdcdevelopmentsolutions.org/blog.

Williams, C.A. and Aguilera, R.V. (2008) "Corporate Social Responsibility in Comparative Perspective." Pp. 452-472 in A. Crane, A. McWilliams, D. Matten, J. Moon and D. Siegel (Eds.), Oxford Handbook of Corporate Social Responsibility. Oxford: Oxford University Press.

Z

Zappalà, Gianni, The Motivations and Benefits of Employee Volunteering: What Do Employees Think? Campersdown: The Smith Family, 2003.

Appendix

企業對於非政府組織夥伴具有各種不
同期待，本活動的設計，讓你察覺組
織對這些期待會如何回應。

附錄 A

附錄 A 非政府組織與企業合作的完備度測驗

　　企業對於非政府組織夥伴具有各種不同期待，本活動的設計，是要讓你察覺組織對這些期待會如何回應。本活動無關「評分」──只為了增加理解。

　　針對每個項目，請勾選最能代表你組織的現實狀況。

		完全不符合	大致上符合	完全符合
1.	我們想要投入企業志工服務的主要動機，是因為我們相信企業具有完成任務所需的特殊知識、技能以及承諾。			
2.	我們知道，與一家企業形成以志工為基礎的夥伴關係，並不保證企業一定會提供財務支援。			
3.	本組織的政策與實務做法是，我們尋求發展長期夥伴關係的，是把志工參與範圍擴大到自家員工以外的企業。			
4.	我們已經清楚陳述，透過與企業的夥伴關係我們期待達成或收到的是什麼。			
5.	我們已經清楚陳述，我們準備提供企業什麼，以回報他們的支持。			
6.	我們準備投注心力與企業進行持續對談，討論我們如何合作無間。			
7.	我們（會）歡迎企業高階領導人以志工身分參與我們的活動，相關條件是由企業而不是我們來決定。			

		完全不符合	大致上符合	完全符合
8.	我們（會）歡迎企業資深經理參與我們組織的董事會與（或）諮詢委員會。			
9.	我們樂見企業高階領導人在演講、書面報告或訪談中特別提及公司員工到我們組織擔任志工。			
10.	在我們的年度報告及／或網站中，我們給予企業志工及／或企業夥伴特殊關注與能見度。			
11.	我們知道自己合作（或尋求合作）的企業用什麼方式支持與鼓勵員工當志工，包括帶薪服務時間、彈性安排時間、貢獻財力或物資，給他們擔任志工的組織等。			
12.	我們知道與我們合作（或尋求合作）的企業，用哪些政策與程序，來決定何時或如何提撥經費，進而支持員工參與特定志工計畫。			
13.	在我們組織全體員工裡，根據工作職掌說明，至少有一名員工是負責經營與企業的關係。			
14.	我們的領導志工與全體員工經過訓練，具有技術可發展和管理與企業的有效夥伴關係。			
15.	我們（會）樂意與企業的志工團隊合作，為員工規劃、實施與評估志工活動。			

		完全不符合	大致上符合	完全符合
16.	我們（將會）很歡迎公司每位員工都參與志願服務。			
17.	我們（將會）歡迎、也積極尋求企業員工的家人、退休人員與其家人參與志願服務。			
18.	我們有範圍廣泛的特定技能志工服務機會。			
19.	我們為志工工作備有以結果為導向的工作說明。			
20.	我們準備好提供臨時通知，與短期的團體志工服務機會。			
21.	我們準備好提供組織志工機會資訊給企業，其方式讓企業更容易透過企業網路、企業內部網路、商業通訊、電子信箱、企業公告以及其他遍及全企業的方式與員工溝通。			
22.	我們準備好提供志工機會，培養與練習專案管理技能。			
23.	我們準備好提供，團體志工能用在領導力發展或團隊建立的機會。			
24.	我們準備好幫助志工，連結他們的學習需求，到回應該需求的特定志願工作。			
25.	我們組織有可用的技能和員工時間，搭配團體志工服務機會，協助設計與輔助領導力發展或團隊建立活動。			

		完全不符合	大致上符合	完全符合
26.	我們準備好提供企業資訊，告知企業員工以志工身分，在我們組織習得的知識與技能。			
27.	我們（會）與企業合作，擴大提供員工志工服務機會給企業子公司、合資企業夥伴、廠商與消費者。			
28.	我們會定期與合作的企業開會，取得員工志工在我們組織服務的經驗反饋，處理相關問題，以及尋求新契機以擴大合作空間。			
評分──上述項目，都是取自企業對他們的非政府組織夥伴，常有的期待。如果你對上述部分項目感到不自在，這不代表你不夠資格與企業合作。但這卻表示你應該要對企業開誠布公，讓他們知道你準備好做什麼、不準備做什麼。					

Appendix

九項指標與測量
指標一 領導層承諾與正向組織環境
指標二 促成高績效的政策框架
指標三 多樣性與涵蓋廣的服務機會
指標四 管理影響力、持續發展與創新
指標五 支援與資源
指標六 與社區的穩固夥伴關係
指標七 從活動中學習
指標八 評量
指標九 商業與社區的領導力

附錄 B

附錄 B 企業志工績效指標

這是為了本書而改編的企業志工績效指標特別版。

在本表格中的績效指標有兩種很棒的運用方式：

‧ 你自己獨立完成，反思你對自己企業志工活動的認知。

‧ 你可以邀請負責你們企業志工活動的直屬小組，與你一起完成此表，其中可能包含你要報告的對象。小組成員比較各自的答案，並且討論你們的行動可能具有的意義。

在上述兩種情形中，請記得，在你的分析中，必須衡量每項測量指標，對你企業實際狀況的價值。對企業來說，或許會有某項特定衡量價值不高的情況。舉例來說，如果企業不認為自己是企業志工的公共領導者，那麼，他們在指標九得到低分或許是可以接受的。

對部分企業來說，他們或許就是不可能改善某一特定測量尺度的績效──或是至少，他們不認為改善所需投入的努力會是值得的。

歡迎自由複印這些測量指標，這樣你在測量時就不需在本書上標記，或是提供給負責你們企業志工活動的直屬小組使用。請注意，這些測量指標的版權為公民社會諮詢團體股份有限公司（Civil Society Consulting Group, LLC）所有。

評分

針對每個項目，請填寫該項描述符合你企業狀況的程度。

0 分 = 整體來說不符合我們企業的現況

1 分 = 大部分正確，但還可以更好

2 分 = 完全符合我們企業的現況

接著，請總計該指標的分數，滿分為 6 分。

⬡ 指標與測量

• 指標一：領導層承諾與正向組織環境

各階層的領導者都創造出一個正向環境，高度重視也鼓勵員工在社區參與志工服務。

測量項目

_____1.1. 企業高階領導個人公開認可員工志工活動，參與其中，也鼓勵員工參加。

_____1.2. 企業高階領導在企業內透過演講、文章報導、採訪以及參與表揚活動，公開呼籲大家關注員工志工活動。

_____1.3. 負責志工計畫的員工，直接參與企業的社會責任政策與計畫的策略性發展。

總分 _____

• 指標二：促成高績效的政策框架

企業向員工充分宣導書面企業政策，其內容清楚表達企業對員工志工的承諾，肯定員工在達成策略性商業目標上有所貢獻，肯定企業志工對員工及社區的好處。

測量項目

_____2.1. 企業在人力資源政策手冊、網站、企業內部網站或類似來源，有一份廣為宣達的企業社會責任（CSR）書面政策聲明，清楚說明員工志願服務對社區、員工以及企業具有策略性價值。

_____2.2. 企業有正式政策與程序，來激勵並促成員工參與志工服務。

_____2.3. 企業積極鼓勵員工，利用企業對於員工志願服務的支持，像是帶薪服務時間、彈性安排時間，或是對員工服務的機構提供捐款等。

總分 _____

・指標三：多樣性與涵蓋廣的服務機會

企業鼓勵並促成所有階層的所有員工，參與社區服務，方式可以是透過結構性計畫與員工發起的自發性活動。

測量項目

　　＿＿＿3.1. 企業全體員工，都有機會參與企業贊助的志工活動。

　　＿＿＿3.2. 參與志工服務的員工，反映了企業全體員工的多樣性——年齡、性別、種族、員工階級、資歷等。

　　＿＿＿3.3. 企業透過內部宣傳、表揚與財務支援等支持員工從事志願服務，也透過企業網路、企業內部網路、商業通訊、電子信箱、企業公告以及其他遍及企業的方式，傳達員工參與志願服務的機會。

　　總分 ＿＿＿＿

・指標四：管理影響力、持續發展與創新

企業對企業志工活動的管理，適用與企業其他方面工作相同的績效標準，包含設立目標、行動計畫、時間表、監測以及報告。

測量項目

　　＿＿＿4.1. 企業必須依照與核心商業活動同等級的紀律與卓越水準，來管理員工志工服務。

　　＿＿＿4.2. 具有紮實的計畫能適當引導員工志工服務、界定目標、實施策略與優先考量活動、行動方案、時間表以及報告與監測的過程。

　　＿＿＿4.3. 參與志工活動的員工，也有機會為企業志工活動設立優先考量事務、目標與活動。

　　總分 ＿＿＿＿

• 指標五：支援與資源

企業配置適當的人力與物質資源，以確保員工的志工活動舉辦成功。

測量項目

____5.1. 企業提供物資（空間、電話、設備以及補給品等等）支持員工志工。

____5.2. 企業每年有員工志工活動的核定預算，至少該年度內固定不變。

____5.3. 至少有一名員工的工作職掌，有部分是負責管理員工志工活動。

總分 ____

• 指標六：與社區的穩固夥伴關係

企業與社區發展穩固、互惠的夥伴關係，確保員工志工的回應方式，可為社區及非政府組織帶來最大利益，並且建立他們的能力。

測量項目

____6.1. 企業志工活動其中一項明訂目標，是回應社區提出的優先考量需求。

____6.2. 志工計畫是一項企業政策與實務做法，力求與社區中的組織發展長期夥伴關係，以此作為員工參與的主要管道。

____6.3. 企業為社區內組織提供訓練計劃及 / 或諮詢服務或其他資源，以確保組織能有效邀請員工志工參與服務。

總分 ____

- **指標七：從活動中學習**

　　企業有既定流程，可確保志工服務對員工個人、專業發展以及組織學習有直接貢獻。

測量項目

　　＿＿＿7.1. 企業積極鼓勵員工運用社區參與，作為一種建立知識與技能的方式，也提供工具助它們有效建立知識與技能。

　　＿＿＿7.2. 企業記錄（或要求員工參與的社區組織做紀錄）員工，透過社區參與所習得與運用的知識與技能。

　　＿＿＿7.3. 企業例行向參與社區的員工學習有關社區情況、公眾對企業的觀感以及企業推出新活動的契機，也在企業內與可能利用這些知識的員工分享社區學習。

　　總分＿＿＿＿

- **指標八：評量**

　　企業有既定流程，定期測量以及評估志工經驗品質、志工服務成效、志工服務對社區與企業的影響力。

測量項目

　　＿＿＿8.1. 企業收集了關於員工志願服務本質與範圍的數據──參與人數、參與時數、已完成的工作類型、接受服務的組織及／或民眾數量（或是擇一）以及服務的經濟價值等。

　　＿＿＿8.2. 員工經常被要求，對參與志願服務的流程品質給予回饋意見，包含企業內或所服務社區組織內的流程，他們提供的資料用於「持續不斷改進」這些流程。

　　＿＿＿8.3. 企業有既定方法以判定，志工活動是否及如何對人力資源發展，或社區關係等策略性商業目標有所貢獻。

　　總分＿＿＿＿

• 指標九：商業與社區的領導力

企業在推廣志工服務時，展現積極、明顯的領導能力，不只對其他企業如此，對社區全體亦然。

測量項目

___ 9.1. 企業對產業集團內，及社區內其他企業推廣員工志工服務的概念與益處，並提供專業幫助他們有效參與志工服務。

___ 9.2. 企業運用志工領導和其他資源，支持以推廣與支持志工服務為主要任務的組織（例如：「志工中心」或「企業志工委員會」）發展。

___ 9.3. 企業鼓勵及／或參與與其他企業的定期會議，分享員工志工服務中的最佳實務作法與資源，以建立企業志工的有力論據。

總分 _____

現在請總計所有指標的分數，將分數填寫在此：

各項指標分數總計 _____（分數最高為 54 分）

Appendix

獻上最誠摯的謝意，讓我們從這些企
業的經驗中學習，在此分享所學。

附錄 C

附錄 C 參與全球企業志工研究計畫之企業名單

我們對下列公司獻上最誠摯的謝意，他們不吝撥冗、悉心協助，讓我們從他們的經驗中有所學習，並在此領域分享我們所學。

Alcoa 美國鋁業公司	GSK 葛蘭素史克藥廠	Salesforce.com Salesforce.com
AmericanAirlines 美國航空	HSBC 匯豐銀行	Samsung 三星集團
AXA 安勝企業	HyundaiMotorGroup 現代汽車集團	SAP 思愛普軟體公司
BD BD 醫療器材	IBM IBM	SKTelecom SK 電訊
BHPBilliton 必何拓	KPMG 畢馬威	SOMPOInsurance 損害保險日本興亞
C&A C&A	Kraft Foods 卡夫食品	Standard Chartered Bank 渣打國際商業銀行
Camargo Camargo 集團	CorrêaLinklaters 年利達律師事務所	Starbucks 星巴克
CEMEX 西麥斯	Manulife Financial 宏利金融	State Street Corporation 道富集團
Citi Bank 花旗銀行	MarriottHotelsInternational 豪邁國際酒店	Tata Group 塔塔集團

The Coca-Cola Company 可口可樂公司	Microsoft 微軟	Telefónica 西班牙電信
Dow Chemical 禮來公司	Motorola Mobility 摩托羅拉	UBS 瑞銀集團
FedEx 聯邦快遞	National Australia Bank 澳洲國民銀行	United Business Media LLC 美國企業新聞通訊社
Ford Motor Company 福特汽車	Nike 耐吉	UPS 優比速
Fujitsu 富士通	Pfizer Inc. 輝瑞大藥廠	Vale 淡水河谷公司
GE 通用電氣	Rolls-Royce 勞斯萊斯	The Walt Disney Company 華特迪士尼公司

特別感謝本計畫的贊助企業：

優比速	輝瑞大藥廠	禮來公司
C&A	SK 電訊	西班牙電信
通用電氣	BD 醫療器材	道富集團
摩托羅拉	卡夫食品	美國航空

案例一：0.1 公克的差距，實踐服務宗旨——安麗（Amway）

案例二：志工不只是服務，是豐富生活——拓凱實業股份有限公司

案例三：集結眾人之力，投入社會使命——台灣 DHL Express

案例四：志工這檔事，做就對了—— Timberland

案例五：以專業職能貢獻社會，讓幸福永續
　　　　——資誠聯合會計師事務所（PWC）

台灣企業志工創能
探訪實錄

0.1 公克的差距，實踐服務宗旨

安麗公司／安麗希望工場慈善基金會小檔案
◎負責人：安麗日用品股份有限公司董事長顏志榮
　　　　　安麗希望工場慈善基金會董事長陳惠雯
◎創立時間：1982.11 安麗日用品股份有限公司
　　　　　　2012.12 安麗希望工場慈善基金會
◎企業理念：幫助人們過更好的生活
　　　　　　(Helping People Live Better Lives)
◎受訪者：安麗日用品股份有限公司總經理／安麗希望工場
　　　　　慈善基金會董事長陳惠雯

「成為墓地裡最有錢的人，那對我無關緊要，夜晚入睡前能為自己達到的美好成就喝采，那才是更形重要的事。」賈伯斯說。

這樣一句話，同樣適用於現今從事志工服務的企業和員工身上，每位企業主或員工的眼中見到的不是只有獲利，在追求工作上的成功之外，還期許能用自身的力量改變周遭社區，甚至擴散至全國、整個世界，形成一個善的迴圈。

懷抱著相同熱忱與信念的安麗，正是這樣一個模範企業。

＊紮根社區，深化人我關係

「幫助別人，與社區做連結，是我們想法的起點。」安麗希望工場慈善基金會陳惠雯董事長分享說，唯有和社區做連結，才能將這份力量紮根，進而擴散出去。

陳董事長提到，目前安麗雖然只有 500 名員工，但聯結散佈在各階層、各角落的 36 萬名直銷商，織就成一張細密的行動網路，除了能夠直接深入所在社區進行志工服務、社群分享，更能發揮友善互動系統，及時通報、及時救助。

「我們幫助人們解決生活上的難題，而不是純粹銷售產品。」自 1999 年開始，安麗就開始舉辦「給他機會・自力更生」公益活動，2002 年延續這個理念，進而成立安麗「希望工場」（Hope Maker）公益品牌，每年推出愛心產品，透過安麗直銷商銷售，為公益團體籌募善款。

安麗規劃全盤性志工計畫，「所以不能只給魚給竿，還要教他們如何自己釣魚。」於是 2012 年起，將每年一度的愛心商品販售，轉化為全年無休的行動，遴選適合的弱勢團體共同合作，提供工作機會與穩定收入，這份轉型為常態愛心系列商品，有希望小熊、愛心抹布等，「我希望讓員工知道，這並不只一項產品，而是改變一個人生命的行動，背後充滿著太多動人的故事了！」陳惠雯微笑娓娓說明著。

目前「希望工場」合作夥伴，擴及財團法人陽光社會福利基金會、屏東基督教勝利之家、勝利身心障礙潛能發展中心、衛生福利部八里療養院、八里療養院附設中和社區復健中心等；從安麗分享的紀錄影片，應證了他們如何打破既有距離，深化人我關係，員工和身心障礙朋友的交流互動，共同執行成品產出的喜悅，果真是一座充滿「希望」、凝結活力熱情的工場。

*跨越 0.1 公克的距離，一個改變的契機

「我們輔導的基金會，後來還可以獲得知名品牌的採購訂單，證明他們已經可以自行釣魚，我就知道做對了！」基金會陳惠雯董事長開心談起「愛心萬用布」的後續，其實一開始公司內針對這項產品，投入大量人力、物力，除了先就市場研究及分析、尋找物料供應商，並且購置必須的生產設備予公益團體，派員協助制定工作流程及品質管理標準，中間可說環環相依，最後更請專業老師進行技能教導，讓身心障礙者能依其專長或興趣，參與商品的裝填、縫製、包裝各階段的生產作業。

然而，對一般人來說輕而易舉的事，對身心障礙朋友而言卻是大難題。像是陽光社會福利基金會的傷友，因為燒燙傷讓手部肌肉變得攣縮、極為僵硬，連微微彎曲手指都很不容易，平常解一顆扣

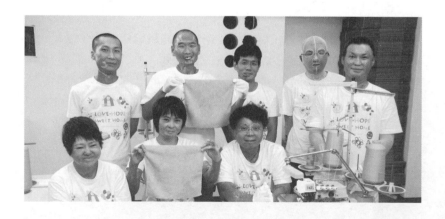

子就至少要五分鐘的時間，更別說要穿針引線，握著比一般布料還柔軟的愛心萬用布，進行縫製作業了。

此外，對於精神障礙的朋友來說，要將每一隻坐姿 12 公分的「希望小熊」，身體及四肢都塞滿均勻份量的棉花，左右眼睛及雙手雙腿要縫得緊密、等高、左右對稱，腿部與臀部還得要同時著地，可能比攀登高峰還困難；正因為，他們無法記住具複雜性的工作內容，即使會秤棉花的重量，卻不懂得塞棉花。

當面臨增減 0.1 公克的棉花時，在中度智障朋友的腦中，對於該「拿掉」或「新增」秤台上的棉花，這微妙的差距，都是相當不易的計算題，因此最後被拿在手邊的小熊，有的是好幾個人協力合作才完成，這份手感，讓這隻小熊更加貼心溫暖。

因此，平均每項商品，需要 12 個月的時間生產，才能累積達到近 2 萬件最低上市數量的需求，「正因為我們願意慢慢等待他們跨越 0.1 公克的差距，實踐當初創設協會的服務宗旨。」陳董事長篤定說著，眼神散發著一絲柔和的光芒。

這一個改變的契機，果然讓「愛心萬用布」持續銷售超過 85,000 組，2014 年上市的「希望小熊」也創下了 12 天完售超過 18,000 組的紀錄，接著推出實用性超高的「愛心洗碗布」，相信也能引起顧客的喜愛，可說一面做愛心，一面還可以提升人們生活的便利性，顧客的真心喜愛，無疑給了這群身障者更大的激勵和舞台。

表一：2012-2014 年安麗「希望工場」常態愛心商品系列：

年	2012	2013	2014	總計
生產包裝產品數量	38,000 組	29,299 組	39,174 組	超過 10 萬套產品
支付弱勢朋友工資金額	NT$1,140,000	NT$1,025,930	NT$2,256,455	超過 400 萬元
提供弱勢朋友工作機會	10 人次	15 人次	55 人次	80 人次

＊千百次的練習，傳達永不放棄的信念

　　為了維持品質能符合常態商品的標準，安麗上下投入大量人力、物力，曾花了 6 個月的時間，讓學員練習縫製 300 隻小熊，即使幾乎全部 NG 不符需求，只為了讓他們不斷學習、不斷進步，陳董事長回憶：「協助的員工們一度喪失信心，卻被這群學員，以實際行動教導切勿輕易氣餒，這份雙向力量感動著彼此，因此過程中，很難說是誰幫了誰、誰激勵了誰。」

　　同時，還邀請專業玩偶設計師及職能治療師，一起幫助學員學習製作填充玩偶的技巧，透過分工和互補，終於一步步完成生產作業，最後更讓參與的每個人親自在包裝盒內的小卡片中簽名，建立信心和榮譽感。

　　從最初 40 人工作隊，一個月只能交貨 137 隻小熊的速度，到後期每個月可交貨 1,200 隻，耐心等待 18 個月的時間，慢慢累積成品到近 2 萬隻，「千百次的練習，只為了傳達永不放棄的精神！」基金會執行長丁蘭補充說道，雖然每一項愛心商品從籌備到上市，平均都要花費 2 年的時間，但這就是品牌背後的精神和故事，也唯有如此，才更值得被分享、被傳誦。

　　例如，台北勝利身心障礙潛能發展中心，患有重度聽障的小茹，努力應徵工作卻到處碰壁，被拒絕 36 次，直到加入小熊製作團隊後，反而以細膩的手工展現絕佳的縫製技巧，找到可以發揮的空間。

為山上的孩子找到希望 — 阿里山部落教室

　　未來，預計透過製造需要更高階技巧的商品，持續提昇身心障礙朋友的工作能力，也幫助他們達到更好的復健效果。陳董事長說道，曾參與希望小熊縫製的衛生福利部八里療養院，便再度與安麗「希望工場」合作，培養思覺失調症患者可以拷克、車布邊的技能。

　　儘管志工之路一路艱辛，安麗團隊依然風雨相挺，陪伴學員一起克服重重關卡，並且迎來手掌上希望的光芒。

表二：1999 ～ 2014 年安麗「希望工場」公益活動：

> ・公益團體已生產包裝超過 36 萬套產品。
> ・安麗公司已支付超過 1,300 萬元工資予弱勢朋友。
> ・安麗公司捐贈超過 8,600 萬元予國內公益基金會、學校等非營利組織。
> ・捐贈總計超過 2 萬人次的弱勢孩童受惠。

＊傳愛無礙，幸福永續

　　「除了協助開發、教學、製作等事前工作，我們還建立整體銷售流程，讓成品真正送達顧客手中。」陳董事長指出，散佈在各階層、各角落的 36 萬名安麗直銷商，連結成一張細密的人際網路，傳遞一條龍的社區關懷，幫助弱勢團體將這份愛心銷售出去，獲得最實質的回饋。

部落孩童的燈塔 — 台東方舟教室

這份行動力，才是安麗實踐企業志工最大的資產。

安麗藉由直銷產業的特性，藉由全台直銷商會員龐大的人力，透過 2012 年 12 月成立的「安麗希望工場慈善基金會」這個平台，除了參與基金會對弱勢、偏鄉孩子的志工活動，更加強社區的互助與鏈結，真正做到幫助弱勢朋友自力更生、重建希望的強力支柱。

關於志工的自發性，謝堯天公關經理補充說道，其實在 2013 年第一次舉辦基金會夏令營是招不到志工，但是今年七月份才剛在網路公告，立刻就大爆滿，其實最大的原因，在於發現從事企業志工所帶來的正向轉變，大大提升直銷商及員工的向心力與認同感。

像是公司員工昌哥，之前家人由於不了解志工活動的內容，對於假期還要參與志工服務的他有些微詞，一次義賣會，他特地帶著家人前來共襄盛舉，讓父母知道他正在做的事情，反倒獲得他們的支持。同時，內部也會針對於全台各服務據點的同仁，舉行說故事分享，讓一線員工也能更深刻了解愛心商品的背後故事。

原住民的希望教 —— 彩虹雙福課輔班　　　立達啟能訓練中心

　　這份認同感，能夠激生出更厚實的榮譽感，讓企業、員工、直銷商及家屬、受輔單位同感欣喜，為著這麼一份深具價值的志工行動，安麗直銷商及員工樂此不疲呢！

表三：**2012 ～ 2014 年安麗希望工場慈善基金會志工服務數字：**

年分 / 項目	2012	2014
2012 年	0	0
2013 年	190	1062
2014 年	776	2581
合計	966	3643

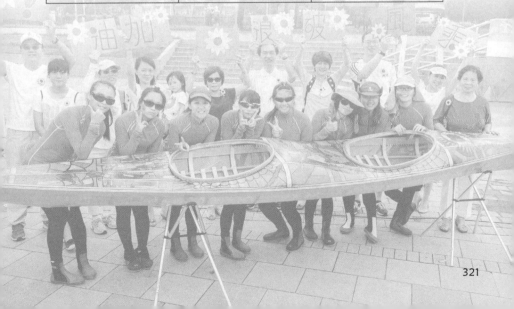

志工不只是服務，是豐富生活

2015 拓凱小太陽志工社 - 協助菲律賓海燕颱風災後物資整理

拓凱集團／財團法人拓凱教育基金會小檔案
◎負責人：沈文振董事長
◎創立時間：拓凱集團於 1980 年創立
　　　　　　財團法人拓凱教育基金會於 2010 年 12 月 28 日成立
◎企業理念：誠信、勤奮、創新、感恩
◎受訪者：拓凱集團副董事長兼總經理朱東鎮
　　　　　拓凱集團發言人陳敬達
　　　　　財團法人拓凱教育基金會董事兼執行長許雅惠

志工，已不僅是錦上添花的「副業」，如今更成為企業團體的核心「本事」。

但是，企業界應如何發揮資源與力量，藉由做好事，讓公司做得更好呢？

拓凱集團，發展出獨特的志工制度，成為企業志工的領頭羊。

位於台中的拓凱集團，成立於 1980 年，初期經營球拍事業，產品以碳纖維、獨創樹脂配方等多元現代化複合材料應用領域發展，跨足運動休閒（網球拍、腳踏車）、航太（飛機座椅）、醫療（碳纖維床板）等多元產業，為材料起家的企業王國，經營型態更從生產導向轉型為主動技術發展型態。

＊後端材料王國，前端志工服務

志工不只是服務，是豐富生活。

拓凱創辦人沈文振董事長長期奉獻公益慈善，期許「員工變股東，股東變志工」，2007 年成立第一個志工社團、2010 年成立教育基金會，且每午都在中部地區舉辦大臺中企業志工日，在臺已是知名企業志工推廣者。

因內部學習有限，外部學習才會成長。而志工，便是拓凱向外學習的途徑。這條服務他人的路，早在 1995 年拓凱併購現為於西雅圖的子公司（C.S.C）時[註解]，就已有了開端。這間公司原有的員工，會在約定的時間帶著食物，關懷街友，而拓凱的員工，便陪同執行服務。這樣的經驗，讓拓凱有了企業志工的雛形。

朱東鎮副董事長更表示，「不只拓凱有社團，在大陸廈門地區近萬人員工的子公司（新凱複材科技有限公司）也有志工社，其中 30 幾個社團跟志工服務有關。」來自大陸各省的員工，公司與宿舍兩頭跑，幾乎沒有休閒活動，「把志工服務納進來，藉此豐富員工生活！」陳敬達發言人強調，年節時期的返鄉路是很折騰的，在交通顛峰期間讓員工留下來，安排各類藝文旅遊、戶外活動，等交通較順暢時再返鄉。這份體貼員工的立意，最後變成拓凱的企業文化。

表一：拓凱集團近十年 CSR 推動歷程

年分	事件
2005 年	通過 ISO-9001：2000 與 ISO-13485：2003 認證。
2006 年	台中廠通過 AS9100B 認證。
2007 年	成立小太陽志工社、同年底於廈門新凱公司成立善行社。 航醫事業部廈門廠通過 AS9100B 認證。
2009 年	董事長獲台中市政府頒發的慈光紀念獎章。 榮獲台中市政府頒發 98 年度進用身心障礙者績優機關獎章。
2010 年	成立財團法人拓凱教育基金會。 第七屆亞澳複合材料展展出的複材齒模獲大會頒發優良產品創新獎。 新凱成為福建省第三批創新型試點企業。 新凱通過 ISO 14001 環境管理系統。 拓凱獲 GE 頒發技術突破獎。
2011 年	日本 311 震災捐款台幣一千萬元。 舉辦第一屆「企業社會任論壇暨志願服務博覽會」。
2012 年	辦理「2012 大臺中企業志工日」。
2013 年	辦理「2013 大臺中企業志工日」。 獲頒 2013 年臺中市最佳企業志工團隊「優等獎」。
2014 年	辦理「2014 大臺中企業志工日」。 榮獲 103 年度台中市「樂活職場」最高榮譽三星獎。

＊想當主管？必須要有服務他人的心！

在企業志工的經營上，拓凱掌握兩大要點：第一，影響員工往社團發展；第二，資源分享。其他的，都讓員工自主、成長。而且，在拓凱有個不成文的升遷規則——須要有服務他人的精神與經歷，方能擔任部門主管。

「要當部門主管，服務的資歷是很重要的！」朱東鎮副董事長說，開始投入志工服務後才發現，員工的家人有很多是需要被關懷的，「我們有一筆急難救助基金，是給比較貧困的員工使用的，在

沈文振董事長 ─ 協助弱勢個案居家清潔

必要時公司會給予協助，幫助他們度過難關。」而對外的志工服務，拓凱的高階主管必親身臨在，作服務他人的表率。對此，陳敬達發言人也表示「做志工是需要訓練的，在服務前，都需經過十幾個小時的訓練才能執行。」在在顯示拓凱對企業志工的經營，嚴謹的態度不亞於經營企業。

拓凱的志工服務採自願參與，與服務老人、身障、兒少等弱勢族群的公益團體及社區等非營利組織合作，提供其所需之服務。剛開始，參與人數是整體員工數的 60%、70%，而迄今，員工都以志工服務為榮，覺得它是一件很值得驕傲的事。

此外，拓凱更將企業志工的理念，推己及人，內部從成立志工社團與社區服務做起，外部的推廣，則交由拓凱教育基金會。透過「媒合平台」，號召中部地區的企業，參與「大臺中企業志工日」；邀請各公益單位，提出志工服務計畫，讓各企業員工，於當天進行志工服務。

從「一日志工」體驗做起，有趣又可以互相感染、分享，拓凱帶動的志工服務，便是這樣開始的。

「舉辦第一屆的志工日以後，發現許多企業開始期待發展相關活動，我們就鼓勵這些企業把與 NPO 的合作納入年度計畫，所以第二年我們的 NPO 就成長兩倍，達到三十家！」許雅惠執行長說，現已有近四十家公益團體，每年固定跟拓凱至少合作一次志工活動。

拓凱做志工的初心，影響了其他企業，像是一攤水中，起了漣漪，擴及的層面、影響的能量，越來越廣大。許多企業從拓凱身上了解服務的方向後，自己也開始主動和 NPO 聯繫、做志工，納入企業的常態性服務中。

＊發自內心的付出，傳遞志工服務的愛心

大臺中志工日，是拓凱的年度盛會。

公司主管向來都是親自帶隊、出席，連事前的教育訓練，也來當學員。陳敬達發言人表示，「要說服員工做志工，自己得先參與，

表二：歷年參與志願服務教育訓練人數暨結訓名冊

年分	基礎訓結業數		特殊訓結業數		申請紀錄冊數	
	拓凱人數	外部企業	拓凱人數	外部企業	拓凱人數	外部企業
2011	34	0	未辦理			
2012	15	37	26	43	26	37
2013	120	51	88	67	3	51
2014	4	83	4	101	4	75
2015	21	35	18	41	18	57
總計	194 人	206 人	136 人	252 人	51 人	220 人

如果只是叫別人去做，自己沒有做，其實同仁心裡會覺得不是滋味，身體力行才是獲得員工支持的好方法。」點出主管以身作則是企業志工成功的關鍵！

許雅惠執行長則分享拓凱同仁參與志工的歷程變化：「我從外部的角度觀察，志工活動是會『弄假成真』的，一開始同仁可能基於人情壓力，半強迫的參加志工日、你推我讓，到最後有點心得了，就自主性的參加，變成一個正向的循環。」

而志工日的活動安排，全權由年輕員工規劃，決策不是從上而下，而是由下而上誕生，這是跟一般企業很不一樣的地方。

甚至，這樣的分享與服務，也落實到拓凱每年的歲末感恩餐會中。

在歲末感恩餐會中，拓凱會結合公益捐贈與志工服務等公益行動，讓餐會更有意義。如邀請公益團體參與餐會，公司也曾總動員，為獨居老人送年菜、伴弱勢兒童出遊、陪脊髓損傷病友看電影等，將小愛化大愛，讓員工、廠商及社會都能共享喜樂。

「時間，是最慷慨的付出；志工，是最快樂的生命。」但對企業而言，時間，是比金錢更為寶貴的資產，許雅惠執行長也坦言，「要企業出人、出時間，是比出錢還要不容易啊！所以，一開始大家不熟悉流程，可說是困難重重…像第一年我們辦大臺中企業志工

日的活動，整個磨合過程就蠻久的。」

　　但服務做得越多，才會發現，永遠都會有人需要你。

　　許雅惠執行長補充道，「有一位員工讓我印象很深刻，他說這輩子長這麼大，從來不知道在這世界，有這麼多需要幫助的人存在……那個同仁很年輕，志工對他來講是一個全新體驗，他從來沒有想過在服務中會得到特別的感受。」而曾參與華山服務的拓凱員工子女賴其郁也分享在其中的收獲：「每年送的年菜，或許是冷凍的，心意卻是沸騰的。」

　　而這就是成長的開始。

　　未來，拓凱集團將以企業公民自許，要求自身須具備經濟功能外，也重視與員工及環境的關係，主動、積極地與政府及公益組織合作，參與社會問題的改善；成立拓凱教育基金會，致力於企業社

2014 大台中企業志工日 — 拓凱公司志工扮演童話人物

會責任教育的推廣，協助企業透過志工服務增強公益形象，為品牌注入更多社會價值與獨特性，以提升公眾的認同度與忠誠度，創造企業、社會雙贏的未來。

　　拓凱期待不只以愛點亮台中，更期待影響全台灣都能加入企業志工的行列，以愛與溫暖串起這世界。

【註解說明】

註解 1：拓凱集團經營版圖含臺灣地區拓凱實業股份有限公司，廈門地區新凱複材科技有限公司、新鴻洲精密科技有限公司、宇詮複材有限公司，及美國西雅圖 Composite Solutions Corp。

註解 2：1995 年拓凱集團併購美國航太工業複材專業工廠 NIP，改名為 C.S.C.（Composite Solutions Corp）一體成型複材自行車架正式量產供應歐洲名牌 Scott 與美國名牌 Schwinn。

集結眾人之力，投入社會使命

台灣 DHL Express 小檔案
◎負責人：台灣 DHL Express 總經理朱耀杰
◎創立時間：1969. DHL 創立自美國
　　　　　　1973. 台灣 DHL Express 創立
◎企業理念：成為全球頂尖的物流公司，竭盡滿足並超越客戶、員工
　　　　　　與投資人的需求。
　　　　　　追求事業成功的同時，致力履行企業公民的職責。
◎受訪者：台灣 DHL Express 總經理朱耀杰

在金流、資訊可以自由穿越國境的無國界空間中，DHL 的運輸網絡就像是將各個小島連接成一塊新大陸，鼓起的風吹起升空的夢想氣球。

＊危機服務供應者，三主題貫徹社會責任

「快，還有這箱也搬上去。還可以嗎？再一箱手套……」強風暴雨中，每位工作人員穿著雨衣，一箱接連一箱的合力將貨物運上車，表情肅穆，眼神卻閃著堅定的光輝，因為這些物資是台灣 DHL 全體同仁為八八風災的災民捐贈的物品，包括數百顆電池、數千個垃圾袋、三百多件雨衣、百多瓶消毒水、百多支手電筒和手套、口罩等清潔工具，準備以專車送至高雄縣政府社會處。

雖然不是正式工作，但因為平日的訓練，每一次的運送都要求做到盡心盡力，尤其在這關鍵時刻，每個人無不卯足全力，因為想到遠在山區受困的災民們，大家都想出一分力。

「對 DHL 來說，社會責任不只是企業責任的一環，更是一種文化、新價值觀的展現。」台灣 DHL Express 總經理朱耀杰如此說道。

在 Living Responsibility 生活責任準則下，台灣 DHL 規畫執行以 GoHelp 急難救助、GoTeach 教育關懷、GoGreen 環境保護三大主題的社會參與計劃。

· 主題一：GoHelp 急難救助

2012 年某日，DHL 辦公室的鈴聲響起，電話那頭的人不知說了什麼，只見附近的人漸漸圍了過來，每個人都顯得興致勃勃的樣子，原來是高雄大學教務人員於校內「環境永續週」所倡導的公益活動，動員教師、學生和社區捐贈二手衣物，想將物資援助送至巴拉圭貧困的弱勢族群，卻在運輸過程中遇到了困難，主動請求幫忙。DHL 對於參與這個活動感到與有榮焉，協助文件的處理與諮詢，無酬將四大箱的「愛心」跨越萬里，順利飛往巴拉圭完成任務，提供最即時的關懷救援。

這次的活動展現了 DHL 綿密的國際網絡與緊密地跨國團隊合作，總經理也表示：「DHL 擁有最完整的全球服務網絡，提供專業即時的跨國物流服務，深入世界各個需要援助的角落，期望能對國際事務與人道關懷盡一份心力。」

DHL 在 220 個國家都有在機場內作業的機制，對機場運作非常清楚，也了解國與國之間的互助上，飛機是最便捷的交通工具，因此主動與各個國家的政府合作，發生天災時，確保機場已經準備好載運物資送至需要幫助的國家去，例如先前菲律賓、尼泊爾以及日本當地發生災變時，DHL 也主動提供協助，讓當地災民能順利收到來自台灣的愛心。

當然，災難發生後需要有專家從旁協助善後，在混亂的場面中冷靜指揮大家行動，因此 DHL 組

建一個天然災害應變團隊（Disaster Response Team: DRT），在災難發生的時候，通知團隊行動。

目前 DHL 的機場災害應變計畫（Get Airports Ready for Disaster: GARD）已在多明尼加、約旦、菲律賓、秘魯、斯里蘭卡、亞美尼亞等機場進行訓練，並曾調配天然災害應變團隊（DRT）至智利協助救援森林火災，及前往巴拿馬協助處理河流污染。

雖然行動由公司主導，但援助行動與員工本身的工作內容相符合，員工也自發性的會去注意相關的議題，很樂意去進行，從他們的表情就可以看出來對於行動意義的認同度有多高。

- 主題二：**GoTeach 教育關懷**

除此之外，DHL 也參與全球教育計畫 Teach For All 活動，與 SOS 兒童村的合作也擴大進行，目前共與二十四個國家合作中。

- 主題三：**GoGreen 環境保護**

身為全球物流業領導品牌的 DHL，對於運輸燃料的消耗與資源的耗費了然於心，特別是飛機燃油量，因此有效管理運送是 DIL 的重點管理項目之一，集團目前共有 11,200 部對環境友善的車輛上路行駛。

DHL 會仔細計算每一筆國際快遞貨件託運產生的碳排放量，透過碳管理專案抵銷，提供客戶更環保的物流方案。就二零一四年來說，DHL 在全球共有 21.2 億個碳中和（climate-neutral）貨件被運送，碳效率比 2007 年進步 23%。台灣 DHL Express 也在 2014 年成功將碳效率提升了 14%，在 DHL Express 所在的亞洲國家中名列第三，表現亮眼。

而在其他方面，不同國家的公司也關注當地生態問題，自行發起淨灘等志工活動，持續進行環境生態的照護。

＊促使員工展現新貌，讓社會煥然一新

「從南風之中呼喚，南風漸漸成行，變成一匹馬。」如同伊斯蘭詩歌的內容，人也是在不知不覺中受到感召，透過行動與掠過眼

前的風景而成長為一位有自我意識、會去關懷弱勢族群的社會人。

對 DHL 來說，最好的服務不只保證貨物準時送達，也應為社會連結愛與責任。在追求事業成功的同時，DHL 更重視的是如何在利益、社會責任及環境保護中取得平衡，安全可靠地連結人際與商務活動，帶動全球貿易流通。

當員工一進入公司，就會感受到這是一個非常注重社會責任的公司，因為 DHL 企業文化中本就有這種 DNA，可以從兩個角度來了解：

・由外而內：**Global Volunteer Day** 全球志工日

DHL 在每一個國家中，都會有一個 Global Volunteer Day（GVD），是世界各國的分公司依據當地狀況自行決定的志工活動，與當地的 NGO 合作，活動計畫天數不定。

就台灣 DHL 而言，目前已與許多團體合作過，公司希望員工在工作以外，能多累積參與志工活動的經驗，養成地球村的觀念，從企業文化昇華為個人的生活態度文化。

總經理表示「活動不是完成了就好，我們最想看到的是事情本身對於一個人的改變，也就是我們常說的『然後呢？』在沒有人在背後推動的狀況下，自己能自發性的搜尋、決定然後行動，這點才是最值得的。」

根據統計，DHL 在 117 國將近 10.8 萬名員工齊參與全球志工日活動，共貢獻 24.5 萬小時的志工服務。

・由內而外：**Living Responsibility** 生活責任

有些企業會制訂政策或獎勵制度，讓員工運用到上班時間，去服務需要幫忙的團體，但 DHL 認為，由公司推動只是一個方法，不能在員工上根植善心。必須要讓員工自己覺得這是值得用自己的時間而自願去做的，這樣才能長期，自己會找尋需要幫助的團體。

所以 DHL 內部舉辦的志工活動都鼓勵員工帶著家人一起來，久而久之，當員工感受到行動背後的意義時，就會開始自行做公益，觀念的養成是企業推動最大的成就。

鑒於員工越來越多的創意計畫生成，公司制定 Living Responsibility 生活責任的準則，鼓勵員工在生活上發現需要協助的團體時，可以自己開創志工計畫，公司提供機會讓他組織活動，也有協助的教學課程。當員工自動追求想要的社會，實現可以完成的事情，這個成長是公司最開心的。

另外，總部也設立「DHL 生活責任基金」（DHL Living Responsibility Fund），在地國家可為社區非營利性的志工活動申請補助，依據該志工活動參與的時間及人數，大約可申請 500~4000 歐元的輔助金。

表一：**DHL 2014 年台灣重要志工成果：**

員工參與時數	800HR
受益人數	3,800 人

近年來，台灣許多企業也在志工活動上不斷耕耘，總經理表示，因為我們每個人都從社會上獲得許多，對社會是有責任的，而企業作為社會的一環，核心觀念為社會盡責也是理所當然的。在訪問的過程中，我們深深感受到社會責任深植於 DHL 的 DNA 中，所以在去年內部調查中，員工對於自身投入社會責任的滿意度高達百分之九十三，可見行動已昇華為企業文化的一部分了。不管是工作還是生活，只有一樣的投入去做才不會留下遺憾。

例如前年聖誕節，DHL 響應中華基督教救助協會「聖誕鞋盒傳愛」募集聖誕禮物的活動，全體員工量身訂作三千個鞋盒，鮮黃底色配上四個小朋友圍著掛滿禮物的聖誕樹圖案讓人愛不釋手。除了鞋盒，公司也推動員工募捐五百多盒禮物，並將運務車彩繪成「圓夢愛心ㄅㄨㄅㄨ」專車，在聖誕節前一周，將聖誕鞋盒分別送到在台北、新北、基隆、宜蘭的 31 間陪讀班，讓弱勢家庭兒童課後陪讀班的小朋友能擁有一個歡樂溫暖的聖誕佳節。

＊透過多元活動，連結世界脈動

2015 年，德 國 郵 政 DHL
集團展開全球「連結人群、
改 善 生 活（Connecting people.
Improving lives）」的品牌活動，
在全球徵求員工故事，選出代表
展現連結人群和改善生活而做出
貢獻的同仁，讓全球同仁對自身

可以改變社會感到肯定與榮耀。同時也開始一連串的廣告宣傳，對
廣大的客戶群與利益關係人傳達 DHL 對社會承擔的責任。

DHL 由上而下引導的做法得到很好的回饋，對於每位員工的發
展也不遺餘力，冀望他們不只在工作上有良好的表現，更希望他們
能為這個世界付出一份力。

比如有員工興致滿滿的想參加渣打馬拉松活動，公司收到這個
訊息，就幫忙製作制服，並將資訊發布給全體同仁，讓他們不只以
個人身分，也以團隊身分參與。

在活動的過程中，公司也發現當員工自願進入志願服務的領域時，對於公司的凝聚力跟認同感更強，本身也獲得一些能力的成長。他們不認為付出一定要有實質利益的回報或對公司有任何好處，只是認為這就是企業文化的一部分，他們相信只要認為是該做的事情，就別想那麼多，「做就對了！」

表二：**Taiwan NGO** 合作單位：

北部	中華基督教救助協會（CCRA）、北區內政部老人之家、私立新莊愛心育幼院、關愛之家（台北）、聖保祿醫院、安貧小姐妹會台灣天主教安老院、伊甸社會福利基金會愛德養護中心。
中部	衛生福利部中區老人之家、台中惠明盲童育幼院。
南部	南區老人與兒童之家、關愛之家（屏東）。
東部	台東仁愛之家、台東縣私立阿尼色弗兒童之家、台東教育發展協會（孩子的書屋）、天主教私立聖十字架療養院。

志工這檔事，做就對了

Timberland 小檔案
◎負責人：范納倫
◎創立歷程：1955 年前身 Abington 製鞋公司。
　　　　　　1973 年名為 Timberland 的第一雙經典防水黃
　　　　　　靴誕生
　　　　　　1978 年正式更名為 The Timberland Company。
　　　　　　2012 年 VF 集團併購 Timberland，成為全球最
　　　　　　大休閒服裝集團的一員。
◎創立理念：透過做好事、把事情做好的益利兼顧哲學，發
　　　　　　展世界級優異商品，進一己之力改變世界，創
　　　　　　造全球股東、員工、消費者共榮的價值。

　　社會責任風潮，已在國外風起雲湧，許多國際知名企業，早已把企業志工觀念，融入企業文化推行全球。台灣，還在萌芽階段。

　　但是，即便資源不足，各企業忙著在不景氣中求生存，還是有企業用自己的方式，發揮創意回饋社會，甚至，因此鞏固了企業形象與顧客忠誠度。

　　Timberland 就是其中代表。

＊回饋，是企業文化的一環

　　八月，蘇迪勒颱風剛走，卻還留戀地在台灣下著大雨，彷彿怕我們忘記。但是，無論雨下的再大，也澆不熄 Timberland 對於社會回饋的使命感。

　　「對我們來說，企業志工、社會回饋觀念，已經深根在我們企業文化裡。」Timberland 行銷部經理龔小文侃侃而談：「若要細談源頭，恐怕得從 1992 年開始。」

　　1992 年，Timberland 就漸漸開始鼓勵青年從事志工活動，累積了一些力量後，慢慢擴及整個品牌：「我們是從戶外用品起家，現在拓展到整個生活層面，延續最初的精神，因此以環保為核心價值，鼓勵員工多加參與相關的志工活動。」

　　從 1992 年開始，Timberland 推行「服務之路」計畫，員工每人每年有四十小時的有薪假，從事相關的志工活動：「當然，志工活動越多越好，公司非常鼓勵員工參與，全球累積的志工時數，到去年（2014 年）已經累積了一百萬小時！」對於員工踴躍參與的成績，龔小文很開心。

　　老闆花錢請員工做志工，在台灣還不是很普遍，但是對 Timberland 來說，企業志工，其實是延續美國總公司回饋社會的精神，在各國分公司扎根，台灣也不例外：「每年九月，公司會主辦全球性的志工嘉年華，全部員工都要參加，員工都習慣做志工、回饋社會。」龔小文說，志工觀念基本上已經是企業文化的一環。

　　但是，志工人數眾多，管理上 Timberland 發展出全球性的管理機制，以便讓每個志工活動順利進行：「公司其實有嚴密的組織，在處理志工事務。」小文分享。

　　Timberland 在地區的總公司，有一位全職員工兼任「志工管家」，負責全體志工事務，每一年舉行全球性的志工管家大會，分享各地區一年來所做的志工活動。在志工管家以下，東西南北各地區，也有指派員工兼職負責地區性的志工活動，跟真正公司管理，差不了多少。

　　「除了有人統籌志工活動之外，最重要的，還是員工會自發性的參與。」龔小文分享。以台灣來說，就有中南部地區的同仁，利用假日時間，到育幼院、幼稚園陪孩子讀書寫字；或是有學美容美髮的同事，利用空閒幫孤兒院的小朋友剪頭髮；在北部，每個月也有人固定在關渡公園，協助除草、播種之類的農務，「這些活動，都不是公司規定，但是同事就是會自發性的的去做，成為文化的一部分。」

表一：「服務之路」計畫

> 時間：1992 年開始實施，至今超過 20 年。
> 計劃：員工每年有 40 小時有薪假，鼓勵參與志工事務。
> 成績：全球志工服務時數，至今超過一百萬小時。

＊地球英雄帖，讓消費者變成忠實志工

　　志工時數至今，全球累計超過一百萬小時，是 Timberland 累積 20 年的巨大能量，下一個 20 年，又會有甚麼改變？

　　「2012 年，正好是『服務之路』計畫 20 周年，我們希望做些特別的改變。但是憑良心說，台灣資源不多，無法大手筆的贊助種樹、青山之類大型、需要長遠投資的環保計畫。」在地方小、預算

有限的條件下，Timberland 靈機一動，不如號招 20 萬龐大會員，一起參與。

於是，自 2012 年開始，員工每年 40 小時的志工時數方案擴及會員，從此之後，廣大的 20 萬會員，從消費者變成 Timberland 最有力、最忠實的志工資源。

「在台灣，我們稱這一波活動為『地球英雄帖』，就是廣招各路英雄，一同來愛護地球的概念。」回想當時規劃情景，龔小文語帶感觸：「其實第一年，我們對於會有多少會員參與，沒有把握。」因為在會員還沒加入之前，員工的志工時數大約兩千小時，但是既然做了，就得有氣勢，所以 Timberland 喊出「地球英雄帖，時數造英雄」的口號，目標一萬小時。剩下的，做就對了！

為了提高會員參加的意願，在第一年，Timberland 也訂出令人心動的獎勵機制：志工時數達到 20 小時的會員，就可以得到一件 Timberland T-SHIRT；達到 40 小時，可以得到一雙

Janet 2010 年跟 Timberland 一起去內蒙古科爾沁沙漠種樹

2011 年楊祐寧跟 Timberland 一起去內蒙古科爾沁沙漠種樹

Timberland 經典地球守護者靴！

「可能是因為贈品滿有誠意的，活動一上線，立刻秒殺，」龔小文回憶：「本來以為，大家只是想要換靴子，沒想到參加的人一試成主顧，幾場活動下來，下半年，還是能看到熟面孔熱情參與。」會員們不僅熱烈參加活動，甚至主動成立非公開社團（目前約三至四百人），發佈相關活動訊息、交流，甚至分享產品資訊，是最好的口碑行銷。

舉辦活動，關鍵是細節。

因為是舉行環保相關的活動，為了因應各種生態環境的變化，Timberland 選擇與相關的專業環保團體、NGO、NPO 合作，像是環境資訊協會，就是長期合作對象，「合作，就是要雙贏。我們引入人力、部分資金，這些 NGO、NPO 運用專業，規劃整體行程、解說工作內容，以及解決交通食宿問題，皆大歡喜！」這是很具代表性的企業志工發展。

表二：「地球英雄帖」各年度服務總時數：

	2011	**2012**	**2013**	**2014**	**2015**
Timberland CSR 服務時數	2197	7218	8908	8926	目標 10000
成長		229%	23%	0.2%	0.2%

＊志工種下兩百萬棵樹

志工活動能夠讓會員認同，除了獎勵機制，最重要的還是在活動中，傳達了明確的品牌精神，而讓消費者買單。

「其實，在 Timberland，無論是員工還是會員，對除草都滿在行的。」龔小文打趣地說。因為延續品牌「環保」的核心價值，Timberland 規劃的志工活動，多半與愛護土地有關，像是：清理沼澤、生態綠地、淨灘等等，讓參與的員工和會員，能夠親手接觸土

地，共同完成目標，過程中彼此互相打氣，創造成就感。

　　曾經，Timberland 帶領志工，到陽明山二子坪的生態池清除強勢物種，以免破壞生態平衡。只見志工們個個熟練地穿起青蛙裝，走下沼澤開始工作，經驗老道。

　　「我想，這是很好的經驗，」站在公司人事角度，龔小文和我們分享志工活動的正面影響：「在志工活動中交流，員工對公司更加認同。」因為公司員工中，門市銷售人員佔了滿大的比例，他們除了辛苦上班，很少有其他休閒活動，也很難有機會認識其他門市人員，藉由志工活動彼此交流，凝聚了一股強大的向心力。

　　而一天活動下來，無形中，品牌形象深深烙印在會員心中。

　　「在活動中，我們更了解消費者，消費者也更了解我們」龔小文分析。

　　做的是戶外用品，產品強調的就是耐用，奇妙的是，來參加的會員都會穿著經典黃靴，穿梭在沼澤濕地與山林，證明了 Timberland 的品牌精神，也增加消費者的品牌忠誠度，業績也跟著成長。

志工活動，也能彰顯品牌精神，進而帶動銷售，這是意料之外的重要收穫。

回歸企業與員工本身，參與企業志工，也產生巨大的正面影響。

在籌備活動的過程，同仁相當用心，例如號召會員參與志工活動，從概念發想、企劃、宣傳到執行，投注相當的行銷資源，籌備過程中提升員工向心力與工作能力；而在活動中，消費者與員工一整天朝夕相處、認識交流，彼此間多了許多話題，員工更懂得如何與消費者溝通，成為企業珍貴的資產。

除了向心力、工作職能，企業志工的可貴之處，還有培養出員工的榮譽心。

「每年企業志工的重頭戲，是到內蒙古科爾沁沙漠種樹。」

科爾沁沙漠，原本是清朝大玉兒的故鄉，擁有風吹草地見牛羊的美麗景色，卻因為人類過度放牧與氣候因素，變成黃土飛揚的沙漠，每年三到五月，都會造成沙塵暴。因此，Timberland 與當地NGO 組織合作，舉辦志工活動——在沙漠中種樹：「這是全亞洲的活動，卻不是每個員工都能成行，只有當年志工服務時數高的同仁才能去，每個人都把『去沙漠種樹』當作最高目標。」龔小文分享：「大概沒甚麼人一生中，有機會親手將樹苗種植在沙漠，並且在水源稀少的情況下，一群人排排站，一桶接一桶完成澆水。」因此，每位員工都非常爭取參與機會。種樹計畫實行至今，已經種下兩百萬顆！

＊做就對了

「志工這件事，做就對了！」龔小文說。

其實，許多企業或個人，在剛踏進或想參與志工活動的時候，想的太多。企業志工，說穿了，就是發自內心的助人，即使資金不足、資源不多，都能找到適合的方式，幫助需要的人。一但心存善念，勇敢執行，周邊媒體曝光、品牌形象、行銷效益，都是附加在志工服務的本身之外的。

從 Timberland 身上，證明企業志工不僅僅是付出，活動中凝聚員工，更拉近與消費者的心，結合兩者的力量，創造永續回饋正向循環。

表三：地球英雄帖，時數造英雄

時間：2012 年開始至今。
計劃：每年四十小時志工時數，方案擴及二十萬會員。
成績：每年近一萬小時目標達成。
會員自主成立非公開臉書社團（約三百至四百人）。

以專業職能貢獻社會，讓幸福永續

資誠聯合會計師事務所（PwC Taiwan）小檔案

◎負責人：資誠聯合會計師事務所所長張明輝

◎創立時間：1970 年，朱國璋、陳振銑兩位教授共同創立「朱陳會
計師事務所」（Chen Chu & Co.），1973 年加入國際之
Price Waterhouse 事務所，1975 年，以朱、陳的上海相
同發音「資誠」為名，改名為「資誠會計師事務所」，
後正式更名為「資誠聯合會計師事務所」（PwC Taiwan）

◎企業理念：營造社會誠信、解決重要問題

◎受訪者：資誠聯合會計師事務所審計服務會計師周筱姿

戴上面具的小丑，腳步輕跳的大象，絢麗的魔幻表演⋯⋯當你走進大帳篷，一場精彩的馬戲表演蓄勢待發，帶您進入意想不到的新視界。

而您知道，社會上許多企業除了專注在自己的工作項目外，也以個別的專業能力引領社會邁向理想的世界，就像馬戲團中，大家按照自己的專業提供貢獻，資誠聯合會計師事務所就是領略到箇中趣味的有愛企業之一。

＊一份心意，集成非凡之力

營造社會誠信、解決重要問題是資誠發展核心的一部分。「CSR 須從本業核心能力出發，透過嚴謹的公司治理，將利害關係人利益與企業本身的經營策略結合，從企業最擅長的核心專業能力出發，發展競爭優勢。」資誠會計師周筱姿用堅定的語氣如此說著，眼神透露她多年來投身其中的自豪與滿足感。

作為具社會公信力，發展全方位服務的資誠聯合會計師事務所，長期關注企業社會責任與永續性相關的議題。資誠的 CSR 包含四大面向：「公司治理」、「環境永續」、「社會公益」及「資訊揭露」，舉辦過許多回饋社會的計畫，包括認養九二一災區南投魚池鄉森林紅茶、鼓勵同仁參與植樹活動、愛心義賣捐贈社福團體等。其中，公益組織的扶植計畫最讓人驚喜，當問到計畫發展的起源時，筱姿有些靦腆的說「其實當初，只是我本人的一個退休計畫⋯⋯」

多次參與志工活動的筱姿，對於公益組織與活動越發感興趣，發願退休時，要利用自己的專長協助公益組織作好財務管理。這份心意被當時陽光的執行長，也是她政大 EMBA 非營利組的同學陳淑蘭得知後，極力建議用專長作好事無須等到退休，可以在公司內詢問有無其他一樣具有愛心及專長的同事一起參與，畢竟一個人一分力，如果能團結起來，那力量與影響就更大。

在筱姿的理念裡，健全的財務管理是各法人永續發展、創造價值的重要一環。透明及允當的財務資訊，可供公益組織獲取社會的

責信（Accountability）與內部的決策之用。她認為，資誠可以運用在財務管理專業領域的專長，協助缺乏財務管理資源的公益組織，建立財務管理機制，促成公益組織財務公開透明化，以獲得社會更高的信任及服務效能的卓越，為社會永續貢獻。

筱姿把計畫向當時的資誠教育基金會執行長及所長報告，獲得莫大的肯定與支持，但因為整個計畫需要的資源與費用太過龐大，須向董事會報告，當獲得董事們的全力支持及認同時，給了筱姿很大的鼓舞。

資誠決定與中華民國社會事業發展協會合作，不只是金錢的挹注，更是有計畫性地協助台灣公益組織財務資訊診斷、建構、導入、修正與陪伴，強化其財務管理能力，以達成公益組織的永續經營與服務卓越的目標。透過大家的合力付出，一步步將此計畫實現，現在已是資誠在台灣最重要的一項公益計畫了。

表一：資誠財務扶植計畫歷年數據

年分	輔導家數
2009	12
2010	8
2011	16
2012	13
2013	15
2014	7
2015	30（預計）

＊化身專業志工，用心計畫溫暖你我

資誠在台灣的公益活動，最早主要是舉辦一日環保志工等間歇性的活動，而在震盪全台的九二一大地震發生後，資誠開始認養茶園，發動員工到當地幫忙除草，與魚池鄉的農民一起進行復耕。雖然五年間都沒有收成，但公司發現員工非常投入，一日辛勤的勞動後大家仍然笑意滿滿。

再之後，公司多次舉辦公益性質的活動，都獲得很好的反響。進一步考慮到，如果能拿本身的核心價值去當專業志工，將會事半功倍。所以在筱姿向資誠教育基金會提案「公益組織扶植計畫」，獲得董事會一致的肯定，但計畫要能付諸實行，背後有許多要準備的事宜。

資誠的公益組織扶植計畫服務的對象以「弱勢」或「邊緣」之公益組織為優先，這些組織儘管可能缺乏財務管理的人力、技術、工具、制度與產出的資訊，但必須具備基本的績效與業界信譽，且願意做好財務報表責信。在資誠了解組織的受扶植意願後，為受扶植的組織免費量身建立一套符合專業、組織需求的會計制度，提供所需的會計作業程序的軟體，並進行設計、執行技術、工具、訓練，持續一年的輔導。

要執行公益組織扶植計畫的有六大要件：

一・時間配合好

由於資誠月底有許多查核工作要完成及提出客戶報告的時限，員工會忙得天翻地覆，所以會先與受扶植組織談好在月初提供扶植。

二・受扶植的機構是基於自願、主動與承諾願接受扶植

扶植計畫最重要的就是要幫助公益組織，間接幫助更多的人，因此希望受扶植的公益組織是真的需要幫助，且是出於主動及自願。

三・受扶植機構的需求及扶植的人力彈性化

由於受扶植機構的服務需求不一，所以扶植的人力也會依組織

的需求而有不同，唯有深入了解組織的需求並安排適當的志工，才能真正對受扶植的機構有幫助。

四・專業技能要求

資誠表示，他們要求參與此計畫的專業志工，必須在事務所內服務滿兩年的人才能參與志工活動，因為是去提供專業的財稅知識及輔導服務給公益組織，所以要先有足夠的能力才可以提供專業協助給組織。

五・專業志工須完全了解受扶植組織的需求

在資誠，專業志工報名後，還須接受相關的課程訓練，上課內容除了與公益組織有關財務與稅務的法規，還有講解目前台灣公益組織的環境，以及受扶植組織的介紹。在志工有全盤的理解後，挑選自己想要扶植的組織，才能樂於提供最完整、最實質的協助給受扶植組織。

六・計畫執行持續的檢討

資誠每個月會開一次的專業志工經驗分享會議，大家提出在過程中遭遇到的問題，集思廣益想出最佳的解決方法。透過分享，各專業志工不只了解扶植公益機構的問題，若其他志工在扶植其他組織時，也有可能碰到相同的問題，所以大家可以分享彼此的經驗。

這一扶植計畫，資誠台灣從 2009 年開始執行，直到今日，受扶植的公益組織已超過百家。其中約有 30 家組織，於扶植後自願加入台灣公益自律聯盟成為會員，另一些組織在自己的網站，定期公布組織的財務報表、工作報告書等，作好公益組織財務透明，以增進社會大眾及捐款人的信任。

＊企業串聯投身公益，永續幸福理念

現在資誠每年投入專業志工至少 90 人，每年投入約 2,000 小時，更有已退休的同仁繼續投入志工行列。

資誠每個月會給專業志工給薪志工假，讓志工群對所遴選的公

益組織，提供為期一年的財務能力扶植服務，服務頻率至少每月一天半，一天在公益組織，另外半天是團隊會議。

同時，資誠也透過相互的合作，將扶植觀念推廣給更多企業。例如有一次志工們知道蘭嶼部落文化基金會缺乏一部電腦，透過聯繫知道某個客戶有提供公益價格，到最後基金會獲得某客戶捐贈一台全新免費的四合一型桌上型電腦，諸如此類的驚喜常發生在資誠與其客戶上。除去利害關係，因為公益活動而展開另外一種的良好互動，將不同產業相連結，在社會上搭起一人性化的橋梁。

當問到資誠未來在企業社會責任上的期許時，他們希望能實質地幫助中小型公益組織。由於中小型組織於爭取政府的計畫或補助時，政府往往要求組織需提出相關的財務報表，並須完成一些核銷程序，致讓許多中小型公益組織卻步。因此，資誠轉換了一種不同

形式的做法來幫助中小型公益組織。

另外，當資誠聽到客戶問說如何做好 CSR 的問題時，會建議各客戶用核心專長作公益，例如生產製造監視系統的公司可以將其產品提供給偏鄉，增加夜歸行人安全；或是提供警報系統的設施給予偏鄉，以便即時偵測預防自然災害的發生。

透過資誠的分享，我們可以更清楚的了解到，如果以核心專長投入公益活動的話，將會事半功倍，並且能夠長久的持續投入下去。在付出的過程中，也會再一次的認識到自己的專長能力可以為更多人提供更多實質的幫助，將淡漠的人際關係轉換成值得珍惜的真心付出。

就企業來說，為社群創造幸福理念也才能永續經營，串聯投身公益，深耕良善的社會，定能收穫甜美的果實。

廣告

資誠，與您一起行善

幫助原住民 / 響應環境保護 / 幫助兒童及青少年
幫助身心障礙朋友 / 幫助公益組織

資誠聯合會計師事務所(PwC Taiwan)致力落實結合核心業務的企業社會責任，利用財務專業與NPO、NGO一起行善，結合企業願景與社會責任，創造共好利益。

60+
對世界展望會、雲門舞集文教基金會等近60家已具規模的非營利組織持續提供簽證服務

100+
推動「公益組織財務管理能力扶植計畫」，鼓勵同仁利用工作之餘，協助尚未具規模的非營利組織建立完整的財務管理制度。合作組織包括：荒野保護協會、中華民國乳癌病友協會、中華民國自閉症總會、台灣公益團體自律聯盟等近100個組織。

www.pwc.tw

pwc 資誠

時間 是最慷慨的付出
志工 是最快樂的生命

緣起 ....

拓凱集團沈文振董事長長期奉獻公益慈善，並建立起公司「以人為本」的企業文化，為使慈善公益永續發展，由拓凱集團捐資成立「財團法人拓凱教育基金會」，期盼對人、對事、對土地表達「關懷」，激起「參與」公益事業的熱忱，看見未來充滿「希望」！

大臺中企業志工日 ....

作為中部地區企業志工的推手，拓凱教育基金會在每年的立冬(國曆11月7日或8日)，都會舉辦「大臺中企業志工日」，邀請各企業，一同攜手，回饋社會；以志願服務的方式，讓我們的生命，能夠在這天與彼此交會，找回人與人之間，那份最真實、可貴的關懷與感動…

社會關懷服務行動	魅力舞台秀	公益市集總動員
志工日當天，各企業志工依公益團體需求進行志工服務行動。	童話人物舞蹈互動、團體公益精采演出，與市民分享愛與歡樂。	進行義剪、手作商品、美食及童玩等義賣活動，增加公益團體收益。

財團法人拓凱教育基金會
http://www.topkeycsr.org.tw/

國家圖書館出版品預行編目（CIP）資料

撐起大帳篷 滾動大時代：企業志工的全球創能實踐／肯恩·艾倫
(Kenn Allen) 作 .─ 第一版 .─ 臺北市：博思智庫，民 104.10 面；公分
譯自：The big tent:corporate volunteering in the global age
ISBN 978-986-92241-0-9（平裝）

1. 企業管理 2. 志工

494   104018330

GOAL 13

撐起大帳篷 滾動大時代
企業志工的全球創能實踐

出版單位｜社團法人台灣志願服務國際交流協會
總召集人｜陳建松
總 編 審｜黃淑芬（Debbie S. F Huang）
專案企劃｜林逸文、楊孟翎
審定委員｜許壽峰、黃翠玲
翻譯團隊｜文藻外語大學翻譯系暨多國語複譯研究所 池倢穎、黃竹靜、洪啟源

http://www.iavetaiwan.org/

作　　者｜肯恩·艾倫博士（Kenn Allen, Ed. D）
執行編輯｜吳翔逸
專案編輯｜廖陽錦、陳浣虹
文字協力｜胡梭、宇涵、銀河、秋思
美術設計｜蔡雅芬
行銷策劃｜李依芳

發 行 人｜黃輝煌
社　　長｜蕭艷秋
財務顧問｜蕭聰傑
發行單位｜博思智庫股份有限公司
地　　址｜104 台北市中山區松江路 206 號 14 樓之 4
電　　話｜（02）25623277
傳　　真｜（02）25632892

總 代 理｜聯合發行股份有限公司
電　　話｜（02）29178022
傳　　真｜（02）29156275

印　　製｜永光彩色印刷股份有限公司
定　　價｜380 元
第一版第一刷　中華民國 104 年 10 月

ISBN　978-986-92241-0-9
© 2015 Broad Think Tank Print in Taiwan

博思智庫股份有限公司

博思智庫粉絲團　Facebook.com/broadthinktank